TEUBNER-TEXTE zur Informatik   Band 22

U. Keßler

Flexible Speicherung und Indexierung
komplexer Datenbankobjekte

TEUBNER-TEXTE zur Informatik

Herausgegeben von
Prof. Dr. Johannes Buchmann, Darmstadt
Prof. Dr. Udo Lipeck, Hannover
Prof. Dr. Franz J. Rammig, Paderborn
Prof. Dr. Gerd Wechsung, Jena

Als relativ junge Wissenschaft lebt die Informatik ganz wesentlich von aktuellen Beiträgen. Viele Ideen und Konzepte werden in Originalarbeiten, Vorlesungsskripten und Konferenzberichten behandelt und sind damit nur einem eingeschränkten Leserkreis zugänglich. Lehrbücher stehen zwar zur Verfügung, können aber wegen der schnellen Entwicklung der Wissenschaft oft nicht den neuesten Stand wiedergeben.

Die Reihe „TEUBNER-TEXTE zur Informatik" soll ein Forum für Einzel- und Sammelbeiträge zu aktuellen Themen aus dem gesamten Bereich der Informatik sein. Gedacht ist dabei insbesondere an herausragende Dissertationen und Habilitationsschriften, spezielle Vorlesungsskripten sowie wissenschaftlich aufbereitete Abschlußberichte bedeutender Forschungsprojekte. Auf eine verständliche Darstellung der theoretischen Fundierung und der Perspektiven für Anwendungen wird besonderer Wert gelegt. Das Programm der Reihe reicht von klassischen Themen aus neuen Blickwinkeln bis hin zur Beschreibung neuartiger, noch nicht etablierter Verfahrensansätze. Dabei werden bewußt eine gewisse Vorläufigkeit und Unvollständigkeit der Stoffauswahl und Darstellung in Kauf genommen, weil so die Lebendigkeit und Originalität von Vorlesungen und Forschungsseminaren beibehalten und weitergehende Studien angeregt und erleichtert werden können.

TEUBNER-TEXTE erscheinen in deutscher oder englischer Sprache.

Flexible Speicherung und Indexierung komplexer Datenbankobjekte

Von Dr. Ullrich Keßler

Springer Fachmedien
Wiesbaden GmbH 1997

Dr. Ullrich Keßler

Geboren 1960 in Hamburg. Von 1980 bis 1987 Studium der Informatik mit dem Anwendungs-fach Betriebswirtschaftslehre/Industriebetriebslehre an der Universität Hamburg. Von 1988 bis 1990 Gastwissenschaftler am Wissenschaftlichen Zentrum Heidelberg der IBM Deutschland GmbH in der Abteilung Advanced Information Management. Von 1990 bis 1995 Wissenschaft-licher Mitarbeiter in der Abteilung Datenbanken und Informationssysteme der Universität Ulm bei Herrn Prof. Dr. P. Dadam. Im Juni 1995 Promotion zum Dr. rer. nat. mit dem Thema „Fle-xible Speicherungsstrukturen und Sekundärindexe in Datenbanksystemen für komplexe Objekte".

Gedruckt auf chlorfrei gebleichtem Papier.

Die Deutsche Bibliothek – CIP-Einheitsaufnahme

Keßler, Ullrich:
Flexible Speicherung und Indexierung komplexer
Datenbankobjekte / von Ullrich Keßler. –
Stuttgart ; Leipzig : Teubner, 1997
  (Teubner-Texte zur Informatik ; Bd. 22)

  ISBN 978-3-8154-2307-3   ISBN 978-3-322-95380-3 (eBook)
  DOI 10.1007/978-3-322-95380-3

Umschlaggestaltung: E. Kretschmer, Leipzig

Geleitwort

Relationale Datenbanksysteme werden heute immer häufiger in Anwendungsbereichen wie Computer Aided Design (CAD), Kartographie, geographische Informationssysteme, technische Informationssysteme, Dokumentenverwaltungssysteme usw. eingesetzt, für welche sie ursprünglich nicht entworfen wurden. Alle diese Anwendungsgebiete haben gemeinsam, daß große, komplex strukturierte Datenobjekte ("komplexe Objekte") zu verwalten sind. Heutige relationale Datenbanksysteme, mit ihrem "flachen" Relationenmodell, können diese Art von Datenobjekten nicht adäquat verwalten, was dazu führt, daß im Anwendungssystem Funktionalitäten implementiert werden müssen, die an sich ins Datenbanksystem gehören. Die heute auf den Markt drängenden objektorientierten Datenbanksysteme (OODBMS), aber auch die im Bereich der SQL-Standardisierung ("SQL 3") geplanten Erweiterungen der relationalen Datenbanksysteme behaupten jeweils, hierfür die richtigen Lösungen bereitzustellen, wobei technologisch teilweise sehr unterschiedliche Ansätze verfolgt werden. Der (zukünftige) Anwender solcher Systeme ist also gut beraten, sich etwas intensiver mit den Möglichkeiten und Grenzen eines bestimmten Ansatzes zu befassen, um im gegebenen Fall die richtige Wahl treffen zu können.

Herr Keßler untersucht in dem vorliegenden Buch systematisch, wie sich komplexe Objekte auf den Hintergrundspeicher abbilden lassen und wie der Zugriff auf diese Objekte über Indexe unterstützt werden kann. Ein wesentliches Merkmal der von ihm entwickelten Konzepte ist die strikte Trennung von logischem und physischem Schema, die eine nachträgliche Optimierung der Speicherungsstrukturen erlaubt; ein großes Manko heutiger OODBMS.

Die Stärke des vorliegenden Buches ist seine Abgeschlossenheit und Vielseitigkeit. Durch den ausführlichen Überblick über Datenmodelle und Systeme und die Einführung des verwendeten Relationenkalküls kann man es auch ohne Vorkenntnisse über komplexe Objekte lesen. Bei der Behandlung von Speicherungs- und Clusterungsstrukturen wird aufgezeigt, welche prinzipiellen Möglichkeiten der Speicherung komplexer Objekte es gibt und wie sich die zugrundeliegenden physischen Strukturen beschreiben lassen. Die Kenntnis der möglichen Speicherungsstrukturen kann dem Leser helfen, verschiedene Systeme einzuordnen, zu bewerten und ggf. optimal einzusetzen. Ähnliches gilt für die Behandlung von Indexformen und deren mögliche Nutzung bei der Auswertung von Anfragen an komplexe Objekte. – Das Buch ist aber auch für den Entwickler von OODBMS interessant, da es sehr ausführlich beschreibt, wie sich die vorgestellten Konzepte implementieren lassen.

Das Buch ist meines Erachtens sowohl für Praktiker als auch für Wissenschaftler und Studenten interessant und lesenswert. Die Praktiker werden sich in den nächsten Jahren mit diesem Thema entweder dadurch konfrontiert sehen, daß sie solche Systeme administrieren und tunen müssen. Für Studenten ist die Arbeit interessant, um sich im Rahmen einer Vertiefungsvorlesung oder eines Praktikums mit dem Thema "Unterstützung komplexer Objekte in Datenbanksystemen" auseinanderzusetzen. Für Wissenschaftler bietet es eine kompakte Möglichkeit, sich in dieses wichtige Gebiet einzuarbeiten.

Ulm, im Juni 1997   Prof. Dr. Peter Dadam

Vorwort

Bereits in den ersten kommerziellen Datenbank-Management-Systemen konnten
strukturierte Daten direkt modelliert werden. Die zwei bekanntesten Datenmodelle sind das hierarchische Modell von IMS und das CODASYL-Netzwerk-Modell. Der
Datenzugriff erfolgt jedoch noch über Prozeduren, in denen zumindest implizit die
jeweiligen Speicherungsstrukturen und die vorhandenen sekundären Zugriffspfade zu
berücksichtigen sind. Der daraus resultierende Aufwand bei der Programmentwicklung und -pflege war einer der wesentlichen Gründe für den Entwurf relationaler
Datenbanksysteme. In ihnen werden die Daten in Tabellen gespeichert und Anfragen
in einer deskriptiven Form, unabhängig von der physischen Repräsentation der Tabellen und den vorhandenen Zugriffspfaden, formuliert. Insbesondere diese deskriptive
Anfrageformulierung, bei der der Anwender die zugrundeliegenden Speicherungs- und
Indexstrukturen nicht kennen muß, ist verantwortlich für den Erfolg relationaler Systeme. Dahingegen wird die Notwendigkeit, die Daten stets auf Relationen in erster
Normalform abzubilden, heute als starke Einschränkung empfunden.

Mit der zunehmenden Notwendigkeit, komplex strukturierte Daten (= komplexe Objekte) effizient in Datenbanken zu verwalten, entstanden in jüngster Zeit verstärkt
verallgemeinerte relationale und objektorientierte Datenmodelle. In ihnen sollen die
Vorteile der direkten Modellierung komplex strukturierter Objekte mit denen von deskriptiven Anfragesprachen kombiniert werden. Um alle Möglichkeiten des logischen
Datenbankdesigns, die diese Modelle bieten, voll ausnutzen zu können, ist es erforderlich, daß in den entsprechenden Datenbanksystemen klar zwischen dem logischen
und dem physischen Datenbankschema unterschieden wird. Geschieht dies nicht und
werden, wie heute noch weit verbreitet, die physischen Speicherungsstrukturen unmittelbar aus der logischen Struktur der Daten abgeleitet, wird in vielen Fällen der
logische Datenbankentwurf von reinen Performanzüberlegungen geprägt sein, womit
viele Vorteile der neuen Systeme verlorengehen würden.

Diese häufig unterschätzte Problematik adressiert dieses Buch. Ausgehend vom "extended non first normal form" (= eNF^2) Datenmodell wird untersucht, wie hierarchisch strukturierte Objekte (= eNF^2-Tabellen) flexibel auf physische Speicherungsstrukturen abgebildet und wie Sekundärindexe zum assoziativen Zugriff auf diese eingesetzt werden können. In einer generellen Einordnung des Buchs wird dargelegt, daß
solche Objekte sowohl als logisches Schema in verallgemeinerten relationalen Systemen als auch als internes Schema in objektorientierten Systemen dienen können. Da-

nach werden verschiedene Varianten der physischen Speicherung von eNF^2-Tabellen diskutiert und eine Datendefinitionssprache zur Beschreibung der gewählten Struktur entwickelt. Außerdem wird ausgeführt, wie die Auswertung komplexer Anfragen durch Pfadindexe unterstützt werden kann und wie die Anfragen formal zu transformieren sind. Des weiteren werden Methoden entwickelt, um unter Einbezug der jeweiligen Speicherungsstrukturen die Kosten alternativer Ausführungspläne zu schätzen und den günstigsten auszuwählen. Das Buch liefert damit die Grundlagen, um verallgemeinerte relationale oder objektorientierte Datenbank-Management-Systeme zu realisieren, in denen das logische und das physische Datenbankdesign klar voneinander getrennt sind. Dabei beschränkt es sich nicht auf rein theoretische Betrachtungen, sondern zeigt auch auf, wie die entwickelten Konzepte zu implementieren sind.

Erste, teilweise jedoch noch recht spezielle Lösungsansätze entstanden während meines Aufenthalts als Gastwissenschaftler am Wissenschaftlichen Zentrum Heidelberg der IBM Deutschland GmbH. Die allgemeingültigen, in vielen Systemen umsetzbaren Konzepte, wie sie letztendlich hier präsentiert werden, wurden dann von mir in meiner Zeit als Wissenschaftlicher Mitarbeiter an der Universität Ulm im Rahmen meiner Dissertation entwickelt und evaluiert.

Mein ganz besonderer Dank gebührt in diesem Zusammenhang meinem Betreuer und Abteilungsleiter Herrn Prof. Dr. P. Dadam. Durch seine stetige Motivation, keine Speziallösungen zu verfolgen, sondern allgemeine Lösungen zu suchen, hat er entscheidend mit zum Entstehen dieses Buchs beigetragen. Ebenfalls herzlich bedanken möchte ich mich bei Herrn Prof. Dr. M. H. Scholl. Er hat nicht nur das Zweitgutachten übernommen, sondern durch seine stete Gesprächsbereitschaft geholfen, Anforderungen objektorientierter Datenbanksysteme in meinen Konzepten zu berücksichtigen.

Bedanken möchte ich mich ebenso bei meinen ehemaligen Kollegen am Wissenschaftlichen Zentrum Heidelberg. Insbesondere sei hier Herr Prof. Dr. K. Küspert genannt. Die zahlreichen Diskussionen mit ihm und die hierbei entstandenen Lösungsideen bildeten letztlich den Grundstein meiner Arbeiten.

Natürlich gilt mein Dank auch und vor allem meinen Arbeitskollegen an der Universität Ulm. Namentlich bedanken möchte ich mich an dieser Stelle für die sehr freundschaftliche Zusammenarbeit bei Herrn A. Dyballa, Herrn Dr. K. Gaßner und Herrn Dr. C. Kalus, die mit mir quasi von der Stunde Null an der Abteilung angehörten. Insbesondere gilt mein Dank hierbei Herrn A. Dyballa und seiner Frau, mit denen mich heute eine über das berufliche Maß hinausgehende private Freundschaft verbindet. Ausdrücklich danken möchte ich aber auch Herrn R. Seifert für die sehr gute technische Betreuung unserer Rechner und seiner stets kurzfristigen Lösung auftretender Probleme.

Abschließend möchte ich meiner Mutter danken. Sie hat mir stets Mut zugesprochen, wenn ich das Gefühl hatte, es geht nicht mehr weiter. Ihr sei dieses Buch gewidmet.

Hamburg, im Juni 1997   Ullrich Keßler

Inhaltsverzeichnis

Kapitel 1

Einleitung

1.1 Motivation

Mitte der sechziger Jahre begann die Entwicklung von *Datenbank-Management-Systemen* (= DBMS). Das Ziel war (und ist), Softwaresysteme zu entwickeln, mit denen Daten effizient gespeichert, manipuliert und wiederaufgefunden werden können. Die hierzu benötigten Funktionen wollte man nicht länger, wie bei der Verwendung einfacher Dateisysteme notwendig, in jedem Anwendungssystem neu programmieren müssen. Wichtige Funktionalitäten, die solche Systeme anbieten sollten, sind unter anderem die adäquate Repräsentation der Daten (= Unterstützung eines angemessenen logischen Datenmodells), die Verwaltung der Daten im Hintergrundspeicher (= Implementation geeigneter physischer Speicherungsstrukturen), die Unterstützung des inhaltsbezogenen Zugriffs auf die Daten (= Verwaltung von primären und sekundären Zugriffspfaden), der Schutz der Daten vor Verlust durch Systemabstürze und Hardwarefehler (= Recovery) und die Abschirmung gleichzeitig ablaufender Programme vor gegenseitiger, fehlerhafter Beeinflussung (= Synchronisation).

Am Anfang dieser Entwicklung entstanden Systeme, in denen hierarchisch strukturierte Daten (IMS, s. Abschnitt 2.2.4) und netzwerkartige Daten (CODASYL, s. Abschnitt 2.3.1) direkt gespeichert werden konnten. Diese Systeme unterstützten damit bereits sehr mächtige Datenmodelle. Einer ihrer Schwachpunkte ist jedoch, daß der Zugriff auf die Daten "navigierend" erfolgt. In den Anwendungsprogrammen muß unter Verwendung sehr einfacher Prozeduren beschrieben werden, wie die jeweiligen Datenzugriffe durchzuführen sind. Algorithmen, die komplexere Operationen ausführen, müssen vollständig ausprogrammiert werden. Dies führt dazu, daß praktisch jede Anwendung aufwendige Programme erfordert. Ein zweiter Schwachpunkt ist, daß in den Programmen die jeweiligen Speicherungsstrukturen und die vorhandenen Zugriffspfade direkt oder indirekt berücksichtigt werden müssen. Dadurch können einmal gewählte Speicherungsstrukturen und Zugriffspfade nicht mehr verändert werden, ohne daß bestehende Anwendungsprogramme angepaßt werden müßten. Nachträgliche Verbesserungen des physischen Designs einer bestehenden Datenbank sind damit kaum oder gar nicht möglich.

Insbesondere wegen dieser zwei Schwachpunkte (navigierender Zugriff, Sichtbarkeit der Speicherungsstrukturen und Zugriffspfade) entstanden Anfang der siebziger Jahre die relationalen Datenbanksysteme (s. Abschnitt 2.1). In diesen werden die Daten aus Sicht des Anwenders in Form von Tabellen, den sogenannten *Relationen*, gespeichert. Ihre Definition bildet das *logische Schema* einer Anwendung. Der Zugriff auf die Relationen erfolgt beschreibend und nicht mehr navigierend. In einer *deskriptiven Anfragesprache* (zumeist SQL) wird angegeben, welche Daten zu selektieren und wie sie aufzubereiten sind. Wie die Auswertung dieser Anfragen durchgeführt wird, bleibt dem System überlassen. Dazu wird in dem *Anfrageoptimierer* des Systems zu einer gegebenen, deskriptiv formulierten Anfrage ein möglichst kostengünstiger *Ausführungs-* oder *Anfrageplan* erzeugt. Bei dieser Plangenerierung werden automatisch die Speicherungsstrukturen der Relationen und die vorhandenen Zugriffspfade (zusammen bilden sie das sogenannte *physische Schema* der Anwendung) berücksichtigt. Die durch dieses Vorgehen erreichte Trennung der logischen von der physischen Repräsentation der Daten war einer der Hauptgründe für den (wirtschaftlichen) Erfolg relationaler Systeme. Zum einen entlastet sie den Programmierer, da er die physische Repräsentation der Daten in seinen Programmen nicht mehr berücksichtigen muß. Zum anderen ermöglicht diese Trennung, die Relationen entsprechend der logischen Struktur der Daten zu definieren und ihre Implementation unter dem Gesichtspunkt der Performanz vorzunehmen. Dabei können die Speicherungsstrukturen und Zugriffspfade auch nachträglich noch verändert werden, ohne daß bestehende Programme angepaßt werden müßten.

Mit dem Aufkommen neuerer Anwendungen zeigt sich allerdings immer deutlicher, daß die Beschränkung auf Relationen mit atomaren Attributen häufig zu einer nicht adäquaten Datenmodellierung führt. Dies gilt vor allem, wenn komplex strukturierte Daten, wie sie in der Büroautomation oder in technisch-wissenschaftlichen oder in ingenieur-wissenschaftlichen Bereichen in den sogenannten Non-Standard-Anwendungen auftreten, gespeichert werden sollen. In diesen Fällen müssen logisch eng verknüpfte Daten, wie zum Beispiel die eines einzelnen komplexen Objektes der realen Welt, auf unter Umständen sehr viele verschiedene Relationen verteilt werden. Die Rekonstruktion und Manipulation dieser Daten führen dann zu komplizierten Anfragen und zu wenig effizienten Anfrageplänen.

Diese Einschränkungen im Benutzungskomfort relationaler Systeme führten in den letzten Jahren zu neuen Forschungsarbeiten und Prototypen, in denen die Beschränkung auf reine Relationen aufgegeben wurde. Es entstanden verschiedene neue logische Datenmodelle. Sie lassen sich grob in zwei Kategorien einteilen. Die einen basieren auf verallgemeinerten Relationen, in denen Attribute nicht notwendigerweise atomar sein müssen; die anderen haben ihren Ursprung in den Paradigmen der objektorientierten Programmierung. Gemein ist diesen Vorschlägen, daß komplex strukturierte Daten direkt dargestellt werden können. Außerdem wird an dem Zugriff über deskriptive Anfragesprachen festgehalten, wobei sich jedoch die Ausdrucksmächtigkeit dieser Sprachen zum Teil erheblich unterscheidet. Zusammengenommen bilden die direkte Modellierung komplexer Strukturen und die deskriptiven Anfragesprachen die Möglichkeit, die Vorteile der zuvor genannten Systeme zu kombinieren.

Am Anfang dieser Forschungsentwicklung standen die teilweise heute noch aktuellen Fragen nach der konkreten Ausgestaltung der neuen Datenmodelle und Anfragesprachen im Vordergrund. Gleichzeitig wurden aber auch Implementierungsaspekte und die generell mögliche Performanz erörtert. Grundsätzlich erwartet man ein sehr gutes Leistungsverhalten von solchen Systemen. Da man aber zunächst an lauffähigen Prototypen interessiert war, entstanden eher Einzellösungen, in denen wichtige Aspekte eines DBMS weggelassen wurden. Allgemeingültige Implementierungskonzepte werden erst jetzt erarbeitet. Dies gilt zum Beispiel für die Abbildung des logischen Schemas in das physische und die Integration von Zugriffspfaden.

Gerade die beiden zuletzt genannten Punkte sind jedoch maßgeblich mitentscheidend für die Performanz und die Handhabbarkeit zukünftiger Systeme. Bezüglich der Abbildung der Daten auf physische Speicherungs- und Clusterungsstrukturen wurden bereits einige Vorschläge gemacht. In den meisten Vorschlägen werden diese Strukturen jedoch nach festen Regeln aus dem logischen Schema abgeleitet. Die Folge ist, daß zur Erreichung einer guten Performanz (und die ist letztendlich entscheidend für den Endanwender) unter Umständen eine nicht adäquate Datenmodellierung gewählt werden muß. Damit einher geht dann wieder eine komplizierte Anfrageformulierung. Des weiteren verhindert eine starre Abbildung, die Speicherungs- und Clusterungsstrukturen nachträglich zu verändern. Hierzu müßten das logische Schema der Anwendung und damit wiederum die Anwendungsprogramme geändert werden. Eine feste Abbildung vom logischen in das physische Schema führt damit zu den gleichen Problemen, wie sie für die vorgenannten Systeme aufgezeigt wurden. Zum zweiten Punkt, der Integration von Zugriffspfaden, ist zu sagen, daß es auch hierzu erst wenige Arbeiten gibt. In diesen werden dann zumeist auch nur sehr einfache Anfragen betrachtet, oder die möglichen Lösungen werden ausgesprochen beispielhaft und vage vorgestellt. Ein vollständiges Konzept, in das auch die Optimierung komplexer Anfragen einbezogen ist, wurde bisher nicht entwickelt. Dabei sind Zugriffspfade insbesondere im Zusammenhang mit komplexen Strukturen wichtig. Erst sie ermöglichen den schnellen, inhaltsbezogenen Zugriff auf Daten innerhalb einer Struktur. Positiv formuliert heißt das, daß das Leistungsverhalten und damit die Akzeptanz zukünftiger Systeme deutlich gesteigert werden kann, wenn es gelingt, das logische Schema flexibel in das physische abzubilden und Zugriffspfade in die Auswertung komplexer Anfragen zu integrieren. Diese Punkte lassen sich dabei nicht isoliert voneinander betrachten, da sie sich gegenseitig beeinflussen. Die Entscheidung, einen bestimmten Zugriffspfad zu verwenden, hängt beispielsweise von den zugrundeliegenden Speicherungs- und Clusterungsstrukturen ab. Bevor wir nun die einzelnen Punkte im Detail diskutieren und tragfähige Lösungen erarbeiten, wollen wir das vorliegende Buch näher einordnen, seine Ziele formulieren und seinen Aufbau darstellen.

1.2 Ziele und Einordnung

Das Ziel dieses Buchs ist die Entwicklung von Grundlagenkonzepten, die es erlauben,

- ein hierarchisch strukturiertes logisches (oder auch internes) Schema einer Datenbankanwendung flexibel in das physische abzubilden und

- den Zugriff auf die Objekte und deren Substrukturen über sekundäre Zugriffspfade zu unterstützen.

Die zu erarbeitenden Konzepte und Lösungen sollen eine tragfähige Basis für zukünftige Datenbank-Management-Systeme bilden, in denen das logische Schema einer Anwendung weitestgehend unabhängig von der physischen Repräsentation der Daten gewählt werden kann und die dennoch in (fast) allen Fällen hochperformant ablaufende Anwendungsprogramme ermöglichen. In solchen Systemen könnten die Anwender die logische Repräsentation ihrer Daten rein unter den Gesichtspunkten einer problemadäquaten Datenmodellierung gestalten. Fragen der Performanz müßten in diesen Systemen erst bei der Festlegung der Abbildung des logischen in das physische Schema und bei der Bestimmung der zu generierenden Zugriffspfade berücksichtigt werden.

Grundlage der folgenden Diskussionen und Ausführungen wird, wie weiter unten noch näher begründet, das *extended Non-First-Normal-Form* (= eNF^2) Datenmodell sein. Die Objekte in diesem verallgemeinerten relationalen Datenmodell[1] werden, wie in Abschnitt 2.2.2 ausgeführt, durch rekursive Anwendung von Mengen-, Listen- und Tupelkonstruktoren aus atomaren Werten gebildet. Sie sind dadurch grundsätzlich hierarchisch strukturiert. Zum Zugriff auf die Daten existieren, wie ebenfalls in Abschnitt 2.2.2 näher ausgeführt, verschiedene deskriptive Anfragesprachen. Mit diesen Sprachen kann gleichzeitig in einer einzigen Anfrage auf Objekte und deren Subobjekte zugegriffen und komplexe Selektionen ausgeführt werden.

So offensichtlich die genannten Ziele zu einem System führen, in dem hochperformante Anwendungen einfach entwickelt werden können, so wenig offensichtlich ist ihre Umsetzung. Die einfachste und wohl auch naivste Lösung wäre, eine ausgewählte Anzahl verschiedener Speicherungs- und Clusterungsstrukturen fest vorzugeben und für diese Strategien zum indexunterstützten Zugriff und zur Schätzung der damit verbundenen Kosten zu entwickeln. Das Ergebnis wäre entweder ein System, in dem einige Komponenten mehrfach mit gleichen Funktionen für jeweils verschiedene Speicherungs- und Clusterungsstrukturen realisiert werden müßten, oder ein System, in dem einige Komponenten hochgradig ineinander verwoben und praktisch nicht mehr handhabbar wären. Beide Lösungen wären inakzeptabel.

Benötigt wird statt dessen eine Lösung, in der die einzelnen Aufgaben, wie die Verwaltung und der Zugriff auf die Daten und die Indexe oder die Generierung und

---

[1] Korrekter gesagt ist das eNF^2-Datenmodell eine Erweiterung des *Non-First-Normal-Form* (= NF^2) Datenmodells (s. Abschnitt 2.2.1), das wiederum eine Erweiterung des relationalen Datenmodells ist.

Bewertung alternativer Anfragepläne, im Sinne einer modularen Systemarchitektur unabhängig voneinander realisiert werden können. Eine solche Lösung gab es bisher zumindest als zusammenhängendes, in sich geschlossenes Konzept noch nicht. Deshalb wollen wir ein solches in dem vorliegenden Buch entwickeln. Schwerpunktmäßig werden wir uns auf die folgenden vier als Fragenkomplexe formulierten Problembereiche konzentrieren:

1. Wie können hierarchisch strukturierte Objekte (= eNF^2-Tabellen) eines logischen (oder internen) Schemas flexibel und unter Kontrolle des Anwenders in das Block- und Record-orientierte Schema einer Datenbank abgebildet werden; welche prinzipiellen Varianten gibt es hierbei; wie lassen sich die vom Anwender gewählten Speicherungs- und Clusterungsstrukturen beschreiben; welches sind geeignete Parameter einer entsprechenden Datenbeschreibungssprache?

2. Wie kann die Ausführung deskriptiv formulierter Anfragen an hierarchisch strukturierte Objekte durch den Einsatz sekundärer Zugriffspfade (= Indexe) unterstützt werden; welche Information muß dazu in den Indexen gespeichert werden; wie muß die Information gegebenenfalls aufbereitet werden; wie können die unter Umständen sehr komplexen Anfragen transformiert werden, so daß sie mit Indexen ausgewertet werden?

3. Wie läßt sich ein Anfrageoptimierer realisieren, der die erforderlichen Anfragetransformationen durchführt und bei der Generierung der Anfragepläne die jeweiligen Speicherungs- und Clusterungsstrukturen berücksichtigt; gibt es eine Architektur für eine solche Komponente, die diese Aufgaben ohne eine Vielzahl sich gegenseitig bedingender oder ausschließender Fallunterscheidungen löst?

4. Wie kann entschieden werden, ob und welche Indexe zur Auswertung einer Anfrage eingesetzt werden sollen; wie lassen sich die Ausführungskosten alternativer Pläne schätzen; wie können die Speicherungs- und Clusterungsstrukturen der zugegriffenen Objekte bei der Kostenschätzung berücksichtigt werden; wie beeinflussen die unterschiedlichen Methoden, einen Index einzusetzen, die Kosten?

Die Fragenkomplexe 1, 2 und 4 betreffen die flexible Abbildung hierarchisch strukturierter Objekte auf den Hintergrundspeicher, den Zugriff auf die Objekte über Indexe und die Schätzung der damit verbundenen Kosten. Die Diskussion und Beantwortung der genannten Fragen liefern die theoretischen Grundlagen für Systeme, die variable Speicherungs- und Clusterungsstrukturen unterstützen und sekundäre Indexe anbieten sollen. Die Fragenkomplexe 3 und teilweise auch 4 beziehen sich auf die Realisierung des Anfrageoptimierers und die in dieser Komponente notwendige Kostenschätzung. Die von uns in diesem Zusammenhang erarbeiteten Antworten und Lösungen liefern die Basis für die praktische Implementation dieser Komponenten. Die dargestellten Konzepte wurden dabei so entwickelt, daß sie den geforderten modularen Aufbau ermöglichen. Die Diskussion der Implementation des Anfrageoptimierers und der Kostenschätzung wird dabei aus zwei Gründen geführt. Der erste ist, daß wir nicht nur theoretische Grundlagen liefern wollen, sondern auch zeigen wollen, daß sich diese effizient in Programmcode umsetzen lassen. Der zweite ist, daß gerade bei der Realisierung des Anfrageoptimierers und der Kostenschätzung die größten Schwierigkeiten zu erwarten sind. In ihnen muß die Integration der Indexauswahl in die Anfragetransformation und die Berücksichtigung flexibler Speicherungs- und Clusterungsstrukturen bei der Anfrageplangenerierung aufeinander abgestimmt implementiert werden. Lassen sich hierfür keine tragfähigen Lösungen finden, so wäre das Ziel eines Systems mit einer frei wählbaren Abbildung des logischen in das physische Schema und dem Angebot von sekundären Zugriffspfaden zumindest mit unseren Konzepten nicht zu erreichen.

Um zu begründen, weshalb wir unsere Untersuchungen auf dem eNF^2-Datenmodell, einem Modell für hierarchisch strukturierte Objekte, aufbauen, sei der Abbildungsprozeß der Daten der realen Welt in die Datenstrukturen eines Block- und Recordorientierten Hintergrundspeichers näher betrachtet. Diese Abbildung erfolgt typischerweise in mehreren Abstraktionsschritten. Zuerst werden die Daten der realen Welt im konzeptuellen Schema formalisiert. Die Darstellung der Daten erfolgt dabei noch unabhängig von dem später verwendeten (Datenbank-)System. Zumeist wird hierfür ein semantisches Datenmodell, wie zum Beispiel das Entity-Relationship-Modell, verwendet. Ein sehr einfaches konzeptuelles Schema ist in Abb. 1.1 dargestellt. In diesem werden die Betriebsdaten eines Filialunternehmens (= reale Welt) durch ein E-R-Diagramm repräsentiert[2]. Als nächstes wird das konzeptuelle Schema in das logische Schema übersetzt. Die Daten werden nun durch die Datenmodellierungskonstrukte des zur Implementation verwendeten Systems dargestellt. Dies sind je nach verwendetem System (wie in Abb. 1.1 angedeutet) z. B. Relationen, verallgemeinerte geschachtelte Relationen oder auch Klassen, wenn ein objektorientiertes System verwendet wird. Dieser Abbildungsprozeß sollte, wie oben ausgeführt, ausschließlich von der logischen Struktur der Daten und der späteren Verarbeitungslogik gesteuert werden. Performanzüberlegungen, wie z. B. die Verteilung der Daten auf der Platte, sollen noch keine Rolle spielen. Diese Aspekte werden erst im letzten Schritt, wenn das logische Schema in das physische Schema transformiert wird, berücksichtigt.

Um die Abbildung des logischen in das physische Schema strukturiert vorzunehmen, erscheint uns (und nicht nur uns, wie der Blick auf andere Arbeiten noch zeigen wird) ein zweistufiges Vorgehen sinnvoll. Im ersten Schritt wird ein internes Schema definiert, in dem nur noch hierarchisch strukturierte Objekte auftreten. Hierzu werden die hierarchischen Strukturen des logischen Schemas identifiziert oder durch gezielte

---

[2] In diesem Buch werden als zentrales, nach und nach ausgebautes Beispiel die Daten eines Filialunternehmens verwendet. Dieses Beispiel wurde wegen seiner Anschaulichkeit und seiner allgemeinen Bekanntheit gewählt. Die entwickelten Konzepte sind aber allgemeingültig und insbesondere auch bei der Realisierung technisch-wissenschaftlicher Projekte, wie etwa der Implementation eines CAD-Systems, einsetzbar.

Reale Welt:

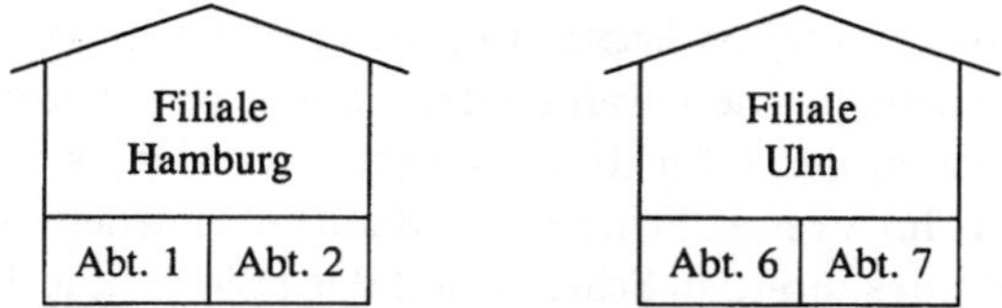

Konzeptuelles Schema:

Logisches Schema:

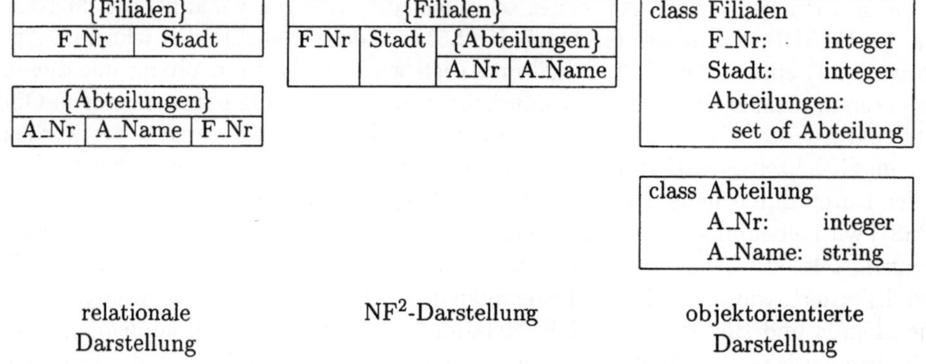

Hierarchisch strukturiertes internes Schema:

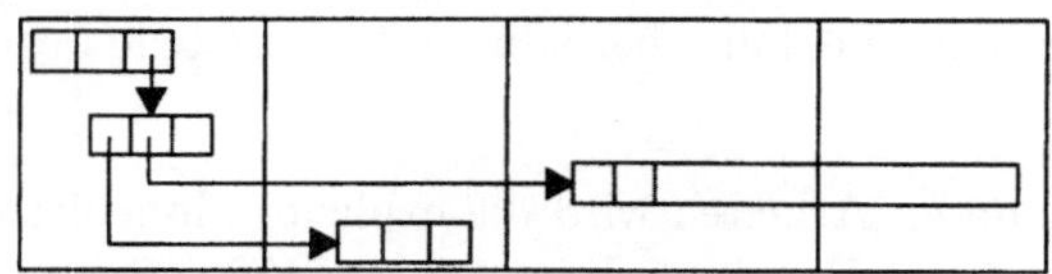

Block- und Record-orientiertes physisches Schema:

Abb. 1.1: Abbildungsprozeß der Daten der realen Welt

Umformung vorhandener netzwerkartiger Strukturen neu gebildet. Echte Netzwerk-Strukturen, die sich nicht auflösen lassen, werden in einzelne, wiederum hierarchisch strukturierte Objekte zerlegt. Diese werden dann durch Referenzen (= global gültige Identifier, die als Werte in den Objekten gespeichert werden) verknüpft oder gezielt redundant gespeichert. Im zweiten Schritt wird dann entschieden, wie die hierarchisch strukturierten Objekte des internen Schemas auf das (Block- und Record-orientierte) physische Schema abzubilden sind. Dazu wird eine Speicherungs- und Clusterungs-struktur definiert, in der beschrieben wird, wie die Objekte auf Records aufzuteilen und wie diese wiederum Blöcken zuzuordnen sind. Gleichzeitig wird in diesem Schritt (zumindest in unserem Konzept) festgelegt, wie die Objekte des internen Schemas durch Zugriffspfade zu invertieren sind. Diese explizite Modellierung hierarchisch strukturierter Objekte wird vorgenommen, weil hierarchische Strukturen sehr viel effizienter als potentiell netzwerkartige Strukturen gespeichert werden können. So können sie zum Beispiel linearisiert oder mit nur lokal gültigen Referenzen implementiert werden.

Man trifft den beschriebenen zweistufigen Abbildungsprozeß in vielen neueren Arbeiten und Prototypen an. Als erstes seien hier die Arbeiten genannt, die im Rahmen des DASDBS-Projektes (s. Abschnitt 2.5) und des COCOON-Projektes (s. Abschnitt 2.4.4) entstanden. Von Scholl und Rich wird im Zusammenhang mit diesen Projekten in [Sch92] und [Ric94] ausführlich untersucht, wie die netzwerkartigen Objektstrukturen des COCOON-Datenmodells auf NF^2-Relationen abgebildet werden können. Gleichzeitig wird erörtert, wie bei der Anfrageauswertung die Rekonstruktion der Daten durch neue, spezialisierte Join-Verfahren unterstützt werden kann. In [SPS87] wird, ebenfalls unter Mitwirkung von Scholl, erörtert, wie 1NF-Relationen effizient mittels NF^2-Relationen gespeichert werden können. In [WS89] und [PSSW87] wird diskutiert, wie spezialisierte Datenmodelle zur Verwaltung von geowissenschaftlichen Daten und Bürodaten auf NF^2-Relationen abgebildet werden können. Anders als in dem vorliegenden Buch wird in den genannten Arbeiten dabei von der Prämisse (s. Abschnitt 2.5) ausgegangen, daß die NF^2-Relationen des internen Schemas nach festen Regeln in das physische Schema abgebildet werden. Die möglichen Transformationen sind deshalb grundsätzlich bei der Abbildung des logischen in das interne Schema durchzuführen. Dies bedingt, isoliert betrachtet, daß zur Realisierung bestimmter Speicherungs- und Clusterungsstrukturen auch bereits hierarchisch strukturierte Objekte des logischen Schemas auf mehrere Objekte des internen Schemas aufgeteilt und über global gültige Referenzen miteinander vernetzt werden müssen. Die ursprüngliche Strukturinformation geht dabei unterhalb der Schnittstelle des internen Schemas verloren. Konzepte (wie z. B. Pfadindexe), die diese Information benötigen, werden deshalb ebenfalls oberhalb der Schnittstelle des internen Schemas angesiedelt.

Außer in den vorgenannten Arbeiten wird die explizite Modellierung hierarchischer Strukturen auch in weiteren Beiträgen diskutiert. In [KBC$^+$87] und [KBC$^+$89] wird, wie in Abschnitt 2.4.1 noch näher ausgeführt, im Rahmen von Orion erörtert, wie hierarchische Strukturen in Smalltalk-ähnlichen Datenmodellen gekennzeichnet und

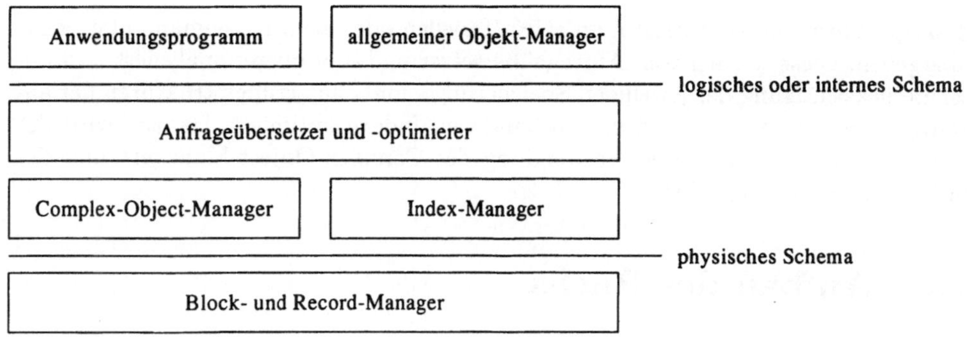

Abb. 1.2: Allgemeine Systemarchitektur

effizient gespeichert werden können. In [BD89] und [BD90] wird, wie in Abschnitt 3.2 ausgeführt, diskutiert, wie hierarchisch angeordnete Objekte im O_2-Datenmodell (vgl. Abschnitt 2.4.2) auf der Platte zusammenhängend gespeichert werden können. Eine ähnliche Diskussion wird auch auf der Basis des Molekül-Atom-Datenmodells (vgl. Abschnitt 2.3.2) in [SS89] (genaueres siehe Abschnitt 3.2) geführt. Darüber hinaus werden hierarchisch strukturierte Objekte als direkte Grundlage in vielen logischen Datenmodellen eingesetzt. Zuallererst sind hier das NF^2- und das eNF^2-Datenmodell zu nennen. In beiden Modellen werden die Daten in geschachtelten Relationen oder Tabellen abgelegt. Ein Prototyp, in dem das eNF^2-Datenmodell als logisches Datenmodell verwendet wird, ist AIM-P (s. Abschnitt 2.2.2). In einem etwas weiteren Sinne fallen aber auch die objektorientierten Datenmodelle von O_2 (s. Abschnitt 2.4.2), GOM (s. Abschnitt 2.4.3) und den C++ basierten Systemen Ontos und ObjectStore (s. Abschnitt 2.4.5) in diese Klasse. Die Einzelobjekte, aus denen die netzwerkartigen Objektstrukturen in diesen Systemen aufgebaut werden, sind intern ebenfalls hierarchisch strukturiert. In [Deu90] wird dazu auch ausgeführt, daß O_2 auf der Basis eines Objekt-Managers, der hierarchische Strukturen verwaltet, implementiert wurde.

Diese Aufstellung zeigt deutlich, daß hierarchisch strukturierte Objekte eine sehr gute Basis sowohl für das logische als auch für das interne Schema einer Datenbank sind. In dem vorliegenden Buch haben wir für unsere Diskussionen das eNF^2-Datenmodell gewählt, weil dieses das zur Zeit wohl mächtigste Datenmodell für hierarchische Strukturen ist. Außerdem beruht es auf mathematischen Grundlagen. Dies erlaubt uns, die Anfragetransformationen, die notwendig sind, um Indexe in die Anfrageauswertung mit einzubeziehen, formal darzustellen. Wir haben dabei nicht das Ziel, wie z. B. in AIM-P oder DASDBS, ein vollständiges System zu entwickeln. Vielmehr wollen wir systematisch Lösungen für die oben genannten Ziele und Problemkreise erarbeiten. Als Diskussionsgrundlage stellen wir uns dazu eine sehr allgemein gehaltene Systemarchitektur vor, wie sie stark vereinfachend in Abb. 1.2 gezeigt ist. An der Schnittstelle des logischen (oder je nach System internen) Schemas werden deskriptiv formulierte Anfragen an eNF^2-Tabellen oder auch Datenmanipulationen[3] übergeben. Diese werden vom Anfrageübersetzer und -optimierer analysiert und unter Berücksichtigung der jeweiligen Speicherungs- und Clusterungsstrukturen der angefragten eNF^2-Tabellen und der vorhandenen Indexe optimiert. Danach wird der jeweils günstigste Plan unter Verwendung des Complex-Object-Managers und des Index-Managers ausgeführt.

1.3 Aufbau des Buchs

Den Aufbau des Buchs haben wir direkt aus den im vorigen Abschnitt genannten vier Problemkreisen abgeleitet. Nach einem Überblick über Datenmodelle, Systeme und verwandte Arbeiten wird jeder in einem eigenen Kapitel diskutiert und Lösungen erarbeitet. Im einzelnen ist das Buch wie folgt gegliedert:

Kapitel 2: Hier werden Datenmodelle und Systeme eingeführt, auf die in diesem Buch Bezug genommen wird. Der Umfang dieser Einführung wurde dabei so gewählt, daß nachvollzogen werden kann, weshalb die im weiteren Verlauf des Buchs vorgestellten Konzepte dieser Datenmodelle und Systeme, wie dargestellt, gewählt wurden. Außerdem werden das eNF^2-Datenmodell und der von uns verwendete Kalkül zur Formulierung von Anfragen vorgestellt.

Kapitel 3: Hier wird diskutiert, wie eNF^2-Tabellen flexibel und unter Kontrolle des Anwenders auf Speicherungs- und Clusterungsstrukturen abgebildet werden können. Es werden mögliche Varianten der Abbildung aufgezeigt und die wesentlichen Parameter einer entsprechenden Datendefinitionssprache herausgearbeitet.

Kapitel 4: Inhalt dieses Kapitels ist der assoziative Zugriff auf eNF^2-Tabellen und auf deren Subtabellen über Pfadindexe. Zuerst wird dargestellt, welche Adreßinformation in den Indexen gespeichert und wie diese beim Zugriff aufbereitet werden muß. Danach wird ausgeführt, wie komplexe, deskriptiv formulierte Anfragen zu transformieren sind, damit sie mit Pfadindexen ausgewertet werden.

Kapitel 5: Hier wird ausgeführt, wie die in den vorangegangenen Kapiteln erarbeiteten Konzepte praktisch umgesetzt und in ein System integriert werden können. Dazu wird die Architektur eines möglichen Anfrageoptimierers aufgezeigt und ein Operatorbaum für diesen entwickelt. Basierend auf diesem Operatorbaum wird dargestellt, wie die Integration von Indexen und die Generierung von Ausführungsplänen unter Berücksichtigung der Speicherungs- und Clusterungsstrukturen implementiert werden können.

---

[3] Im folgenden wird der Begriff *Anfrage* als Synonym für *Anfrage oder Datenmanipulation* verwendet.

Kapitel 6: Gegenstand dieses Kapitels ist die kostenmäßige Bewertung alternativer Anfragepläne. Es werden Konzepte entwickelt, um die Ausführungskosten von Anfrageplänen mit und ohne Indexzugriffen schrittweise unter Einbeziehung der jeweiligen Speicherungs- und Clusterungsstrukturen zu schätzen.

Kapitel 7: In diesem Kapitel werden zur Ergänzung und Abrundung der theoretischen Arbeiten die praktischen Implementationen, die zur Evaluation der vorgestellten Grundlagen und Konzepte durchgeführt wurden, vorgestellt. Es werden die prototypisch realisierten Komponenten eines Testsystems beschrieben und eine kurze Beurteilung der Resultate gegeben.

Kapitel 8: Abschließend werden die wesentlichen Ergebnisse des Buchs zusammengefaßt und ein Resümee gezogen.

Kapitel 2

Überblick über Datenmodelle und Systeme

In diesem Kapitel werden die Datenmodelle und Systeme vorgestellt, die in der Einleitung bereits kurz angesprochen wurden bzw. auf die im weiteren noch Bezug genommen wird. Die Diskussion konzentriert sich auf die Punkte:

- logische Struktur der Daten,

- Realisierung von 1:1-, 1:n- und n:m-Beziehungen,

- Art des Zugriffs auf die Daten (deskriptiv, navigierend, über Methoden).

Die ersten beiden Punkte dienen noch einmal als Motivation für die hierarchischen Strukturen des internen Schemas. Sie zeigen deutlich die Tragweite unserer Konzepte. Der dritte Punkt wird später aufgegriffen, um die Anforderungen an die Indexe zu motivieren. Außerdem werden in diesem Kapitel der von uns verwendete Kalkül für Anfragen an eNF^2-Tabellen und einige wiederholt verwendete Begriffe eingeführt.

2.1 Das relationale Datenmodell

In diesem Modell werden die Daten in *Relationen* gespeichert. Eine Relation besteht aus einzelnen *Tupeln* und diese wiederum aus einzelnen *Attributwerten*. Graphisch kann eine Relation wie in Abb. 2.1 als zweidimensionale Tabelle veranschaulicht werden. Die Spalten entsprechen den Attributen und die Zeilen den einzelnen Tupeln. Jedem Attribut wird, wie in dem Beispiel, ein *Attributname* zugeordnet. Außerdem entstammen die Werte in den einzelnen Spalten jeweils denselben *Wertebereichen*. Diese relationenbezogene Information (Name der Relation, Name und Wertebereiche der Attribute) wird als *Schema* der Relation bezeichnet. Werden in einer Relation nur atomare Attributwerte (z. B. integer, real, string oder date) verwendet, so ist die

{Filialen}			
F_Nr	Stadt	Straße	Fläche
1	Ulm	Olgastraße	10000
2	HH	Spitalerstraße	20000

Abb. 2.1: Relationale Darstellung der Filialdaten

Relation in *erster Normalform* (= 1NF-Relation). Mathematisch gesehen ist eine Relation eine Menge, die keine Duplikate enthält und in der es keine Ordnung unter den Tupeln gibt. In den Implementationen werden jedoch zumeist Duplikate zugelassen.

Zum Zugriff auf die Daten wurden verschiedene Sprachen entwickelt. Die Relationenalgebra (z. B. in [Ull88] beschrieben) basiert auf den fünf Basisoperatoren *Vereinigung* ($\cup$) zweier Relationen, *Mengendifferenz* ($-$) zwischen zwei Relationen, *kartesisches Produkt* ($\times$) von zwei Relationen, *Selektion* (σ) von Tupeln einer Relation, die einer bestimmten Bedingung (genannt *Selektionsprädikat*) genügen, und *Projektion* (π), bei der aus einer Relation durch Ausblenden einzelner Attribute eine neue gebildet wird. Neben diesen Basisoperatoren gibt es abgeleitete Operatoren, die durch wiederholte Anwendung der Basisoperatoren gebildet werden. Einer ist der *Join* ($\bowtie$), der einem kartesischen Produkt zwischen zwei Relationen mit einer anschließenden Selektion entspricht.

Eine Anfrage wird in der Relationenalgebra durch Angabe eines Operators definiert. Komplexe Selektionen lassen sich durch wiederholte Anwendung der Operatoren formulieren. Beispielsweise würde der Ausdruck

$$\pi_{\text{F\_Nr, Stadt}} \left(\sigma_{\text{Stadt=Ulm}} \right) (\text{Filialen})$$

eine Relation mit allen Filialen in Ulm liefern. Diese Relation hätte die beiden Attribute *F_Nr* und *Stadt*.

Eine andere Sprache ist der Relationen-Tupel-Kalkül oder kurz Relationenkalkül[1]. In dieser Sprache (eine ähnliche Syntax wird in [Ull88] verwendet) werden Anfragen aus Atomen und Formeln gebildet. Die drei möglichen Atome sind:

- Definition einer Tupelvariablen (*t in R*): Durch dieses Atom wird eine Variable definiert, die mit jedem Tupel t in der Relation R assoziiert werden kann.

- Definition eines Vergleichs zwischen einem Attribut und einer Konstanten (*t.Attr op Konstante*) bzw. (*Konstante op t.Attr*): Dieses Atom besagt, daß das Attribut *Attr* in der Tupelvariablen t dem Vergleich *op* mit der Konstanten genügen muß, wobei als Vergleichsoperatoren $<, \leq, =, \geq, >$ und $<>$ zugelassen sind.

---

[1] In einer für das eNF^2-Modell erweiterten Form dieser Sprache werden später die Anfragetransformationen und Beispiele dargestellt, weshalb hier der Relationenkalkül etwas ausführlicher behandelt wird.

- Definition eines Vergleichs zwischen zwei Variablen ($t.Attr_1$ op $s.Attr_2$): Dieses Atom entspricht in seiner Bedeutung dem vorigen, nur daß nun die Attributwerte zweier Tupelvariablen miteinander verglichen werden.

Aus diesen Atomen werden Formeln mit freien und gebundenen Variablen gebildet:

- Jedes Atom ist eine Formel. Variablen, die in einem Atom auftreten, sind frei.

- Sind F_1 und F_2 Formeln, so sind auch F_1 *and* F_2, F_1 *or* F_2 und *not* F_1 Formeln mit der Bedeutung, daß im ersten Fall die Formel wahr ist, wenn F_1 und F_2 wahr sind. Im zweiten Fall ist die Formel erfüllt, wenn F_1 oder F_2 wahr ist, und im dritten Fall, wenn F_1 nicht wahr ist. Variablen, die in F_1 oder F_2 auftreten, sind weiterhin frei oder gebunden, je nachdem, ob sie in F_1 bzw. F_2 frei oder gebunden sind.

- Ist F eine Formel und ist t eine freie Variable in F, so wird die Variable durch $\exists t : F$ bzw. $\forall t : F$ gebunden. Beide Ausdrücke sind gültige Formeln. Die erste Formel ist erfüllt, wenn es mindestens ein t gibt, so daß F wahr ist. Die zweite Formel ist wahr, wenn für alle t die Formel F wahr ist.

- Innerhalb einer Formel gelten die folgenden Vorrangregeln: Vergleichsoperatoren haben Vorrang vor $\exists$ und $\forall$, die wiederum Vorrang vor *and*, *or* und *not* haben. Um die Vorrangregeln zu überschreiben, können zusätzlich Klammern verwendet werden.

- Nichts Weiteres ist eine Formel.

Anfragen werden im Relationenkalkül durch Angabe eines Ausdrucks der Form

$$\{ t \mid F(t) \}$$

formuliert, wobei t die einzige freie Variable in F ist. Die Suche nach allen Filialen in Ulm (mit den Attributen F_Nr und $Stadt$) lautet dann:

$$\{ t \mid \exists\, f\colon (f \text{ in Filialen} \quad \text{and } f.\text{Stadt} = \text{'Ulm' and} $$
$$t.F\_Nr = f.F\_Nr \text{ and } t.\text{Stadt} = f.\text{Stadt} \quad \}$$

In [Ull88] wird noch darauf eingegangen, daß eine Anfrage (wie z. B. $\{ t \mid \neg F(t) \}$) im Relationenkalkül nicht notwendigerweise eine endliche Menge zurückliefert. Um auszuschließen, daß Anfragen formuliert werden können, die ein unendliches Ergebnis haben, werden einige Zusatzbedingungen formuliert, die die verwendeten Formeln erfüllen müssen. Die sich daraus ergebende Anfragesprache (der sogenannte sichere Relationenkalkül) entspricht in ihrer Mächtigkeit der Relationenalgebra.

Eine weitere Sprache für das Relationenmodell ist SQL. Während die Relationenalgebra und der Relationenkalkül abstrakte, da nicht implementierte Sprachen sind, ist

SQL implementiert und heute die am weitesten verbreitete Anfrage- und Datenmanipulationssprache. Die International Standards Organization (ISO) standardisierte 1986 SQL und 1992 eine Erweiterung – intern SQL2 genannt. Kommentierte Darstellungen dieser Standards finden sich in [Dat89] (SQL) und [DD93] (SQL2).

In SQL wird eine Anfrage durch ein sogenanntes *select-from-where*-Statement formuliert. Es entspricht einem kartesischen Produkt zwischen Relationen mit anschließender Selektion und Projektion. Im *from*-Teil werden die an der Anfrage beteiligten Relationen genannt. Die aus dem Kreuzprodukt dieser Relationen benötigten Tupel werden durch Angabe einer Bedingung im *where*-Teil selektiert. Im *select*-Teil werden schließlich diejenigen Attribute, die im Ergebnis erscheinen sollen, genannt. Entsprechend würde die Suche nach den Filialen in Ulm in SQL lauten:

> select F_Nr, Stadt from Filialen where Stadt = 'Ulm'

Neben einfachen Selektionsprädikaten können im *where*-Teil auch Existenz- und AllQuantoren verwendet werden. Des weiteren gibt es Klauseln, um das Ergebnis einer Anfrage zu sortieren, zu gruppieren und um Duplikate zu eliminieren.

Die drei vorgestellten Anfragesprachen sind sogenannte *deskriptive* Sprachen. In ihnen werden die in einer Anfrage gesuchten Daten abstrakt beschrieben. Nicht angegeben wird, mit welchen Algorithmen die Anfragen ausgewertet werden sollen. Diese Entscheidung wird bei der Optimierung der einzelnen Anfragen abhängig von den zugrundeliegenden Speicherungsstrukturen und vorhandenen Indexen vom System getroffen. Beispielsweise könnte die Suche nach den Filialen in Ulm in allen drei Fällen mit und ohne Index ausgeführt werden.

In der Einleitung wurde ausgeführt, daß die hierarchischen Substrukturen des konzeptuellen bzw. logischen Schemas auf hierarchisch strukturierte Objekte des internen Schemas abgebildet werden können. Bezogen auf das relationale Datenmodell heißt dies, daß Tupel, die in einer 1:1- oder 1:n-Beziehung stehen, gemeinsam in hierarchischen Strukturen des internen Schemas gespeichert werden können. Daß dies so ist, sei am Beispiel einer 1:n-Beziehung zwischen den Filialen und ihren jeweiligen Abteilungen belegt. Man betrachte dazu die Relation *Abteilungen* in Abb. 2.2. In dieser Relation wird die Beziehung zu den Filialen in Abb. 2.1 durch das zusätzliche Attribut *F_Nr* – dem sogenannten *Fremdschlüsselattribut* – ausgedrückt. Bei der Abbildung dieser beiden Relationen in das interne Schema kann für jede Filiale eine hierarchische Struktur erzeugt werden, in der jeweils die Daten der Filiale und ihrer Abteilungen gespeichert werden.

Im Gegensatz dazu können n:m-Beziehungen nicht direkt auf hierarchische Strukturen abgebildet werden. Dies zeigt sich bereits bei der Modellierung dieser Beziehungen durch Relationen. Eine n:m-Beziehung kann nicht durch ein zusätzliches Fremdschlüsselattribut dargestellt werden. Es ist stets eine dritte Relation notwendig. Ein Beispiel hierfür ist in Abb. 2.3 gegeben. Dort wird die n:m-Beziehung zwischen den Lieferanten eines Unternehmens und den einzelnen Filialen durch die Relation *beliefert* realisiert. Eine ausführliche Diskussion aller Abbildungsmöglichkeiten findet sich

{Abteilungen}			
A_Nr	A_Name	Umsatz	F_Nr
1	Spielzeug	5000	1
2	Haushalt	5000	1
6	Spielzeug	12000	2
7	Haushalt	8000	2

Abb. 2.2: Realisierung einer 1:n-Beziehung im relationalen Modell

{Lieferanten}		
L_Nr	Lieferant	Stadt
L1	Schulz & Co	Ulm
L2	Maier & Co	Kassel
L3	Müller GmbH	Hamburg

{beliefert}	
F_Nr	L_Nr
1	L1
1	L2
2	L2
2	L3

Abb. 2.3: Realisierung einer n:m-Beziehung im relationalen Modell

in [SPS87]. Im Rahmen des DASDBS-Projektes (vgl. Abschnitt 2.5) wurde gezeigt, daß hierarchische Strukturen zur Implementation von Relationen gut geeignet sind.

In SQL2 wurden Konzepte eingeführt, um Fremdschlüsselattribute in den Relationenschemata als solche zu kennzeichnen. Hierdurch können die Datenbanksysteme verhindern, daß in solchen Attributen Referenzen auf nicht existierende Tupel eingetragen werden. Außerdem ist es möglich, mit Hilfe dieser Informationen automatisch (alternative) interne hierarchische Schemata aus den Relationenschemata zu generieren.

Entsprechend [Dat89] gibt es heute über 100 kommerziell verfügbare Produkte, die eine auf dem relationalen Datenmodell basierende Datenbank mit der Anfragesprache SQL realisieren. Dabei entspricht laut [Dat89] keine exakt einem der Standards. Jede realisiert einen etwas anderen SQL-Dialekt. Im folgenden werden einige im Zusammenhang mit diesem Buch interessante Details der Produkte Oracle, Ingres und DB2 kurz vorgestellt.

In Oracle [HHKU91], [ORA92a], [ORA92b] gibt es die Möglichkeit, Tupel, die in einer 1:1- oder 1:n-Beziehung zueinander stehen, auf der Platte benachbart zu speichern. Dabei werden alle Tupel, die in bestimmten, vom Benutzer angegebenen Clusterattributen übereinstimmen, zusammenhängend gespeichert. Diese Speicherungsstruktur wird im Datenbankschema durch die Definition sogenannter Cluster beschrieben. Diese Cluster sind mit den Clustertypen[2] – wenn auch nicht vollständig – vergleichbar, die in Abschnitt 3.4.3 eingeführt werden.

---

[2] Man beachte, daß der in Oracle verwendete Begriff *Cluster* dem Begriff *Clustertyp* in diesem Buch entspricht. Der in Abschnitt 3.4.1 eingeführte Begriff *Cluster* entspricht in Oracle dem Speicherbereich, der angelegt wird, um Tupel mit demselben Wert in dem Clusterattribut zu speichern. Alle Cluster eines Clustertyps im Sinne dieses Buchs bilden einen Cluster im Sinne von Oracle.

Ingres [ING91] erlaubt dem Anwender, explizit zwischen verschiedenen Speicherungsstrukturen für die einzelnen Relationen zu wählen. So kann eine Relation u. a. als
eine sequentielle Datei, als ein B-Baum oder als eine Hash-Tabelle organisiert werden.
Um diese unterschiedlichen Speicherungsstrukturen und die damit verbundenen unterschiedlichen Zugriffskosten bei der Optimierung zu berücksichtigen, besitzt Ingres
die detaillierteste Kostenschätzung von den drei betrachteten Produkten. Diese geht
so weit, daß unter Kontrolle des Anwenders Histogramme über die Werteverteilung
einzelner Attribute angelegt werden.

Die von IBM entwickelte und vertriebene Datenbank DB2 [VW90], [DB289] sei
erwähnt, weil in ihr die Verteilung der Daten auf die Speichermedien sehr genau
kontrolliert werden kann. So kann z. B. eine Relation unter Kontrolle des Anwenders
über mehrere u. U. verschieden schnelle Speichermedien verteilt werden. Außerdem
ist DB2 ein direkter Nachfolger vom System R [ABC$^+$76]. System R war eine von
IBM vorgenommene Prototypimplementation einer relationalen Datenbank. Im Rahmen dieses Projektes wurden viele, auch heute noch gültige und nicht nur von IBM
eingesetzte Implementationskonzepte erarbeitet und publiziert.

2.2 Hierarchische Datenmodelle

Im Gegensatz zum relationalen Modell gibt es kein standardisiertes hierarchisches Datenmodell. Vielmehr muß zwischen den auf (Multi-) Mengen und Listen und damit
auf mathematischen Grundlagen basierenden NF^2- und eNF^2- und anderen hierarchischen Datenmodellen unterschieden werden.

2.2.1 Das NF^2-Datenmodell

Das NF^2 (=non first normal form) Datenmodell ist eine direkte Erweiterung des relationalen Datenmodells. Eine formale Definition dieses Modells ist in [JS82] oder
[SS86] gegeben. Wie im relationalen Modell werden die Daten in Relationen gespeichert. Der Unterschied ist, daß die Attribute selbst wieder Relationen und nicht nur
atomare Werte sein können. So können Relationen ineinander geschachtelt werden.
In diesem Zusammenhang spricht man dann auch von *mengenwertigen* oder *relationenwertigen* Attributen. Will man explizit zwischen den (eigenständigen) äußeren
Relationen und ihren geschachtelten inneren Relationen unterscheiden, so bezeichnet
man die äußeren auch als *Top-Level-Relationen* und die inneren als *Subrelationen*.
Ein Tupel mit all seinen Subrelationen wird häufig auch als *komplexes Tupel* und ein
Tupel einer Subrelation als *Subtupel* bezeichnet. Ein Beispiel für eine NF^2-Relation
ist in Abb. 2.4 gegeben. Die Abteilungen der einzelnen Filialen werden hierin als
Subrelationen der Top-Level-Relation *Filialen* gespeichert. Da die Schachtelung der
Relationen nicht auf eine Hierarchiestufe beschränkt ist, können Strukturen mit einer
beliebigen, aber statischen Tiefe aufgebaut werden.

{Filialen}						
F_Nr	Stadt	Straße	Fläche	{Abteilungen}		
				A_Nr	A_Name	Umsatz
1	Ulm	Olgastraße	10000	1	Spielzeug	5000
				2	Haushalt	5000
2	HH	Spitalerstraße	20000	6	Spielzeug	12000
				7	Haushalt	8000

Abb. 2.4: Darstellung der Filialdaten als NF^2-Tabelle

Zum Zugriff auf NF^2-Relationen wurden in verschiedenen Arbeiten die drei oben genannten deskriptiven Sprachklassen (Relationenalgebra, Relationenkalkül und SQL) erweitert. Das Vorgehen ist jeweils recht ähnlich. An den Stellen, an denen im relationalen Fall einfache Werte (Attributwerte oder Konstanten) verwendet werden dürfen, können im NF^2-Fall auch mengenwertige Konstanten und Subanfragen, die Mengen zurückliefern, eingesetzt werden. Hierdurch können Anfragen, die neue NF^2-Relationen erzeugen, formuliert werden.

Eine Erweiterung der Relationenalgebra wird in [SS86] beschrieben. In dieser Algebra können in der Projektionsliste und in Selektionsprädikaten Subanfragen zur Selektion und Projektion mengenwertiger Attribute verwendet werden. Eine Anfrage, die aus der Relation in Abb. 2.4 die Filialen in Ulm mit den Spielzeugabteilungen selektiert, würde in dieser Sprache lauten:

$$\pi \; [\text{F\_Nr, Stadt}, \; \sigma \; [\text{Abt\_Name} = \text{Spielzeug}] \; (\text{Abteilungen})] \; (\; \sigma \; [\text{Stadt} = \text{Ulm}] \; (\text{Filialen}))$$

Zusätzlich werden in [SS86] die Operatoren *nest* (ν) zum Erzeugen einer geschachtelten Relation und *unnest* (μ) zum Entschachteln einer Relation eingeführt. Damit können beliebige Schematransformationen ausgedrückt werden.

Ähnlich wie die Relationenalgebra wird in [RKS88] der Relationenkalkül so erweitert, daß er auf NF^2-Relationen anwendbar ist. Interessanterweise müssen dabei nur die Definitionen der Atome (vgl. Abschnitt 2.1) neu formuliert werden. Die Definition der Formelbildung wird unverändert aus [Ull82] übernommen. Da wir in Abschnitt 2.2.2 einen sehr ähnlichen Kalkül zur Formulierung unserer Beispielanfragen vollständig einführen, verzichten wir an dieser Stelle auf die Vorstellung dieser Sprache. Es sei nur darauf hingewiesen, daß in der in [RKS88] eingeführten Sprache, wie im Relationenkalkül, Anfragen formuliert werden können, die ein unendliches Ergebnis haben. Um solche Anfragen auszuschließen, wurde in [RKS88] der Begriff des sicheren Relationenkalküls aus [Ull82] auf den erweiterten Relationenkalkül übertragen. Von diesem sicheren erweiterten Relationenkalkül wurde dann gezeigt, daß er die gleiche Mächtigkeit hat wie eine ebenfalls eingeführte erweiterte relationale Algebra.

In [SP82] wurde ein erster Ansatz für eine SQL-artige Sprache vorgestellt, mit der auf NF^2-Relationen zugegriffen werden kann. Die endgültige Syntax und Semantik dieser Sprache, wie sie in [PT86] dargestellt wird, beziehen sich aber dann auf das eNF^2-Modell, weshalb wir sie auch erst dort behandeln werden.

{Lieferanten}			
L_Nr	Lieferant	Stadt	{beliefert}
			F_Nr
L1	Schulz & Co	Ulm	1
L2	Maier & Co	Kassel	1
			2
L3	Müller GmbH	Hamburg	2

Abb. 2.5: Darstellung einer n:m-Beziehung im NF^2-Modell

Im NF^2-Datenmodell können 1:1- und 1:n-Beziehungen direkt durch die Schachtelung entsprechender Relationen dargestellt werden. Ein Beispiel hierfür ist bereits in Abb. 2.4 gegeben, in der die 1:n-Beziehung zwischen den Filialen und Abteilungen durch die Schachtelung der Relationen *Filialen* und *Abteilungen* realisiert ist. n:m-Beziehungen werden auch im NF^2-Modell über Fremdschlüssel realisiert. Eine eigenständige Kett-Relation ist dabei jedoch nicht erforderlich. Die Fremdschlüssel derjenigen Tupel, zu denen ein Tupel t in Beziehung steht, können in einem relationenwertigen Attribut des Tupels t abgelegt werden. Ein Beispiel ist in Abb. 2.5 gezeigt. Die n:m-Beziehung zwischen den Filialen und den Lieferanten wird über das relationenwertige Attribut *beliefert* hergestellt.

Ein Projekt, welches das NF^2-Datenmodell als systeminternes Schema verwendet hat, ist DASDBS [PSS+87], [SW87] oder [SPSW90]. Der Schwerpunkt dieses Projektes war die Entwicklung eines Datenbankkernsystems als Basis für die Implementation von Datenbanksystemen. Insofern nimmt es eine gewisse Sonderrolle ein und wird in einem eigenen Abschnitt (s. Abschnitt 2.5) vorgestellt.

2.2.2 Das eNF^2-Datenmodell

Das eNF^2-Datenmodell (= extended non first normal form), wie es in [PA86] eingeführt wurde, ist wiederum eine Erweiterung des NF^2-Datenmodells. Neben ungeordneten Relationen (Mengen) gibt es im eNF^2-Modell zusätzlich geordnete Relationen (Listen). Außerdem müssen die Elemente von Mengen und Listen nicht mehr zwangsweise Tupel sein, sondern können selbst wieder Mengen oder Listen oder auch atomare Werte sein. Graphisch lassen sich diese Zusammenhänge wie in Abb. 2.6 veranschaulichen. Mit diesen Erweiterungen können einige Daten, insbesondere aus dem technisch-wissenschaftlichen Bereich, direkter dargestellt werden. Beispielsweise können Zusammenhänge zwischen einzelnen Attributen durch Schachtelung von Tupeln ausgedrückt werden. Umgekehrt können eine Meßwertreihe direkt als eine Liste von Reals und eine Matrix als Liste von Listen dargestellt werden. Als Beispiel dienen wieder die Filialdaten. In Abb. 2.7 wird die Adresse einer Filiale explizit durch ein geschachteltes Tupel modelliert. In der im Anhang in Abb. A.25 dargestellten, für spätere Beispiele erweiterten Filialtabelle werden Listen verwendet, um die Aufteilung eines Filialgebäudes in Etagen (stark vereinfacht) zu modellieren. Dazu nehme

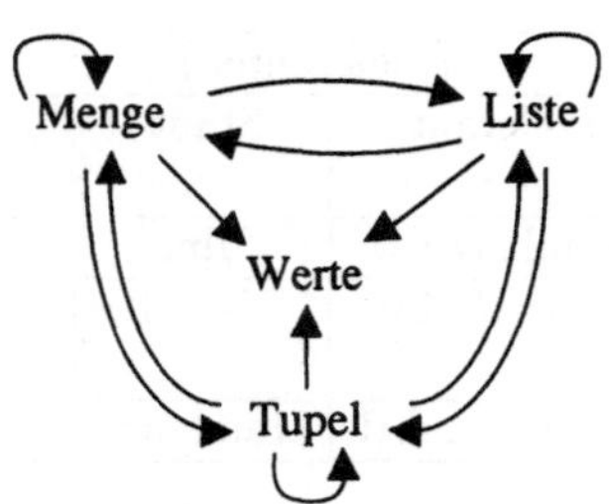

Abb. 2.6: Graphische Darstellung des eNF^2-Datenmodells

{Filialen}						
F_Nr	[Adresse]		Fläche	{Abteilungen}		
	Stadt	Straße		A_Nr	A_Name	Umsatz
1	Ulm	Olgastraße	10000	1	Spielzeug	5000
				2	Haushalt	5000
2	HH	Spitalerstraße	20000	6	Spielzeug	12000
				7	Haushalt	8000

Abb. 2.7: Darstellung der Filialdaten als eNF^2-Tabelle

man an, daß jede Etage wie in Abb. 2.8.a, ähnlich einem Schachbrett, in Planquadrate aufgeteilt ist und jedes Planquadrat einer Abteilung zugeordnet wird. Die Etagen lassen sich jetzt wie in Abb. 2.8.b als Listen von Listen von Abteilungsbezeichnern darstellen.

Beziehungen werden im eNF^2-Modell genau wie im NF^2-Modell dargestellt. Das eNF^2-Modell bietet hier keine zusätzlichen Modellierungsmöglichkeiten.

Zur Formulierung von Anfragen an eine eNF^2-Menge oder -Liste bzw. kurz an eine *eNF^2-Tabelle* oder *eNF^2-Relation* können die Sprachen des relationalen bzw. des NF^2-Datenmodells erweitert werden. Wir verwenden zur Formulierung unserer Beispiele einen erweiterten Relationenkalkül, der im folgenden kurz informell eingeführt wird. Der Entwurf der Sprache orientiert sich an dem in [RKS88] für das NF^2-Datenmodell entwickelten Relationenkalkül. Im Vergleich zu dem in Abschnitt 2.1 eingeführten Relationenkalkül sind nun die nachfolgenden Atome zulässig.

0	Le	Ha	Ha
1	Le	Tr	Ha
2	Le	Le	Ha

    0 1 2

<<Le, Ha, Ha>,
<Le, Tr, Ha>,
<Le, Le, Ha>>

Abb. 2.8.a: Aufteilung einer Etage   Abb. 2.8.b: Matrixdarstellung

(Le = Lebensmittel, Ha = Haushalt, Tr = Treppe)

Abb. 2.8: Repäsentation einer Matrix als Liste von Listen

Atome zur Definition von Variablen:

t *in* R: Sei R ein mengen- oder listenwertiges Datenbankobjekt. Dann ist t eine Variable, die mit jedem Element der Menge oder Liste R assoziiert werden kann. Die Elemente der Menge oder Liste sind dabei nicht notwendigerweise Tupel. Es können auch Mengen oder Listen oder atomare Werte sein.

t *in* $R.Attr$: Sei R ein tupelwertiges Datenbankobjekt und $Attr$ ein mengen- oder listenwertiges Attribut des Tupels R. Dann ist t eine Variable, die mit jedem Element des mengen- oder listenwertigen Attributs $Attr$ assoziiert werden kann.

t *in* $R.Attr_1.Attr_2.\ \dots\ .Attr_{n-1}.Attr_n$: Sei R ein tupelwertiges Datenbankobjekt und $Attr_1$ ein tupelwertiges Attribut von R. Für alle i ($2 \leq i \leq n-1$) gelte, daß $Attr_i$ ein tupelwertiges Attribut des Tupels $Attr_{i-1}$ ist. $Attr_n$ sei ein mengen- oder listenwertiges Attribut des Tupels $Attr_{n-1}$. Dann bezeichnet der obige Ausdruck einen *Pfad* durch ein *mehrfach geschachteltes* Tupel, in dem $Attr_n$ eine Menge oder Liste ist. t ist eine Variable, die mit jedem Element dieser Menge oder Liste assoziiert werden kann.

t *in* s: Sei s eine Variable, die mit einem Element einer Menge oder Liste assoziiert ist. Dieses Element und damit s sei selbst wieder eine Menge oder Liste. Dann ist t eine Variable, die mit jedem Element in s assoziiert werden kann.

t *in* $s.Attr$: Sei s eine Variable, die mit einem Tupel einer Menge oder Liste assoziiert ist, und sei $Attr$ ein mengen- oder listenwertiges Attribut des Tupels s. Dann ist t eine Variable, die mit jedem Element von $Attr$ assoziiert werden kann.

t *in* $s.Attr_1.Attr_2.\ \dots\ .Attr_{n-1}.Attr_n$: Sei s eine Variable, die mit einem Tupel einer Menge oder Liste assoziiert ist, und $Attr_1$ ein tupelwertiges Attribut des Tupels s. Für alle i ($2 \leq i \leq n-1$) gelte, daß $Attr_i$ ein tupelwertiges Attribut des Tupels $Attr_{i-1}$ ist. $Attr_n$ sei ein mengen- oder listenwertiges Attribut des Tupels $Attr_{n-1}$. Dann bezeichnet der obige Ausdruck einen *Pfad* durch ein *mehrfach geschachteltes* Tupel, in dem $Attr_n$ eine Menge oder Liste ist. t ist eine Variable, die mit jedem Element dieser Menge oder Liste assoziiert werden kann.

In allen Fällen, wenn t mit einem Element einer Liste assoziiert ist, soll es möglich sein, die Listenposition des Elementes mit der Funktion $pos\,(t)$ zu erfragen.

Atome zum Vergleich zweier Werte:

$value_1$ *op* $value_2$: Seien $value_1$ und $value_2$ jeweils eine *Konstante* oder ein Datenbankwert, spezifiziert durch R, $R.Attr$ oder $R.Attr_1.\ \dots\ .Attr_n$, oder ein Element einer Menge oder Liste, spezifiziert durch eine Variable t, oder ein Attribut eines Tupels, spezifiziert durch $t.Attr$ oder $t.Attr_1.\ \dots\ .Attr_n$. Sei außerdem op einer der Vergleichsoperatoren $<$, $\leq$, $=$, $\geq$, $>$ oder $<>$. Dann spezifiziert dieses Atom einen Vergleich zwischen diesen Werten, sofern op auf den Wertebereichen von $value_1$ und $value_2$ definiert ist.

Atome zur Bildung von Mengen und Listen:

set_value = $\{u \mid F'(u)\}$, *list_value* = $< u \mid F'(u) >$: Sei *set_value* bzw. *list_value* eine
Variable t oder ein Ausdruck der Form $t.Attr$ oder $t.Attr_1. \ldots .Attr_n$. Sei
außerdem u die einzige freie Variable in $\{u \mid F'(u)\}$ bzw. $< u \mid F'(u) >$. Dann
wird durch dieses Atom der Variablen t bzw. dem Attribut $Attr$ oder $Attr_n$ die
Menge oder Liste aller u, die $F'(u)$ erfüllen, zugewiesen.

Mit dieser letzten Definition sind alle zulässigen Atome eingeführt. Die Definition
der zulässigen Formeln kann wie in [RKS88] unverändert vom relationalen Tupel-
Kalkül übernommen werden, so daß die Definitionen in Abschnitt 2.1 auch hier gelten.
Anfragen werden jetzt in der Form

$$\{ t \mid F(t) \} \qquad \text{bzw.} \qquad < t \mid F(t) >$$

formuliert, abhängig davon, ob das Ergebnis eine Menge oder Liste sein soll. Beispielsweise würde die Anfrage, die aus der Tabelle in Abb. 2.7 die Filialen in Ulm
mit ihren Spielzeugabteilungen selektiert, in diesem Kalkül wie folgt lauten:

```
{ x | ∃ f: (f in Filialen                              and
       f.Adresse.Stadt = 'Ulm'                         and
       x.F_Nr         = f.F_Nr                          and
       x.Stadt        = f.Adresse.Stadt    and
       x.Abteilungen  = { y | ∃ a: (a in f.Abteilungen       and
                               a.A_Name = 'Spielzeug' and
                               y.A_Nr   = a.A_Nr       and
                               y.A_Name = a.A_Name and
                               y.Umsatz = a.Umsatz)})}
```

Auch in dieser Sprache ist es möglich, Anfragen zu formulieren, die eine unendliche
Menge oder Liste zurückliefern. Im Sinne einer vollständigen Sprachdiskussion wäre
es nötig, syntaktisch überprüfbare Bedingungen, die endliche Ergebnisse garantieren,
zu formulieren und wie in [RKS88] oder [AB88] die Mächtigkeit dieser eingeschränkten Sprache mit der Mächtigkeit anderer Sprachen formal zu vergleichen. Da die
Sprache hier jedoch nur eingeführt wurde, um in ihr mögliche Anfragetransformationen darzustellen und die verwendeten Beispielanfragen zu formulieren, und nicht als
Beitrag zur Diskussion über Anfragesprachen für eNF^2-Modelle zu verstehen ist, wird
auf diese formalen Untersuchungen verzichtet. Statt dessen wird lediglich gefordert,
daß eine Anfrage, d. h. jeder Ausdruck der Form $\{t \mid F(t)\}$ oder $< t \mid F(t) >$, stets
die folgende Form hat bzw. in diese gebracht werden kann:

```
{ t | ∃ v₀, …, vₙ: (v₁ in … and … and vₙ in …                       and   [1]
       p (v₀, …, vₙ, w₀, …, wₛ)                                      and   [2]
       t.Attr'₁₁. … .Attr'₁ᵣ₁   = p₁ (v₀, …, vₙ, w₀, …, wₛ)          and   [3]
       …                                                             and   [4]
       t.Attr'ₘ₁. … .Attr'ₘᵣₘ = pₘ (v₀, …, vₙ, w₀, …, wₛ) }                 [5]
```

Eine solche Anfrage entspricht im Prinzip einer Anfrage in SQL bzw. in HDBL (siehe unten) und hat wie diese stets ein endliches Ergebnis. In Zeile 1 werden, wie im *from*-Teil einer SQL- oder HDBL-Anfrage, die zugegriffenen Mengen und Listen genannt und Variablen an diese gebunden. Zeile 2 enthält, wie der *where*-Teil einer SQL- oder HDBL-Anfrage, das Prädikat der Anfrage. Dieses bezieht sich zum einen auf die in Zeile 1 definierten Variablen v_0 bis v_n und, wenn die Anfrage eine innere Teilanfrage einer geschachtelten Anfrage ist, auf die außerhalb der Anfrage gebundenen Variablen w_0 bis w_s. Die syntaktische Form des Prädikats genüge dabei der folgenden rekursiven Definition:

```
pred = value op value |                /* Vergleich zweier Werte, (s. oben) */
       pred and pred | pred or pred | not (pred) |
       ∃ v: (v in ... and pred) |      /* Exists-Prädikat */
       ∀ v: (not (v in ...) or pred)   /* Forall-Prädikat */
```

Die Zeilen 3 bis 5 repräsentieren schließlich den *select*-Teil der Anfrage. In diesen Zeilen wird durch Atome einer der folgenden Formen

$$t.\text{Attr'}_{k_1}. \ ... \ .\text{Attr'}_{k_{r_k}} = value \qquad \text{/* Ausgabe eines Wertes */}$$
$$t.\text{Attr'}_{k_1}. \ ... \ .\text{Attr'}_{k_{r_k}} = \{u \mid F'(u)\} \qquad \text{/* Ausgabe einer Menge */}$$
$$t.\text{Attr'}_{k_1}. \ ... \ .\text{Attr'}_{k_{r_k}} = < u \mid F'(u) > \qquad \text{/* Ausgabe einer Liste */}$$

die Ausgabe der Anfrage formuliert.

Des weiteren müßte wie in [PT86] festgelegt werden, wie Listen in Mengen und umgekehrt zu transformieren sind und wie die Ordnung in einem Kreuzprodukt aus zwei Listen oder einer Menge und einer Liste definiert ist. Auch hierauf wird verzichtet. Sofern diese Ordnung an einzelnen Stellen relevant ist, wird analog zu [PT86] vorgegangen und dies jeweils kurz erläutert.

Die bereits zitierten Arbeiten [JS82], [SP82], [PA86] und [PT86] entstanden im Rahmen des AIM-Projektes [DKA$^+$86], [DL89], [Pis87] oder [PD89]. In diesem Projekt wurde der Prototyp eines Datenbanksystems mit dem eNF^2-Datenmodell als logischem Schema entwickelt. Ein Ergebnis dieser Arbeiten war die Definition des eNF^2-Modells und der SQL-ähnlichen Anfrage- und Datenmanipulationssprache HDBL [PT86]. In dieser Sprache wird als Grundelement, wie in SQL, ein *select-from-where*-Ausdruck verwendet. Die entscheidende Erweiterung ist, daß in der Projektionsliste im *select*-Teil einer Anfrage wieder Anfragen zur Bestimmung von mengen- oder listenwertigen Ergebniswerten verwendet werden können. So können Anfragen – ähnlich wie im oben eingeführten Kalkül – ineinander geschachtelt werden. Damit können in einer Anfrage gleichzeitig Werte aus mehreren Tabellen und

Subtabellen selektiert werden. Die obige Suche nach den Filialen mit ihren Spielzeug-
abteilungen lautet entsprechend [ALPS88]:

```
select [ F_Nr:          f.F_Nr,
         Stadt:         f.Adresse.Stadt,
         Abteilungen: (select a
                       from  a in f.Abteilungen
                       where a.A_Name = 'Spielzeug')]
from   f in Filialen
where  f.Adresse.Stadt = 'Ulm'
```

Ein weiterer Schwerpunkt dieses Projektes war der Entwurf einer geeigneten Systemarchitektur. Eine entscheidende Frage war dabei, wie sich ein solches System
implementieren läßt, so daß zur Laufzeit eine gute Performanz erreicht wird. In
[LDE+85], [DGW85] und [DKA+86] werden dazu verschiedene interne Datenstrukturen, Indexe und Adressierungstechniken diskutiert, auf die in den entsprechenden
Kapiteln noch näher einzugehen ist. Von den vielen weiteren Aktivitäten in diesem Projekt spielen im folgenden noch die Arbeiten bezüglich des Datenaustausches
zwischen einzelnen Komponenten (z. B. zwischen Client und Server [GM91] bzw.
zwischen Datenbanksystem und Anwendungsprogrammen [KDG87] oder benutzerdefinierten Funktionen [LKD+88]) eine gewisse Rolle. Durch die Wahl einer geeigneten
internen Repräsentation der Daten ist es teilweise möglich, die ausgetauschten Daten
bereits auf der Platte benachbart zu speichern.

2.2.3 XSQL – Eine Erweiterung des relationalen Modells

In [LKM+85] wird eine Erweiterung eines relationalen Systems beschrieben, in dem
komplexe Objekte verwaltet werden können. In diesem XSQL genannten System werden *hierarchisch strukturierte Objekte* aus Tupeln, die sich in erster Normalform be-
finden, aufgebaut. Die Filialtabelle in Abb. 2.4 würde beispielsweise durch die zwei
Relationen

```
Filialen: F_ID: identifier        Abteilungen: A_ID: identifier
          F_Nr: integer                        F_ID: component_of (Filialen)
          Stadt: string                        A_Nr: integer
```

realisiert werden. Da diese Relationen nicht nur intern verwendet werden, sondern
auch dem Benutzer bekannt sind, ist die Realisierung allerdings nicht vollständig
transparent. Bezüglich der Realisierung von Beziehungen hat man in diesem System
die gleichen Möglichkeiten wie im NF^2- und eNF^2-Datenmodell.

Um ein komplexes Objekt mit einem einzigen Systemaufruf aus der Datenbank in
den Hauptspeicher eines Anwendungsprogramms kopieren zu können, wurde in XSQL
das Konzept der sogenannten *Complex-Cursor* eingeführt. In der Deklaration eines
Complex-Cursors kann der Anwender gleichzeitig mehrere SQL-Anfragen formulie-

ren. Mit ihnen beschreibt er, welche Tupel welcher Relationen zur Rekonstruktion eines komplexen Objektes geladen werden sollen. Dabei muß er allerdings die Beziehungen, die zwischen den einzelnen Tupeln bestehen, unter Verwendung der Pseudoattribute *first*, *next*, *previous* und *parent* im *select*-Teil der einzelnen Anfragen explizit angeben. Die so definierten Anfragen werden der Datenbank dann zusammen durch das Kommando *open* übergeben. Nachdem die Anfragen ausgeführt wurden, kann jeweils ein komplexes Objekt mit dem Befehl *fetch* in den Hauptspeicher geladen werden. Dabei werden die Datenbank-Referenzen zwischen den einzelnen Tupeln entsprechend den Angaben in den einzelnen Anfragen durch Hauptspeicher-Referenzen ersetzt, so daß danach effizient auf die einzelnen Teile eines komplexen Objektes zugegriffen werden kann. Ein (etwas vereinfachtes) Beispiel für einen Complex-Cursor, mit dem die komplexen Filialtupel geladen werden können, ist das folgende:

```
declare Filial_Cursor complex cursor for
    select F_Nr, Stadt, first (Abteilungen) from Filialen;
    select A_Nr, next, previous from Abteilungen;
end;
```

Mit dem Kommando *open Filial_Cursor* würden die beiden obigen Anfragen ausgeführt werden. Danach könnte mit *fetch Filial_Cursor* jeweils ein Filialtupel mit allen abhängigen Abteilungstupeln in den Hauptspeicher geladen werden.

Zur einfacheren Formulierung der einzelnen Anfragen wird in [ML83] die Anfragesprache SQL um sogenannte *implizite hierarchische Joins* erweitert. Mit dieser Erweiterung können die häufig benötigten Joins zwischen "Eltern"- und "Kind"-Relationen direkt ohne Angabe von Join-Prädikaten formuliert werden. Beispielsweise würde durch den impliziten Join *Filialen - Abteilungen* in der Anfrage

```
select * from Filialen - Abteilungen where F_Nr = 1
```

die Filiale 1 mit allen ihren Abteilungsdaten erfragt werden. Das Ergebnis der Anfrage ist eine Relation in erster Normalform. Der hierarchische Join entspricht damit weitestgehend einer *Unnest*-Operation in der NF^2-Algebra von Scheck und Scholl.

2.2.4 IMS – ein hierarchisches Datenbanksystem

IMS [IMS77], [Dat86] ist eines der ältesten und gleichzeitig eines der in der kommerziellen Datenverarbeitung am weitesten verbreiteten Datenbanksysteme. Es ist ein Produkt der IBM. Anders als zum Beispiel das NF^2- oder eNF^2-Datenmodell basiert es nicht auf mathematischen Grundlagen, sondern ist "historisch" gewachsen. Die Daten werden in IMS in hierarchischen Strukturen gespeichert, die aus einzelnen, sogenannten *Segmenten* aufgebaut werden. Die Segmente bestehen wiederum aus einzelnen *Feldern* mit atomaren Werten. 1:1- und 1:n-Beziehungen können damit in IMS

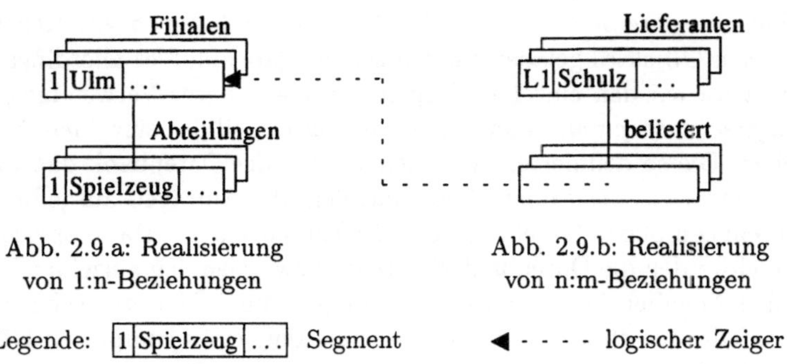

Abb. 2.9.a: Realisierung
von 1:n-Beziehungen

Abb. 2.9.b: Realisierung
von n:m-Beziehungen

Legende: 1 Spielzeug . . . Segment   ◄ - - - - logischer Zeiger

Abb. 2.9: Darstellung der Filialdaten in IMS

direkt repräsentiert werden. Die Filialtabelle in Abb. 2.4 könnte beispielsweise wie
in Abb. 2.9.a gezeigt implementiert werden. Um n:m-Beziehungen darzustellen, wurden in IMS (nachträglich) sogenannte *logische Zeiger* eingeführt. Mit ihnen können
Querreferenzen zwischen einzelnen Segmenten realisiert werden. In Abb. 2.9.b ist
mit dieser Technik beispielhaft die n:m-Beziehung zwischen den Filialen und den
Lieferanten aus Abb. 2.3 umgesetzt.

Die Struktur der einzelnen Hierarchien wird durch sogenannte *DBDs* (= *Data Base
Definitions*) festgelegt. Unter anderem wird in ihnen angegeben, aus welchen Feldern
die einzelnen Segmente einer Hierarchie bestehen und welchen Datentyp sie haben.
Ferner werden in ihnen die zu verwaltenden logischen Zeiger definiert und die Felder,
die durch Indexe zu invertieren sind (vgl. Abschnitt 4.2.2), gekennzeichnet. Außerdem
wird mit den DBDs bestimmt, welche physischen Datenstrukturen zur Implementation der Hierarchie zu verwenden sind (vgl. Abschnitt 3.2). Die einzelnen Angaben
sind dabei auf einem sehr niedrigen Abstraktionsniveau zu formulieren. Beispielsweise müssen von jedem Feld seine exakte Länge und seine Position im Segment
in Byte angegeben werden. Von der so definierten physischen Implementation der
Hierarchien werden die Anwendungsprogramme durch die *PCBs* (= *Program Com-
munication Blocks*) abgeschirmt. Ein PCB definiert jeweils eine streng hierarchische
Sicht auf die gespeicherten Daten. In einer solchen Sicht können unter anderem einzelne Felder und Segmente einer Hierarchie ausgeblendet werden. Ferner kann durch
Verfolgen der logischen Zeiger aus mehreren physischen Hierarchien eine neue logische Hierarchie gebildet werden. Des weiteren kann bei der Definition eines PCBs
angegeben werden, daß der Zugriff auf eine physische Hierarchie nicht über deren
Primärschlüssel, sondern über einen Sekundärindex erfolgen soll.

Um die gespeicherten Daten über einen PCB lesend oder schreibend zuzugreifen,
werden in IMS Prozeduren verwendet. Für Such- und Leseoperationen werden unter

anderem die folgenden, hier in einer vereinfachten Syntax wiedergegebenen Operationen angeboten:

$$\left\{ \begin{array}{l} \text{get unique} \\ \text{get next} \\ \text{get next within parent} \end{array} \right\} \left\{ PCB \right\} \left\{ \begin{array}{l} \text{Liste der} \\ \text{gesuchten} \\ \text{Segmente} \end{array} \right\} \left\{ \begin{array}{l} \text{Liste von} \\ \text{Such--} \\ \text{bedingungen} \end{array} \right\}$$

Eine Suchbedingung hat dabei die folgende Form:

Segmentname (Feldname op Feldwert)

Die Prozedur *get unique* durchsucht die im *PCB* spezifizierte Hierarchie, ausgehend vom ersten Segment in Preorder. Wenn sie den ersten "Segmentpfad" gefunden hat, der die in den Suchbedingungen angegebenen Prädikate erfüllt, stoppt sie und kopiert die gewünschten Segmente in den Speicher des Anwendungsprogramms. Die Prozedur *get next* setzt die Suche mit unter Umständen anderen Prädikaten in Preorder fort; die Prozedur *get next within parent* setzt die Suche ebenfalls fort, allerdings ohne in der Hierarchie gegebenenfalls wieder aufzusteigen.

Diese Art der Anfrageformulierung wird als *navigierend* bezeichnet. Anders als bei den zuvor diskutierten deskriptiven Anfragesprachen müssen die Anwendungsentwickler exakt beschreiben, wie ihre Anfragen berechnet werden sollen. Für die Effizienz ihrer Programme sind sie dabei selbst verantwortlich. Dies geht so weit, daß sie bedenken müssen, ob die Wege, auf denen sie durch die Hierarchien "navigieren", auch wirkungsvoll durch die jeweiligen physischen Datenstrukturen unterstützt werden. Außerdem müssen sie explizit angeben, wenn sie zum Datenzugriff einen Sekundärindex verwenden wollen. Sie müssen dann in den entsprechenden *get*-Anweisungen einen PCB verwenden, bei dem der Zugriff über den gewünschten Index und nicht über den jeweiligen Primärschlüssel erfolgt. Ein zweites Problem ist, daß trotz der zwischengeschalteten logischen Sichten (= PCBs) Anwendungsprogramme bei Änderung der physischen Datenstrukturen oder der vorhandenen Indexe angepaßt werden müssen. Dies erschwert, die physische Datenrepräsentation an geänderte Zugriffsmuster zu adaptieren, und erhöht den notwendigen Wartungsaufwand. Dies gilt im übrigen nicht nur für IMS, sondern in der Regel für alle Systeme, in denen navigierend zugegriffen wird.

2.3 Netzwerkdatenmodelle

Die ersten Netzwerkdatenmodelle entstanden etwa zeitgleich mit IMS. Zu unterscheiden sind das standardisierte CODASYL-Datenmodell und solche, die, wie das Molekül-Atom-Datenmodell, im Rahmen einzelner Projekte entstanden. Das Ziel war dabei stets das gleiche. Man wollte Datenmodelle entwickeln, in denen die verschiedenen Beziehungen zwischen den einzelnen Datenelementen einer Anwendung logisch gleichwertig und explizit zu definieren sind.

2.3.1   Das CODASYL-Datenmodell

Die Entwicklung des CODASYL-Datenmodells (s. z. B. [Oll81]) begann in den sechziger Jahren. Ein erster vollständiger Report des Modells erschien 1971, ein erster ISO-Standardisierungsvorschlag 1987. Heute wird es von verschiedenen Herstellern unterstützt und ist in der kommerziellen Datenverarbeitung durchaus verbreitet. Die Daten werden in CODASYL in Form von *Records* gespeichert. Ein einzelner Record besteht, ähnlich wie ein Tupel in relationalen Systemen oder ein Segment in IMS, aus Feldern mit atomaren Werten. Jeder Record gehört genau einem *Record-Typ* an. Die Beziehungen zwischen den Records werden durch sogenannte *Sets* realisiert. Ein Set besteht aus einem *Owner-Record* und null, einem oder mehreren *Member-Records*. Er definiert eine 1:n-Beziehung zwischen dem Owner- und den Member-Records. Ein Set gehört – analog einem Record – einem *Set-Typ* an, der unter anderem durch die Angabe des *Owner-Record-Typs* und des *Member-Record-Typs* definiert wird. Da ein Record gleichzeitig Owner-Record und Member-Record von verschiedenen Sets sein kann, können aus einzelnen Records und Sets nahezu beliebige Netzwerke aufgebaut werden. n:m-Beziehungen werden unter Verwendung sogenannter *Kett-Records* mittels zweier Set-Typen realisiert. Ein sehr einfaches Beispiel für eine CODASYL-Datenbank ist in Abb. 2.10 dargestellt. Dort ist die CODASYL-Repräsentation der 1:n-Beziehung zwischen den Filialen und den Abteilungen wiedergegeben. Die Doppelpfeile symbolisieren, daß aus logischer Sicht die Verkettung der Records bidirektional ist. Die physische Implementation dieser Verkettung kann, wie in Abschnitt 3.2 noch ausgeführt wird, vom Anwender festgelegt werden. Außerdem kann er den Plattenbereich bestimmen, in dem die einzelnen Records gespeichert werden.

Der Datenzugriff erfolgt in CODASYL, wie in IMS, navigierend. Die wichtigsten Operationen zum Lesen der Daten sind:

find {any | duplicate}	Record-Type-Name
find {first | last | next | prior} record within	Set-Type-Name
find owner within	Set-Type-Name
get	Record-Type-Name

Mit den verschiedenen *find*-Befehlen wird durch die Datenbank "navigiert". Mit ihnen können Records bezüglich ihrer Typ- oder Set-Zugehörigkeit gesucht werden. Dabei können auch, hier nicht weiter diskutierte Suchbedingungen formuliert werden. Die Wirkung der *find*-Befehle ist, einzelne Records und Sets "aktiv" zu machen. Die zu einem Zeitpunkt aktivierten Records und Sets werden durch sogenannte *Currency-Indicators* markiert. Der *get*-Befehl kopiert dann den aktiven Record des angegebenen Record-Typs in den Hauptspeicher.

Bei Anwendung dieser Prozeduren muß, wie bei navigierenden Sprachen allgemein üblich, die physische Repräsentation der Daten berücksichtigt werden. Sie bestimmt zwar nicht die syntaktische Formulierung eines Befehls, aber sie beeinflußt die Ge-

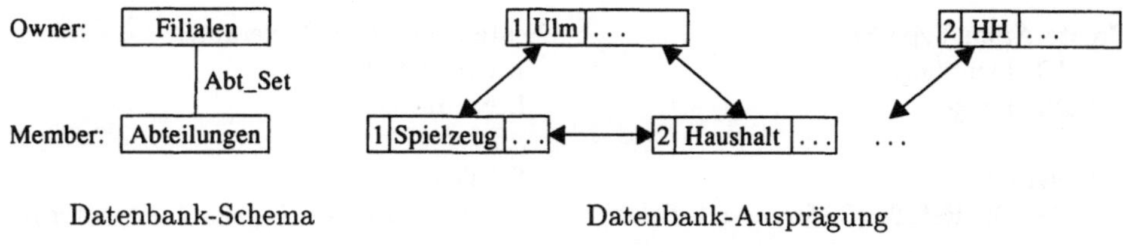

Datenbank-Schema   Datenbank-Ausprägung

Abb. 2.10: Darstellung der Filialdaten im CODASYL-Datenmodell

schwindigkeit, mit der er ausgeführt wird, entscheidend. Ein einfaches Beispiel ist der
Befehl *find prior record within Set-Type-Name*. Ist der Set, auf den er angewendet
wird, ohne Rückwärtszeiger implementiert, so muß bei Ausführung der Operation
der Set vollständig durchlaufen werden. Damit liegt es, ähnlich wie in IMS, in der
direkten Verantwortung eines Programmierers, wie effizient seine Programme sind.
Außerdem verursacht die nachträgliche Änderung von Datenstrukturen wieder einen
erheblichen Wartungsaufwand in den einzelnen Programmen.

2.3.2 Das Molekül-Atom-Datenmodell

Das Molekül-Atom-Datenmodell (kurz MAD-Modell) [Mit88] wurde im Rahmen des
Forschungsprojektes PRIMA [HMMS87], [Här88] entworfen und prototypisch implementiert. Ein wichtiges Ziel des Projektes war, ein Datenmodell zu schaffen, in dem
netzwerkartige Strukturen (insbesondere aus dem technisch-wissenschaftlichen Bereich) direkt modelliert werden können. Ferner wollte man eine mengenorientierte,
deskriptive Anfragesprache für das Modell entwickeln. In dem Modell sollten insbesondere auch n:m-Beziehungen ohne zusätzliche Datenelemente oder Kett-Records,
wie sie in relationalen Systemen oder CODASYL benötigt werden, dargestellt werden
können. Als Ergebnis wurde ein Modell vorgestellt, in dem die Daten in sogenannten
Atomen gespeichert werden. Ein Atom besteht wie ein Tupel in relationalen Systemen oder ein Record in CODASYL aus einzelnen Feldern. Seine Struktur wird in
dem jeweiligen *Atom-Typ* beschrieben. Als Feld-Typen sind außer den üblichen atomaren Typen wie *Integer*, *Real* und *String* insbesondere auch die Typen *Identifier* und
Ref_To zugelassen. Außerdem können die Felder mittels der Aggregate *Record*, *Array*,
Set_Of und *List_Of* intern strukturiert werden. Mit diesen zusätzlichen Feld-Typen
und Aggregaten lassen sich beliebige Beziehungen zwischen Atomen modellieren. Jedes Atom besitzt dazu ein sichtbares Attribut vom Typ *Identifier*. Unter Verwendung
dieser Identifier und weiterer Attribute vom Typ *Ref_To* oder *Set_Of* (*Ref_To*) können
dann Verweise zwischen Atomen implementiert werden. Ein sehr einfaches Beispiel
zeigt die Abb. 2.11.a. Dort ist die Realisierung der n:m-Beziehung zwischen den Filialen und den Lieferanten aus den Abbildungen 2.1 und 2.3 dargestellt. Aus Gründen
der Symmetrie müssen vom Anwender stets bidirektionale Referenzen deklariert werden.

```
Create Atom_Type Filialen              Create Atom_Type Lieferanten
   F_ID: Identifier,                       L_ID: Identifier,
   F_Nr: Integer,                          L_Nr: Integer,
   ...                                     ...
   Lieferanten:                            Filialen:
     Set_Of (Ref_To (Lieferanten.Filialen));  Set_Of (Ref_To (Filialen.Lieferanten));
```

Abb. 2.11.a: Realisierung einer n:m-Beziehung in MAD

```
select *                               select *
   from  Filialen – Lieferanten           from  Lieferanten – Filialen
```

Abb. 2.11.b: Deklaration von Molekülen in MQL

Abb. 2.11: Darstellung der Filialdaten in MAD

Um aus den so gebildeten Netzen gezielt Substrukturen selektieren und in ein Anwendungsprogramm übertragen zu können, wurde die deskriptive Anfragesprache MQL (= Molecule Query Language) entwickelt. Ihre Syntax lehnt sich an die von SQL an. Die wichtigste Eigenschaft dieser mengenorientierten Sprache ist, daß in der *from*-Klausel beschrieben werden kann, wie aus den gespeicherten Atomen dynamisch Substrukturen, die sogenannten *Moleküle*, gebildet werden sollen. Alle Atome, die einem solchen Molekül angehören, werden dann dem Anwendungsprogramm auf einmal übergeben. Der interne Aufbau der Moleküle wird dazu durch sogenannte *Moleküle(-Typ)-Deklarationen* (in der *from*-Klausel) festgelegt. Stark vereinfachend gesagt, werden in diesen Deklarationen die Typen der Atome "angegeben", aus denen die Moleküle zu bilden sind. Die "Anordnung" der Typ-Namen innerhalb einer solchen Deklaration bestimmt dabei die Struktur der Moleküle. Jeweils ein Atom des zuerst genannten Typs bildet die Wurzel eines Moleküls. Ausgehend von diesem Wurzel-Atom werden die Atome dem Molekül hinzugefügt, die über direkte Referenzen erreichbar sind und deren Typen "als nächstes" in der Deklaration "angegeben" wurden. Dieser Aggregationsprozeß wird mit den so hinzugefügten Atomen wiederholt, bis ein Molekül vollständig aufgebaut ist. Danach werden die im *where*-Teil der Anfrage aufgeführten Prädikate ausgewertet und die im *select*-Teil angegebenen Projektionen ausgeführt. Zuletzt wird das Molekül dem Anwendungsprogramm übergeben. Zwei einfache Beispiele für MQL-Anfragen (ohne Prädikate) sind in Abb. 2.11.b gegeben. Die linke erzeugt pro Filiale ein Molekül, welches jeweils ein Filial-Atom und die von diesem Atom aus erreichbaren Lieferanten-Atome enthält; im Gegensatz dazu erzeugt die rechte Anfrage pro Lieferant ein Molekül, welches das Lieferanten-Atom und die ereichbaren Filial-Atome enthält. Abschließend sei angemerkt, daß außer der Definition des MAD-Modells insbesondere dessen effiziente Implementation Gegenstand des PRIMA-Projektes war. Eine Methode zur Verbesserung der Performanz ist, wie in Abschnitt 3.2 noch näher ausgeführt werden wird, die Atome jeweils eines Moleküls zusammenhängend zu speichern.

2.4 Objektorientierte Datenmodelle

Wie die hierarchischen Datenbanksysteme, basieren auch die verschiedenen objektorientierten Datenbanksysteme nicht auf einem einheitlichen Datenmodell. Jedes Projekt definiert zumeist sein eigenes Datenmodell. Es gibt aber, wie in [ABD$^+$89] aufgezeigt, einige Gemeinsamkeiten objektorientierter Datenbanksysteme und deren Datenmodelle. Ein objektorientiertes Datenbanksystem ergibt sich aus der Verschmelzung der Paradigmen der objektorientierten Programmierung mit den Paradigmen moderner Datenbanksysteme.

Das Grundprinzip der objektorientierten Programmierung ist, die Daten in *Objekten* zu speichern. Dazu besitzt jedes Objekt einen *internen Zustand*, gebildet aus Werten und Objektreferenzen, und einen *eindeutigen Objektidentifier*. Ein Zugriff auf ein Objekt erfolgt über seine *Methoden*. Eine Methode ist eine mit einem Objekt assoziierte Funktion oder Prozedur, die den Zustand des Objektes verändern und Werte oder Objekte bzw. deren Identifier zurückliefern kann. Ist ein Zugriff auf die Werte eines Objektes unter Umgehung der Methoden nicht möglich, so entspricht jedes Objekt einem abstrakten Datentyp. In diesem Zusammenhang spricht man auch von einer *Einkapselung* oder *Encapsulation* der Daten. In den meisten (nachfolgend betrachteten) Systemen können aber Teile des Zustandes eines Objektes als *public* und damit von außen zugreifbar erklärt werden. Alle Objekte mit der gleichen internen Zustandsstruktur und mit den gleichen Methoden gehören einer gemeinsamen *Klasse* an.

Muß man große Datenbestände und damit viele Objekte verwalten, so ist das Problem der objektorientierten Programmierung, daß die Objekte nicht persistent sind. Die während eines Programmlaufs verwendeten Objekte gehen wie die Variablen in einer herkömmlichen Programmiersprache bei Programmende verloren. Deshalb müssen die Objekte vor Programmende auf den Hintergrundspeicher geschrieben und beim erneuten Start des Programms wieder gelesen werden. Da hierbei viele datenbanktypische Aufgaben zu lösen sind, entstanden die objektorientierten Datenbanksysteme. In diesen Systemen werden die Änderungen an den Objekten (mehr oder minder automatisch) vom System in eine Objektbank auf dem Hintergrundspeicher übertragen. Man spricht in diesem Zusammenhang von *persistenten Objekten*. Zusätzlich wird in diesen Systemen, ähnlich wie in traditionellen Datenbanksystemen, der nebenläufige Zugriff von mehreren Prozessen auf dieselben Objekte synchronisiert (concurrency control) und die Daten nach einem Systemfehler automatisch wiederhergestellt (recovery). Des weiteren stellen diese Systeme Mechanismen zur effizienten Organisation der Objekte auf dem Hintergrundspeicher zur Verfügung. Hierzu gehören unter anderem Funktionen zur Verteilung der Objekte auf dem Hintergrundspeicher (Clusterung), zur Definition von Indexen und zur Selektion von Objekten mit bestimmten Eigenschaften (Optimierung).

Im folgenden werden einige objektorientierte Datenbanksysteme näher betrachtet. Dabei konzentriert sich die Diskussion wieder auf die Datenmodelle, die Art, Beziehungen zu realisieren, und auf die Anfragesprachen der Systeme.

2.4.1 Smalltalk-basierte Datenbanksysteme

In diese Kategorie werden objektorientierte Datenbanksysteme eingeordnet, die auf seiten der objektorientierten Programmierung die Paradigmen von Smalltalk [GR89] übernehmen. Zwei solcher Systeme sind GemStone [MSOP86], [BMO+89] und Orion [KBC+89], [Kim90]. Die Zustände von Objekten sind in diesen Systemen recht einfach strukturiert. Sie haben z. B. die Struktur von Records oder Mengen. Da aber die Attribute – in Smalltalk *Instanzvariablen* genannt – der Records und die Elemente der Mengen Referenzen auf andere Objekte enthalten können, können komplexe Strukturen durch Vernetzung von Objekten aufgebaut werden. Die so entstehenden Strukturen werden dann häufig auch als *komplexe Objekte* bezeichnet. Beispielsweise läßt sich die Filialtabelle aus Abb. 2.7 in diesen Systemen wie in Abb. 2.12 implementieren. Hierbei werden drei Klassen mit Record-artigen Objekten (*Filiale*, *Adresse*, *Abteilung*) und zwei Klassen mit mengenwertigen Objekten (*Filialen*, *Abteilungen*) verwendet. Da ein Objekt mehrfach referenziert werden kann, können mit diesen Mechanismen alle Arten von Beziehungen (1:1, 1:n, n:m) zwischen Objekten realisiert werden. Allerdings kann die Art der Beziehung, also ob es sich um eine 1:1-, 1:n- oder n:m-Beziehung handelt, nicht im Schema vermerkt werden. Fremdschlüssel sind nicht erforderlich. Soll ein Objekt über einen Namen angesprochen werden können, so muß eine Variable deklariert und ihr der Identifier der Objekte zugewiesen werden. In Abb. 2.12 soll dies durch den Variablennamen *Alle_Filialen* in dem Objekt der Klasse *Filialen* angedeutet werden.

Zur Formulierung von Anfragen stehen in diesen Systemen die Smalltalk-Mechanismen zur Selektion von Objekten aus Mengen zur Verfügung. Aus einer Menge werden in Smalltalk Objekte selektiert, indem an das mengenwertige Objekt eine sogenannte *select message* gesandt wird. Das Ergebnis ist eine neue Menge, welche die Referenzen aller selektierten Objekte enthält. Beispielsweise würde das Statement

> Alle_Filialen select: [each | each give_Stadt = 'Ulm']

eine Menge mit allen Filialen in Ulm zurückliefern[3]. Dieses Statement wird in Smalltalk ausgeführt, indem die Variable *each* an jedes Objekt der Menge *Alle_Filialen* gebunden, von jedem dieser Objekte die Methode *give_Stadt* ausgeführt und dann das Prädikat ausgewertet wird.

Nicht jede Anfrage dieses Typs kann durch einen Index ausgewertet werden. Voraussetzung ist, daß die im Prädikat aufgerufene Methode den Zustand des Objektes nicht ändert. Andernfalls würde beim Aufbau des Index durch den Aufruf der Methode – hier von *give_Stadt* – u. U. der Zustand der Datenbank verändert werden. Außerdem würde die Verwendung des Index bei der Ausführung der Anfrage dazu führen, daß nicht mehr von jedem Objekt die seiteneffektbehaftete Methode aufgerufen würde, so daß der anschließende Datenbankzustand davon abhängt, ob der

---

[3] Voraussetzung ist, daß *give_Stadt* eine Methode der Filialobjekte ist und daß diese den Namen der Stadt, in der die Filiale angesiedelt ist, zurückgibt.

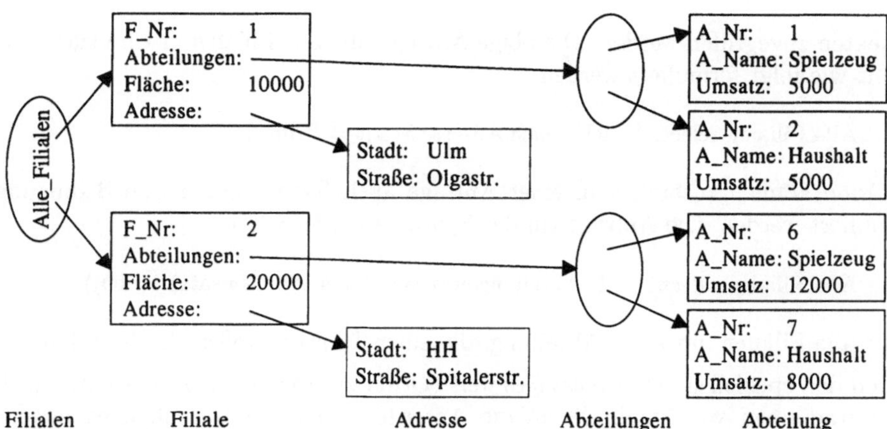

Abb. 2.12: Implementation der Filialtabelle aus Abb. 2.7 in Smalltalk-ähnlichen objektorientierten Datenbanksystemen

Index eingesetzt wird oder nicht. Nur wenn im Prädikat Methoden ohne Seiteneffekte verwendet werden, ist es möglich, einen Index, der das Ergebnis einer Methode invertiert, aufzubauen und zu verwenden. Da jedoch Methoden komplexe Operationen enthalten können – *give_Stadt* verfolgt z. B. eine Referenz zu einem Objekt mit der Adresse einer Filiale –, ist es entsprechend [MS86] im allgemeinen Fall nicht oder nur mit großem Aufwand entscheidbar, ob die Änderung eines Objektes zu einer Änderung des Ergebnisses einer Methode führt. Deshalb kann im allgemeinen auch nicht entschieden werden, ob die Änderung eines Objektes die Aktualisierung eines Index bedingt. Um nicht komplexe Bedingungen, die *indexierbare Methoden* erfüllen müßten, formulieren und überprüfen zu müssen, wurde sowohl in GemStone [MS86] als auch in Orion [BKK88] entschieden, in speziell gekennzeichneten *select messages* den direkten Zugriff auf Instanzvariablen zuzulassen. Diese deskriptiven Anfragen können dann nach bekannten Verfahren optimiert werden. Hierbei wurde bewußt von dem Prinzip, daß Instanzvariablen außerhalb eines Objektes nicht sichtbar sind, zugunsten der in Datenbanken gewünschten Optimierbarkeit von Anfragen abgewichen. In GemStone kann damit eine Anfrage, in der die Filiale 1 gesucht wird, wie folgt formuliert werden:

Alle_Filialen select: { each | each.F_Nr = 1 }

Eine solche Anfrage kann mit einem Index, der die Instanzvariable *F_Nr* invertiert, ausgewertet werden. Voraussetzung ist dabei, daß die Instanzvariable *F_Nr* in allen Objekten den gleichen Typ hat. Da in Smalltalk Instanzvariablen untypisiert sind, wurden in GemStone und Orion mit der Definierung obiger Konzepte auch typisierte Instanzvariablen eingeführt.

Neben dem Zugriff auf die Instanzvariablen eines Objektes kann in Anfragen durch Verwendung sogenannter *Pfadausdrücke* auch auf Instanzvariablen von referenzierten

Objekten zugegriffen werden. Die obige Anfrage, die alle Filialen in Ulm sucht, kann damit wie folgt formuliert werden:

Alle_Filialen select: { each | each.Adresse.Stadt = 'Ulm' }

In Orion können zusätzlich in einer Anfrage auch Exists- und Forall-Bedingungen formuliert werden. Die Anfrage (in der Syntax aus [BKK88])

Alle_Filialen select :F (:F Abteilungen some :A (:A Abt_Umsatz) 10000))

sucht alle Filialen mit einer Abteilung, die einen Umsatz größer als 10000 hat.

Neben den speziellen *select messages* weist Orion ein weiteres Konzept auf, mit dem die Paradigmen von Smalltalk an die Anforderungen von Datenbanken angepaßt werden. Trotz der eingeführten Typisierung der Instanzvariablen kann im Smalltalk-Schema nicht festgelegt werden, daß ein referenziertes Objekt nur von einem Objekt und nicht von mehreren Objekten (über die gleiche Instanzvariable) referenziert werden kann. Damit kann nicht zwischen sogenannten *shared subobjects* und *exclusive subobjects* und auch nicht zwischen 1:n- und n:m-Beziehungen unterschieden werden. Die Folge ist, daß beispielsweise bei der Modellierung der Filialen nicht festgelegt werden kann, daß ein Objekt der Klasse *Abteilungen* nur von einem Objekt der Klasse *Filiale* referenziert wird und daß ein Abteilungsobjekt nicht existieren kann, ohne von einem Filialobjekt referenziert zu werden. Solch semantisches Wissen kann aber, wenn es im Schema beschrieben wird, einmal verwendet werden, um systemseitig fehlerhafte Datenbankzustände zu verhindern. Außerdem erlaubt es, die Performanz eines Systems zu verbessern, da exklusive Subobjekte in der Nähe ihrer Elternobjekte gespeichert werden können (vgl. Abschnitt 3.2). Deshalb werden in [KBC+87] sogenannte *composite references* eingeführt und in [KBC+89] verfeinert. Mit diesen Mechanismen können die Instanzvariablen, die exklusive Subobjekte eines Objektes referenzieren, als sogenannte *exclusive composite references* gekennzeichnet werden. Die so entstehenden, streng hierarchisch aufgebauten Objektstrukturen werden in Orion *composite objects* genannt und nach Möglichkeit zusammenhängend gespeichert. Bezogen auf die Diskussion in der Einleitung bedeutet dies, daß auch in Orion die prinzipiell netzwerkartigen Strukturen des Smalltalk-Datenmodells intern auf hierarchische Strukturen abgebildet werden.

2.4.2 Das objektorientierte Datenbanksystem O_2

O_2 [Deu90] ist ein objektorientiertes Datenbanksystem mit einem Datenmodell, in dem sowohl *Werte* als auch *Objekte* gespeichert werden können. Sowohl die Typen der Werte als auch die Typen der Zustände von Objekten können strukturiert sein. Ein komplexer Typ wird durch wiederholte Anwendung von Mengen-, Listen- und Tupelkonstruktoren aus atomaren Typen und Objektreferenzen gebildet. Ein komplexer Typ entspricht damit dem Typ eines Objektes im eNF^2-Datenmodell. Eine Klasse wird in O_2 durch Angabe des Klassennamens, des Typs der Objekte und der

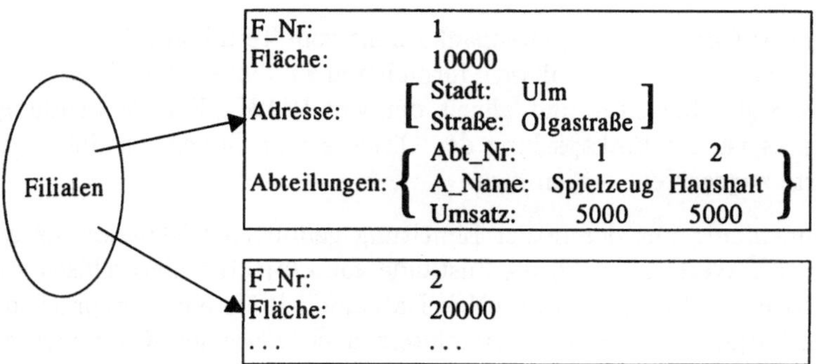

Abb. 2.13: Darstellung der Filialdaten im O_2-Datenmodell

auf die Objekte anwendbaren Methoden definiert. Die Lebensdauer von Objekten und von Werten kann auf die Laufzeit eines Programms beschränkt sein (*transiente Objekte und Werte*) oder auch darüber hinausgehen (*persistente Objekte und Werte*).

Um Objekte oder Werte persistent zu machen, müssen sie mit einem Namen versehen werden. Außerdem sind alle Objekte, die aus einem persistenten Objekt oder Wert heraus referenziert werden, automatisch persistente Objekte. Alle persistenten Objekte und Werte werden in der Objektbank abgelegt. Als Beispiel dienen wieder die Filialdaten. Abb. 2.13 zeigt links einen mengenwertigen Wert, der, da mit Namen versehen, persistent ist. Rechts sind zwei Objekte der komplex strukturierten Klasse *Filiale* abgebildet, die jeweils die Daten einer Filiale speichern. Da die beiden Objekte aus einem persistenten Wert heraus referenziert werden, sind sie ebenfalls persistent.

Zum Zugriff auf die Objekte gibt es in O_2 Datenbankprogrammiersprachen [LR89] und eine Ad-hoc-Anfragesprache [BCD89]. Die Datenbankprogrammiersprachen sind Erweiterungen herkömmlicher Programmiersprachen (C, Basic), in die Konstrukte zum Zugriff und zur Manipulation von Objekten und Werten aufgenommen wurden. Sie werden verwendet, um Anwendungsprogramme und Methoden zu implementieren. Eine Erweiterung ist die *for-Schleife*, mit der auf die einzelnen Elemente einer Menge zugegriffen werden kann. Beispielsweise ließe sich die Methode *update_Adresse* für die Filialen in Ulm wie folgt aufrufen:

```
co2 { Filiale F;
      for F in Filialen where (*F.Adresse.Stadt = 'Ulm') [F update_Adresse]; }
```

Die *where-Klausel* in der for-Schleife wurde – ähnlich wie das erweiterte select-Statement in Smalltalk-ähnlichen Systemen – eingeführt, um die Selektion von Elementen von Mengen optimieren zu können. Dazu wurde zugelassen, daß einzelne Attribute eines Objektes als *public* deklariert werden (vgl. [O2-91b] oder [O2-91a]), um, unter Umgehung der Einkapselung, direkt auf deren Werte zugreifen zu können. So ist es möglich, das Attribut *Stadt* zu indexieren und die Auswertung der Schleife durch einen Index zu unterstützen. Die Ad-hoc-Anfragesprache [BCD89] wird verwendet, um Anfragen an die Datenbank direkt vom Terminal aus, ohne Programme oder Methoden schreiben zu müssen, formulieren zu können. Die Syntax der Sprache wurde von SQL abgeleitet und ähnelt der von HDBL. Bei Verwendung des Ad-hoc-Interfaces ist die Einkapselung der Objekte aufgehoben, so daß stets auf alle Objektwerte zugegriffen werden kann.

Im Zusammenhang mit der in der Einleitung geführten Diskussion sei angemerkt, daß sowohl die Werte als auch die Zustände von Objekten hierarchisch strukturiert sind und strukturell Objekten im eNF^2-Datenmodell ähneln. Entsprechend [Deu90] werden die Objekte und Werte systemintern auch von einer Komponente (genannt Complex-Object-Manager) verwaltet, die in ihrer Funktionalität denjenigen Komponenten ähnelt, die in NF^2-Systemen die NF^2-Relationen verwalten. Beispielsweise könnte die Klasse der Filialen unmittelbar auf eine eNF^2-Relation abgebildet werden.

2.4.3 Das objektorientierte Datenmodell GOM

GOM [KMWZ91], [Kem92] wurde als Forschungsprototyp entwickelt, um insbesondere Typisierung und Indexierung in objektorientierten Systemen zu untersuchen. Wie in O_2 können die einzelnen Objekte intern hierarchisch strukturiert sein. Anders als in O_2 gibt es jedoch keine komplex strukturierten Werte, so daß komplexe Strukturen stets durch (u. U. komplex strukturierte) Objekte realisiert werden müssen. Wollte man die Filialdaten ähnlich wie in Abb. 2.13 implementieren, so müßte man statt des persistenten Wertes *Filialen* ein persistentes, mengenwertiges Objekt *Filialen* verwenden.

Die Persistenz der Objekte muß in GOM (in gewissem Rahmen) vom Anwender selbst verwaltet werden. Um ein Objekt persistent zu machen, muß es einen sogenannten persistenten Typ haben. Nach seiner Instanzierung muß es noch durch Aufruf der systemseitig definierten Methode *persistent* als persistent erklärt werden. Um auf persistente Objekte zuzugreifen, kann in GOM entweder eine Referenz aus einem anderen Objekt heraus verfolgt oder eine persistente Variable verwendet werden. Persistente Variablen werden dabei wie persistente Objekte in der Datenbank abgelegt und behalten ihren Wert zwischen zwei Programmläufen.

Neben dem direkten Zugriff über Referenzen oder Variablen kann auf Objekte auch assoziativ zugegriffen werden. Dazu können, ähnlich wie in den Smallltalk-basierten Systemen, *select messages* mit einem Prädikat an eine Menge oder alle Objekte eines Typs gesandt werden. Als Ergebnis wird die Menge von Objekten, die das Prädikat erfüllen, zurückgeliefert. Über diese Objekte kann dann in einer for-Schleife iteriert werden. Daneben kann auf die Objekte auch über ein Online-Interface zugegriffen werden, wobei hierbei eine erweiterte *Quel-artige* Anfragesprache[4] verwendet wird. Die Menge aller Filialen in Ulm würde entsprechend [KM90a] in dieser Sprache wie

---

[4] Quel ist eine weitere, hier nicht behandelte Anfragesprache des relationalen Datenmodells.

folgt selektiert werden:

> range   F: Filialen
> retrieve F
> where   F.Adresse.Stadt = 'Ulm'.

Zu beachten ist dabei, daß sowohl in Programmen als auch im Online-Interface in einer Anfrage stets nur Objekte aus einer Menge selektiert werden können, wobei im Prädikat Pfadausdrücke und Existenzprädikate verwendet werden können. Zur Auswertung der Anfragen können verschiedene in [KM90b] diskutierte, indexunterstützte Verfahren verwendet werden.

2.4.4 COCOON – ein mengenorientiertes Objektmodell

COCOON [SS90], [SLR$^+$93] wurde unter der Prämisse entworfen, ein objektorientiertes Datenbanksystem zu entwickeln, in dem große, mengenorientierte Objektbestände effizient verwaltet werden können. Wie in relationalen und NF^2-Datenbanksystemen sollen Anfragen an Mengen von Objekten deskriptiv formuliert und vom System optimiert werden können. Insbesondere sollen auch geschachtelte *select-Ausdrücke* (ähnlich wie in der NF^2-Algebra) und *Objekt-Projektionen* möglich sein, so daß komplexe Anfragen in einem geschlossenen Ausdruck formuliert werden können. Außerdem sollen die internen Speicherungsstrukturen möglichst unabhängig vom logischen Schema einer Anwendung gewählt werden können. Um diesen Prozeß für den Anwender transparent zu gestalten, wird im logischen Datenmodell syntaktisch nicht zwischen dem Zugriff auf die (gespeicherten oder berechneten) Attribute und dem Aufruf der Methoden eines Objektes unterschieden. Statt dessen werden zur Abstraktion Funktionen eingeführt, die auf Objekte anwendbar sind. Alle Objekte, auf die dieselben Funktionen anwendbar sind, haben (im Sinne der Typisierung von COCOON) denselben Typ. Eine Menge von Objekten mit demselben Typ kann zu einer Klasse zusammengefaßt und über einen eindeutigen Klassennamen angesprochen werden. Dabei kann es mehrere Klassen mit Objekten desselben Typs geben, und ein Objekt kann Element von mehreren Klassen sein, so daß COCOON-Klassen vergleichbar mit Objektmengen in anderen Systemen sind. Zum Beispiel könnten die Filialdaten durch die drei Klassen *Filialen*, *Abteilungen* und *Adressen* repräsentiert werden. Die Typen dieser Klassen sind in Abb. 2.14 dargestellt. Der Abbildung folgend können auf die Objekte der Klasse *Filialen* die Funktionen *F_Nr*, *Fläche*, *hat_Abteilungen* und *hat_Adresse* angewendet werden. Die Funktionen *F_Nr* und *Fläche* würden die entsprechenden Attributwerte und die Funktionen *hat_Abteilungen* und *hat_Adresse* die von den Filialobjekten referenzierten Abteilungs- und Adreßobjekte zurückliefern.

Zur Selektion und Manipulation von Objekten wurde die in [SS86] (vgl. Abschnitt 2.2.1) für NF^2-Relationen entwickelte Relationenalgebra zu einer objektorientierten Algebra [SLR$^+$93], [LS93] weiterentwickelt. Dazu wurden die Selektion, die Projektion und die Mengenoperatoren dahin gehend neu definiert, daß sie objekter-

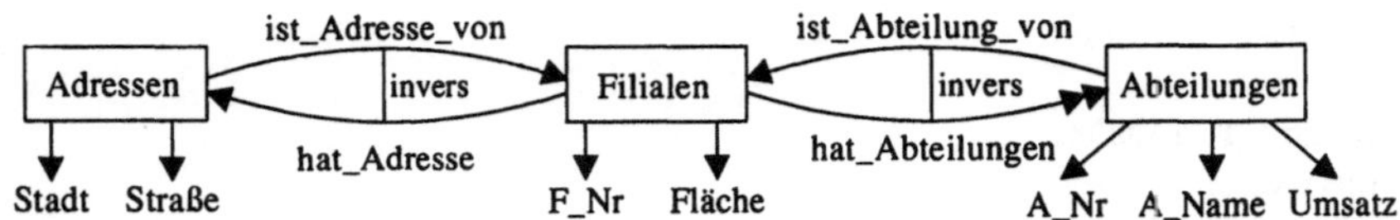

Abb. 2.14: Darstellung der Filialdaten im COCOON-Datenmodell

haltend sind. Das Ergebnis eines solchen Operators ist stets wieder eine Teilmenge der Menge der Objekte, auf die der Operator angewendet wurde. Zusätzlich wurden die neuen Operatoren *pick*, *extend* und *extract* eingeführt. Mit *pick* kann (zufällig) ein Objekt aus einer Objektmenge gegriffen werden. *Extend* erlaubt, Objekte um zusätzliche Funktionen zu erweitern, und mit *extract* können die Werte der Objekte gelesen und in eine relationale Darstellung transformiert werden.

Die Anfrage, welche die Menge aller Filialen in Ulm und gleichzeitig die Spielzeug-abteilungen dieser Filialen selektiert, würde in dieser Sprache lauten:

extend [Spielzeug_Abteilungen:= select [A_Name = 'Spielzeug'] (hat_Abteilungen)]
(select [Stadt (hat_Adresse(f)) = 'Ulm'] (f: Filialen))

In dem unteren *select* werden hierbei alle Filialobjekte mit einer Adresse in Ulm selektiert. Diese Objekte werden durch die Anwendung des Extent-Operators um die Funktion *Spielzeug_Abteilungen* erweitert, die die von dem jeweiligen Filialobjekt referenzierten Abteilungsobjekte mit dem Wert *A_Name = 'Spielzeug'* zurückliefert.

Der Vorteil einer solchen mengenorientierten Anfrage- und Datenmanipulationssprache ist, daß die Ausführungsstrategien vom System, wie in relationalen oder NF^2- bzw. eNF^2-Systemen, optimiert werden können [RS93].

Eine Besonderheit in diesem Datenmodell ist, daß Funktionen im Schema als ein- oder mehrwertig und daß zwei Funktionen als zueinander invers deklariert werden können. So können 1:1-, 1:n- und n:m-Beziehungen zwischen Objekten explizit modelliert werden. Beispielsweise deutet in Abb. 2.14 der Doppelpfeil an der Funktion *hat_Abteilungen* an, daß ein Filialobjekt mehrere Abteilungsobjekte referenzieren kann. Die hierzu inverse Funktion *ist_Abteilung_von* ist hingegen (angedeutet durch den einfachen Pfeil) einwertig. Damit wird ausgedrückt, daß die Filial- und die Abteilungsobjekte in einer 1:n-Beziehung stehen. Hierdurch können Klassen, deren Objekte in einer 1:1- oder 1:n-Beziehung stehen, erkannt und gemeinsam in einer hierarchischen Struktur gespeichert werden. Bereits in [SS90] wurde vorgeschlagen, COCOON-Klassen intern auf NF^2-Relationen abzubilden. Die verschiedenen Varianten, die es hierbei gibt (s. a. Abschnitt 3.2), wurden ausführlich in [Sch92] diskutiert und auf ihre Performanz hin in [TRSB93] analysiert. Im Falle der Filialdaten (Abb. 2.14) könnten beispielsweise die drei beteiligten Klassen in einer einzigen NF^2-Relation, die der Relation in Abb. 2.4 entspricht, oder durch eine eNF^2-Relation, wie sie in Abb. 2.7 dargestellt ist, gespeichert werden.

2.4.5 Persistente C++ Systeme

C++ [Str86] ist eine Erweiterung der Programmiersprache C [KR88] um Konzepte
der objektorientierten Programmierung. Wie in anderen objektorientierten Systemen,
können in C++ Klassen deklariert und anschließend Objekte dieser Klassen instan-
ziert werden. Zur Implementation der Zustände der Objekte können sämtliche in C
definierten Datentypen und Konstruktoren (wie Strukturen und Arrays) verwendet
werden, so daß – ähnlich wie in O_2 und GOM – hierarchisch strukturierte Objekte
definiert werden können. Die Filialdaten könnten z. B. durch die drei in Abb. 2.15
definierten Klassen implementiert werden. Dabei können in C++ die einzelnen Felder einer Klasse (wie z. B. in der Klasse *Filiale*) explizit als *protected* oder *public*
deklariert werden.

Beim Entwurf der Zustandsstruktur der Objekte können die gleichen Konzepte, die
in [Sch92] diskutiert wurden, angewendet werden. Der Anwender kann z. B. entscheiden, ob ein Kindobjekt durch ein in das Elternobjekt eingebettetes Objekt (materialisierte Speicherung) oder durch ein eigenständiges, durch das Elternobjekt referenziertes Objekt (referenzierte Speicherung) realisiert wird. In Abb. 2.15 wird zum
Beispiel das Adreßobjekt, welches die Adresse einer Filiale aufnimmt, direkt in dem
Filialobjekt gespeichert. Im Gegensatz dazu werden die Abteilungsobjekte als eigenständige Objekte, die von den Filialobjekten referenziert werden, realisiert. Die
1:n-Beziehung zwischen den Filial- und Abteilungsobjekten wird dabei durch in die
Filialobjekte eingebettete Arrays realisiert. Der Zugriff auf diese Arrays erfolgt über
(die hier nicht ausprogrammierten) Prozeduren *Insert_Abteilung*, *Delete_Abteilung*
und *Find_Abteilung*.

Wie in Smalltalk, sind C++ Objekte nicht persistent. Sie gehen, sofern man sie
nicht "von Hand" in eine Datei rettet, bei Programmende verloren. Deshalb entstanden verschiedene, um persistente Objekte und Datenbankfunktionen erweiterte
C++ Systeme. Zwei solcher Systeme sind Ontos [ONT92a], [ONT92b] und Object-
Store [LLOW91], [OBS92b], [OBS92a]. In beiden Systemen können beliebige C++
Objekte und die Referenzen zwischen ihnen persistent gespeichert werden. Außerdem
erweitern beide Systeme C++ um Konzepte zur Verwaltung von Mengen und Listen.

In Ontos wird die Persistenz – vereinfacht ausgedrückt – über sogenannte *persistente Klassen* realisiert. Bei der Definition einer neuen Klasse kann diese als
eine persistente Klasse deklariert werden. Danach können Objekte dieser Klasse, die mit der normalen C++ Prozedur *new* erzeugt wurden, mit der Ontos-
Prozedur *Object.OC_put_object* (*char * object_name, ...*) gespeichert werden. In
dem Parameter *object_name* kann dem Objekt dabei ein beliebiger Name zugeordnet werden. Ein so gespeichertes Objekt läßt sich anschließend mit der Prozedur
Object.OC_lock_up (*char *object_name, ...*) wieder in den Hauptspeicher laden und
wie normale C++ Objekte manipulieren. Zusätzlich kann ein einmal gespeichertes
Objekt auch durch Verfolgen spezieller *persistenter Referenzen* implizit wieder in den

```
class Adresse                          class Filiale
  {public: char Stadt[30];               {protected: Abteilung *Abteilungen[99];
          char Straße[30];};              public:    int        F_Nr;
                                                     int        Fläche;
class Abteilung                                      Adresse    Adresse;
  {public: int   A_Nr;                   insert_abteilung (Abteilung *Abt);
          char  A_Name[30];              delete_abteilung (int Abt_Nr);
          int   Umsatz;};                Abteilung *find_abteilung (int Abt_Nr);};
```

Abb. 2.15: Darstellung der Filialdaten in C++

Hauptspeicher geladen werden. Beispielsweise würde ein Abteilungsobjekt automatisch in den Hauptspeicher geladen werden, wenn es über eine Referenz von einem Filialobjekt aus angesprochen wird.

Aggregate, wie Mengen und Listen, werden in Ontos, ähnlich wie in den diskutierten Smalltalk-basierten Systemen, mit Hilfe von mengen- oder listenwertigen Objekten realisiert. Zur Erstellung einer Menge muß z. B. ein Objekt der Ontos-Klasse *set* unter Angabe des Elementtyps erzeugt werden. Danach kann das Mengenobjekt mit Funktionen wie *insert_object* und *remove_object* manipuliert werden. Auf die einzelnen Objekte einer Menge wird mit sogenannten *Iteratoren* (ebenfalls spezielle Ontos-Objekte) zugegriffen. Zusätzlich können in Ontos Objekte einer bestimmten Menge oder Klasse mit einer SQL-ähnlichen Sprache [ONT92c] selektiert werden. Beispielsweise könnten alle Filialobjekte in Ulm mit der Anfrage

select F from Filialen F where F.Adresse.Stadt = 'Ulm'

selektiert werden. Dabei sind in den drei Klauseln *select*, *from* und *where* Pfadausdrücke zulässig. Im *where*-Teil können auch Existenzprädikate verwendet werden. Alle in einer SQL-Anfrage zugegriffenen Objektfelder (oder Methoden) müssen (anders als in GemStone) als *public* deklariert sein. Neben der Möglichkeit, Objekte zu selektieren, können auch (ähnlich wie in O_2 oder COCOON) Werte selektiert werden. Zum Beispiel würde die Anfrage

select F.Name, F.Fläche from Filiale F

eine *Tabelle* mit den Namen und Flächen der Filiale erzeugen.

In ObjectStore ist die Erzeugung persistenter Objekte anders als in Ontos nicht an die Definition persistenter Klassen gebunden. In ObjectStore kann jedes Objekt jeder beliebigen Klasse als ein sogenanntes persistentes Objekt erzeugt werden. Dazu wurde die Funktion *new*, mit der in C++ neue Objekte erzeugt werden, erweitert (*überladen*). In einem Parameter dieser erweiterten Funktion wird der Name einer Datenbank angegeben. Durch Anwendung dieser Funktion wird ein neues, persistentes Objekt erzeugt, das automatisch bei Programmende in der angegebenen Datenbank gespeichert wird. Beispielsweise würde durch den (hier etwas vereinfachten) Aufruf *new (..., 'Filialdatenbank', Filialen, ...)* ein neues persistentes Filialobjekt erzeugt werden, das in der Filialdatenbank gespeichert würde. Nachdem ein persistentes Objekt erzeugt wurde, kann dieses durch Verfolgen einer Referenz auf das Objekt im gleichen oder in einem folgenden Programmlauf gelesen oder geändert werden, ohne daß weitere Lese- oder Speicheroperationen durch den Anwender ausgeführt werden müßten.

Um auch die Referenzen auf die Objekte persistent und damit zugreifbar zu speichern, können in einer Datenbank zusätzlich auch persistente Variablen deklariert werden. Außerdem können Referenzen zwischen persistenten Objekten, wie in CO-COON, als invers zueinander deklariert werden. So können, wie in COCOON, unter Verwendung von Mengen und Listen 1:1-, 1:n- und n:m-Beziehungen zwischen Objekten explizit modelliert werden. Mengen und Listen von Objekten werden dabei, wie in Ontos, durch Instanzierung von mengen- und listenwertigen Objekten realisiert. Wie in Ontos gibt es Iteratoren, um auf die Elemente zuzugreifen. Zur assoziativen Selektion von Objekten aus Mengen bietet ObjectStore eine Anfragesprache an, die sich in ihrer Ausdrucksmächtigkeit nicht wesentlich von der von Ontos unterscheidet. Allerdings wird in ObjectStore eine vollständig andere, eigenständige Syntax verwendet.

2.5 DASDBS – Ein Speicherkern-System

Die vorangegangene Diskussion hat gezeigt, daß hierarchische Datenstrukturen für ein internes Schema gut geeignet sind. Ein Projekt, in dem diese Erkenntnis konsequent umgesetzt wurde, ist das DASDBS-Speicherkern-System [SW87], [PSS$^+$87], [SPSW90]. In diesem Projekt wurde eine universelle Datenbank-Systemarchitektur für neuere Nicht-Standard-Anwendungen entwickelt. Die Idee ist, nicht ein universelles Datenbanksystem zu entwickeln, das für jede Art von Anwendungen geeignet ist, sondern einen *Baukasten* zu entwerfen, mit dem auf einfache Weise spezialisierte Datenbanksysteme erstellt werden können. Kern dieses Baukastens ist ein Speicher- und Transaktionsmanager. Diese eigenständige und stets unverändert übernommene Systemkomponente speichert sämtliche Daten und übernimmt einen Teil der Transaktionsverwaltung. Auf den Speichermanager setzen verschiedene Objektmanager auf, die auf die jeweiligen Anwendungen spezialisierte logische Datenmodelle realisieren. Beispiele hierfür sind COCOON (s. Abschnitt 2.4.4), Systeme zur Verwaltung von geowissenschaftlichen Daten [WS89], Bürodaten [PSSW87] und sogar relationale Systeme [SPS87].

An der Schnittstelle zwischen den Objektmanagern und dem Speichermanager werden NF^2-Relationen als einheitliche Datenstruktur verwendet. In diesen Relationen werden sämtliche Daten (also auch Katalog- und Indexdaten) gespeichert. Sie fungieren dabei einmal als Mechanismus zur Abstraktion von der Plattengeometrie. Die einzelnen NF^2-Tupel werden dazu in einheitlicher Form (möglichst) zusammenhängend gespeichert. Außerdem erlauben die NF^2-Relationen, eine mächtige mengenorientierte und gleichzeitig schlanke (d. h. mit wenigen Funktionen auskommende) Schnittstelle zu definieren. Anfragen werden dazu als sogenannte *single pass queries* in der in [SS86] eingeführten NF^2-Algebra (vgl. Abschnitt 2.2.1) formuliert. Dies sind Anfragen, die in einem sequentiellen Durchlauf durch die Daten ausgeführt werden können. Insbesondere gehören hierzu alle Projektionen und sämtliche Vergleiche mit Konstanten.

Anders als in der von uns vertretenen Architektur, ist die Indexverwaltung nicht in den Speichermanager integriert. Der Grund ist, daß der Speichermanager möglichst unverändert zur Realisierung unterschiedlichster Datenmodelle eingesetzt werden soll. Da aber die verschiedenen Datenmodelle verschiedene Indexe benötigen, wurde in DASDBS entschieden, diese in den jeweiligen Objektmanagern zu realisieren. Dies führt dazu, daß auch die Zugriffspfadauswahl in jedem Objektmanager jeweils neu implementiert werden muß. Den hierdurch entstehenden Overhead hoffte man auszugleichen, indem man die Pfadauswahl mit in die allgemeine algebraische Optimierung integrieren wollte. Dies erschien möglich, da auf die Basisdaten über eine Algebra zugegriffen wird [SS83]. Nach [SPSW90] konnte dieser Ansatz jedoch bis jetzt nicht vollständig realisiert werden, so daß weiterhin eine Trennung von algebraischer Optimierung und Zugriffspfadauswahl sinnvoll erscheint.

Kapitel 3

Flexible Speicherungsstrukturen für hierarchische Objekte

3.1 Begründung und Alternativen

Ein zentrales Thema dieses Buchs ist die Abbildung hierarchisch strukturierter Objekte auf den Hintergrundspeicher. Dabei wird angenommen, daß der Hintergrundspeicher – wie z. B. eine Magnetplatte – in *Blöcken* bzw. *Seiten* organisiert ist. Die Blöcke wiederum werden in *Records* aufgeteilt. Diese bestehen aus einer variablen Anzahl von Bytes und besitzen zur Identifizierung einen eindeutigen *Identifier*. Hierbei ist es – wie in Abb. 1.1 angedeutet – möglich, daß sowohl mehrere kleine Records in einem Block gespeichert werden als auch daß große Records über mehrere Blöcke verteilt werden. Die Verwaltung der Records und Blöcke obliegt dem Record- und Blockmanager.

In einer solchen Architektur müssen bei der Abbildung des internen Schemas auf das physische Schema zwei prinzipielle Entscheidungen getroffen werden:

1. Wie sollen die hierarchisch strukturierten Objekte (hier eNF^2-Tabellen) in Records aufgeteilt werden? D. h. welche (systeminterne) *Speicherungsstruktur* soll verwendet werden?

2. Wie sollen die Records auf Blöcke verteilt werden? D. h. welche Records sollen gemeinsam in einem Block gespeichert und damit gemeinsam zugegriffen werden? Die realisierte Verteilung wird als *Clusterungsstruktur* bezeichnet.

Die letztendlich gewählte Lösung hat, wie die folgenden Überlegungen zeigen, einen entscheidenden Einfluß auf die Leistungsfähigkeit eines Systems. Wird eine eNF^2-Tabelle in nur wenige "große", möglicherweise seitenübergreifende Records zerlegt, müssen diese "großen" Records, auch wenn nur auf kleine Teile der Tabelle zugegriffen wird, mit entsprechend vielen Seitenzugriffen gelesen werden. Wird eine Tabelle deshalb in "viele" kleine Records zerlegt, so werden Anfragen, die nur kleine Teile lesen, gut unterstützt. Nun müssen aber beim Zugriff auf "große" Substrukturen viele einzelne Records gelesen werden. Hierdurch summieren sich die beim Zugriff auf Records häufig zu beobachtenden langen Pfadlängen zu hohen Kosten. Sind die Records zusätzlich auf viele Blöcke verteilt, kommt es auch noch zu vielen Seitenzugriffen.

Die Qualität einer Speicherungsstruktur hängt also entscheidend von der Art und Häufigkeit ab, mit der auf die Daten zugegriffen wird. Eine gute Strategie müßte häufig als Ganzes zugegriffene Substrukturen einer Tabelle in einen oder wenige Records abbilden und selten gemeinsam zugegriffene Substrukturen voneinander separieren. Dieses Ziel läßt sich in einem System, in dem die Speicherungsstruktur nach einer festen Strategie aus der logischen Struktur der Daten abgeleitet wird, nur erreichen, indem die logische Struktur der Daten in Abhängigkeit von der Art des Zugriffs gewählt wird. Dies widerspricht jedoch entschieden dem Prinzip, den Entwurf des logischen Schemas vom Entwurf des physischen zu trennen. Ein System, in dem die Speicherungstrukturen (weitgehend) unabhängig von der logischen Struktur der Daten festgelegt werden können, ist daher zu bevorzugen.

Bezogen auf die Filialtabelle in Abb. A.25 im Anhang heißt das, daß es möglich sein sollte, die Matrizen, welche die Aufteilung der Etagen speichern, entgegen den sonst üblichen Heuristiken, jeweils auf genau einen Record abzubilden. Hierdurch könnte eine Anwendung, die stets die Aufteilung einer Etage (z. B. in einen Grafikeditor) einliest, verändert und dann zurückschreibt, beschleunigt werden. Umgekehrt sollten die möglicherweise langen und selten zugegriffenen Wegbeschreibungen zu den einzelnen Filialen bei der Speicherung von den Attributen *F_Nr* und *Fläche* separiert werden können.

Ähnliche Überlegungen gelten auch für den 2. Punkt, die Clusterung der Records. Zur Minimierung der Zahl der Blöcke, die von einer Anfrage betroffen sind, sollten Records, auf die häufig gemeinsam zugegriffen wird, möglichst auch zusammen in einem oder mehreren Blöcken gespeichert werden. Die Frage, welche Records gemeinsam benötigt werden, hängt dabei wieder von der Art des Zugriffs und nicht oder nur indirekt von der logischen Struktur der Daten ab. Nur wenn die logische Struktur der Daten auch die Art des Zugriffs widerspiegelt, kann eine Heuristik, die die Clusterungsstruktur aus der logischen Struktur ableitet, Erfolg haben. Daß aber dieser Zusammenhang nicht gegeben sein muß, zeigt folgendes Beispiel:

In der Filialtabelle in Abb. A.25 werden die Daten jeweils einer Filiale entsprechend ihrer logischen Zusammengehörigkeit in einem komplexen eNF^2-Tupel gespeichert. Deshalb würden die Daten einer Filiale, entsprechend der typischen Heuristik, jeweils ein Top-Level-Tupel zusammenhängend zu speichern (vgl. Abschnitt 3.2), auch in gemeinsamen Blöcken abgelegt werden. Werden nun aber die Mitarbeiterdaten zum Zwecke der Gehaltsabrechnung vorwiegend filialübergreifend (d. h. *objektübergreifend*) und die übrigen Daten filialbezogen (d. h. *objektbezogen*) bearbeitet, so wäre diese Clusterungsstruktur ungünstig. Besser wäre es in diesem Fall, alle Records mit

Mitarbeiterdaten unabhängig von ihrer Filialzugehörigkeit in den gleichen Blöcken zu speichern. Die übrigen Records könnten entsprechend ihrer Filialzugehörigkeit gruppiert werden.

Aus diesem Grund sollte auch die Verteilung der Records – die sogenannte *Clusterung* der Daten – möglichst unabhängig von der logischen Struktur der Daten definiert werden können.

Hat man sich entschieden, in einem System die Abbildung des logischen in das physische Schema flexibel zu gestalten, stellen sich zwei weitere Fragen:

1. Sollen die Speicherungs- und Clusterungsstruktur flexibel für jedes einzelne Tupel festgelegt werden, oder sollen jeweils alle Tupel einer Tabelle auf die gleiche Weise gespeichert werden? Die erste Variante wird häufig auch als *dynamische* und die zweite als *statische* oder *schema-getriebene* Speicherungs- und Clusterungsstruktur bezeichnet.

2. Wie sollen die Speicherungs- und Clusterungsstruktur ausgewählt werden? Hier gibt es einmal die Möglichkeit, den Anwender die Struktur über eine Beschreibungssprache festlegen zu lassen. Die zweite Möglichkeit ist, durch das System nach Eingabe geeigneter Statistiken oder nach Beobachtung der auftretenden Anfragen eine Struktur generieren zu lassen.

Bezüglich der Entscheidung zwischen dynamischer und statischer Speicherungs- und Clusterungsstruktur erscheint uns eine statische besser. Die dynamische Speicherungsstruktur hat zweifellos den Vorteil, daß jedes einzelne Tupel individuell optimal gespeichert werden kann. Dies ist insbesondere interessant, wenn Subrelationen sehr unterschiedlich groß sind. Der Nachteil ist, daß man beim Zugriff für jede auftretende Speicherungsstruktur einen eigenen Zugriffsplan benötigt. Im einfachsten Fall, wenn es in einem System nur wenige alternative Speicherungsstrukturen gibt, könnte dazu zum Zeitpunkt der Anfrageübersetzung und -optimierung noch für jede Speicherungsstruktur jeweils ein geeigneter Plan generiert werden. Bei der Anfrageausführung würde dann für jedes Tupel der passende Plan gewählt werden. Kann jedoch durch orthogonale Kombination von Speicherungsparametern ein großes Spektrum an Speicherungsstrukturen erzeugt werden, so ist dieses Vorgehen nicht praktikabel. Die Anzahl Pläne, die "vorgeneriert" werden müßten, wäre zu groß. Es bliebe nur die Möglichkeit, direkt während der Anfrageausführung individuell für jedes zugegriffene Tupel einen eigenen Anfrageplan zu erzeugen und zu optimieren. Der hierbei entstehende Aufwand wird aber in der Regel nicht durch den Vorteil individueller Speicherungsstrukturen für jedes Tupel ausgeglichen. Aus diesem Grund verwenden wir in diesem Buch eine schema-getriebene Speicherungs- und Clusterungsstruktur, bei der für eine Anfrage genau ein Anfrageplan erzeugt und optimiert werden kann.

Bezüglich der zweiten Frage haben wir uns für eine Beschreibungssprache entschieden. Wir meinen, daß man bei dieser Lösung die größeren Freiheitsgrade hat. Hat man ein Verfahren, mit dem die Strukturen automatisch definiert werden können, so

{Filialen}						
F_Nr	Fläche	{Abteilungen}				
		A_Nr	A_Name	Note	{Produktgruppen}	
					P_Gruppe	Bestand
1	10000	1	Spielzeug	2	Teddybär	300
					Baukasten	600
		2	Haushalt	4	Eimer	800
					Leiter	550
2	20000	...	...	...	...	...

Abb. 3.1: Vereinfachte NF^2-Filialtabelle

kann man die Beschreibungssprache als Interface zwischen dem "Verfahren" und dem Datenbanksystem verwenden. Fehlt ein solches Verfahren oder gibt es Situationen, in denen die systemgenerierten Lösungen von Hand nachgearbeitet werden müssen, so kann die Beschreibungssprache als Basis für die manuelle Eingabe der gewünschten Speicherungs- und Clusterungsstruktur dienen.

Die von uns entwickelte Beschreibungssprache werden wir in den Abschnitten 3.3 und 3.4 vorstellen. Mit ihr kann sowohl die Aufteilung einer eNF^2-Tabelle auf Records (d. h. die *Speicherungsstruktur* einer eNF^2-Tabelle) als auch die Verteilung der Records auf die Blöcke (d. h. die *Clusterung* der Records) kontrolliert werden. Dabei geht es uns in der Diskussion weniger um die syntaktischen Konstrukte der Sprache, sondern mehr um die Frage, welche Parameter geeignet sind, ein breites Spektrum möglicher Speicherungsstrukturen zu beschreiben. Um beurteilen zu können, inwieweit das gelungen ist, werden einige in der Literatur beschriebene Speicherungs- und Clusterungsstrukturen in Abschnitt 3.2 vorgestellt. Als Diskussionsgrundlage wird dabei die in Abb. 3.1 dargestellte vereinfachte Filialtabelle verwandt. Am Ende der Abschnitte 3.3 und 3.4 wird sich zeigen, daß viele dieser Strukturen mit der von uns entwickelten Sprache nachgebildet werden können.

3.2 Überblick über Speicherungs- und Clusterungsstrukturen

Beim Entwurf der beiden in den Abschnitten 2.2.2 und 2.5 vorgestellten Systeme AIM-P und DASDBS wurden unterschiedliche Speicherungsstrukturen für NF^2- und eNF^2-Tabellen diskutiert. In [LDE$^+$85], [DKA$^+$86] werden für AIM-P drei mögliche Strukturen vorgeschlagen. Endgültig ausgewählt und implementiert wurde die Struktur in Abb. 3.2. In dieser Lösung wird die Strukturinformation von den Daten getrennt. Für jedes Tupel einer Top-Level-Relation oder Subrelation wird ein

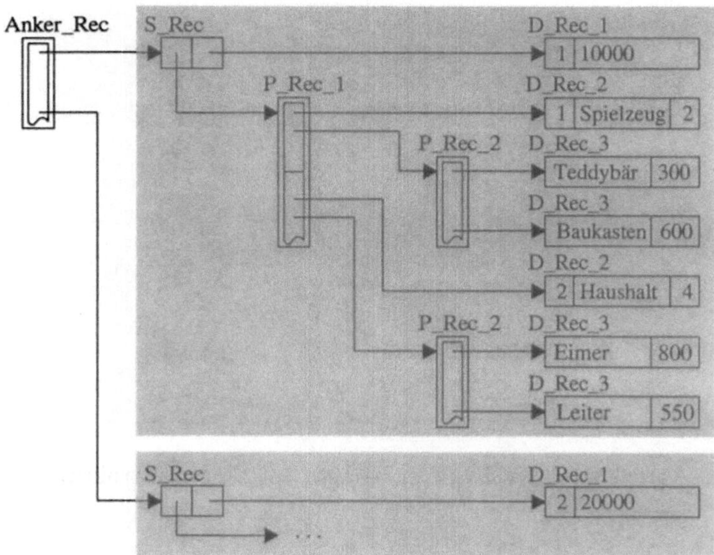

Abb. 3.2: In AIM-P eingesetzte Speicherungsstruktur

Daten-Record angelegt[1]. Dieser nimmt die atomaren Werte des jeweiligen Tupels auf. Die Daten-Records werden durch variabel lange Pointer-Arrays verknüpft, die für die Top-Level-Relation und jede ihrer Subrelationen angelegt werden. Jeder Eintrag in einem solchen Array repräsentiert ein Tupel. Das Array der Top-Level-Relation enthält für jedes Tupel einen Zeiger auf einen als *Struktur-Record* bezeichneten Record. Dieser Struktur-Record wiederum enthält einen Zeiger auf den zugehörigen Daten-Record und einen Zeiger für jede Subrelation des Tupels. Bei den Arrays der Subrelation wurde auf diese Struktur-Records verzichtet. Hier enthält ein Eintrag direkt die Zeiger auf den zugehörigen Daten-Record und auf die Arrays der untergeordneten Subrelation. Später werden wir sagen, die Struktur-Records werden in die Arrays hinein *materialisiert*. Bezüglich der Clusterung der Records (die variabel langen Arrays werden in variabel langen Records gespeichert) wurde in AIM-P entschieden, jeweils die Records eines komplexen Tupels einer Top-Level-Relation gemeinsam in den gleichen Blöcken zu speichern. Bezogen auf die später ausgeführte Terminologie heißt das, für jedes komplexe Tupel – in unserem Beispiel also für jeweils eine Filiale – wird ein *objektbezogener Cluster* angelegt, welcher die Records des komplexen Tupels aufnimmt. In Abb. 3.2 deutet die graue Hinterlegung diese Clusterung an.

---

[1] In Abb. 3.2 sind diese Records mit *D_Rec_1*, *D_Rec_2* bzw. *D_Rec_3* bezeichnet. Diese in Abschnitt 3.3.1 als *Record-Typname* bezeichneten benutzerdefinierten Namen geben den Typ an, dem der jeweilige Record angehört. Diese Record-Typnamen werden in Abschnitt 3.4 verwandt, um die Clusterungsstruktur zu beschreiben. Derzeit spielen sie noch keine Rolle. Der Übersicht halber wird in den folgenden Abbildungen jeweils nur an einem Record eines Typs der Record-Typname angebracht.

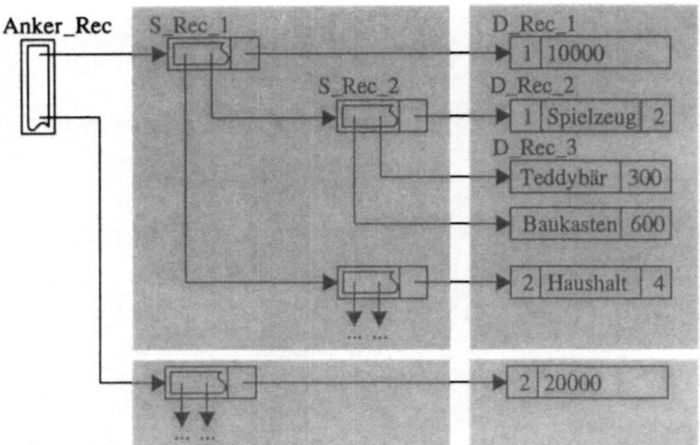

Abb. 3.3: In DASDBS verwendete Speicherungsstruktur

In DASDBS wurde entsprechend [DPS86] ebenfalls eine Speicherungsstruktur realisiert, in der die Strukturinformation von den Daten getrennt wird (Abb. 3.3). Allerdings wird hier die Strukturinformation eines Tupels (mit eigenen Subrelationen) in
einem einzigen, dem Tupel zugehörigen Struktur-Record gespeichert. Bezogen auf die
vorige Lösung könnte man sagen, in DASDBS werden umgekehrt zu AIM-P die variabel langen Arrays in die Struktur-Records hinein materialisiert. Wie in AIM-P werden
die Records jeweils eines komplexen Tupels einer Top-Level-Relation in gemeinsamen
Blöcken gespeichert. Dabei werden in diesen Blöcken zuerst die gesamte Strukturinformation des Tupels und dann die Daten-Records abgelegt. So wird sichergestellt,
daß die Strukturinformation mit möglichst wenigen Seitenzugriffen gelesen werden
kann. Außerdem werden kleine komplexe Tupel, von denen mehrere vollständig in
einem Block gespeichert werden können, auch in einem Block zusammengefaßt.

In XSQL (s. Abschnitt 2.2.3) wurde eine vollständig andere Implementation realisiert. Da dieses System (vgl. [LKM+85]) auf einem relationalen System basiert,
wurde eine Speicherungsstruktur gewählt, in der komplexe Objekte aus verketteten
Tupeln aufgebaut werden. Dazu wird für die Top-Level-Relation und jeden Typ einer Subrelation eine Relation (vgl. *Filial_*, *Abteilungs_*, *P_Gruppen_Rec* in Abb. 3.4)
in dem zugrundeliegenden System erzeugt. In diesen Relationen wird für jedes Tupel der Top-Level-Relation und jeder Subrelation ein Tupel angelegt. Die Struktur
des komplexen Objekts wird durch (für den Benutzer unsichtbare) Kind- und Geschwisterzeiger implementiert. Dazu werden die Tupel einer Subrelation in jeweils
einer vorwärts und rückwärts verketteten Liste zusammengefaßt. Interessant ist dabei, daß die Zeiger stets von den Eltern zu den Kindern zeigen, während in dem
für den Anwender sichtbaren Datenmodell logische *Parent-Pointer* verwendet werden. Aus Sicht des Anwenders sieht es so aus, als ob jedes Subtupel einen Zeiger auf
das jeweils übergeordnete Tupel hat. Der Grund ist, daß komplexe Objekte vorzugsweise hierarchisch absteigend von den Top-Level-Relationen zu den Subrelationen

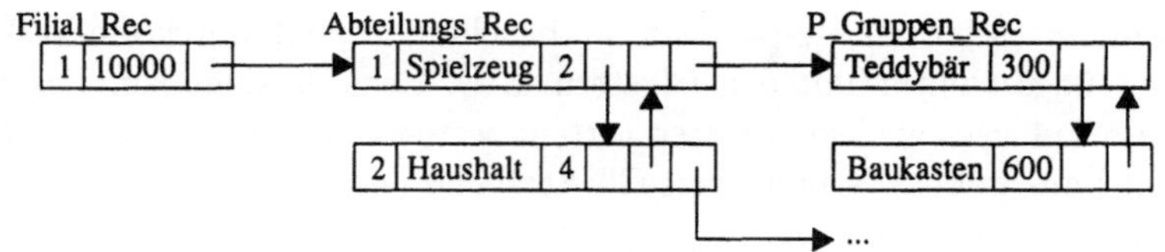

Abb. 3.4: In XSQL verwendete Speicherungsstruktur

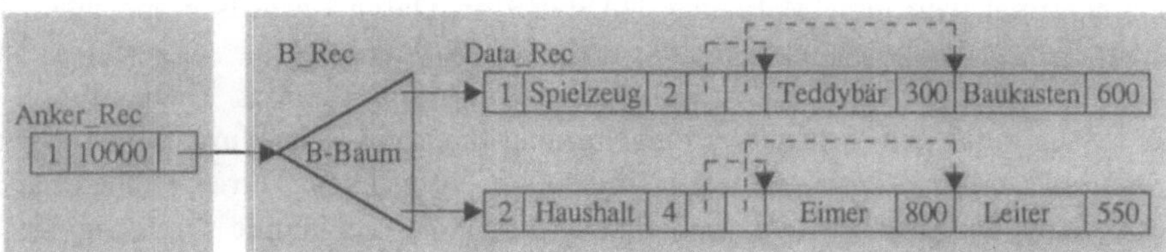

Abb. 3.5: Eine entsprechend [KFC90] mögliche Speicherungsstruktur

hin traversiert werden und dieser Zugriff durch Rückwärtspointer nur unzureichend unterstützt wird.

Bezüglich der Clusterungsstruktur ist zu bemerken, daß diese von dem jeweiligen verwendeten Basissystem abhängt. Im System R beispielsweise können Records verschiedener Relationen gemischt gespeichert werden.

In [KFC90] werden weitere Speicherungsstrukturen für hierarchisch strukturierte, NF^2-ähnliche Objekte beschrieben. Anders als in den zuvor beschriebenen Lösungen wird in diesen Implementationen die Speicherungsstruktur nicht mehr allein aus der logischen Struktur der Objekte abgeleitet; vielmehr wird sie in Abhängigkeit der "Größe" einzelner Substrukturen gebildet. Die Idee ist, kleine Substrukturen, wie z. B. Subrelationen mit nur einem oder zwei Tupeln, mit in die übergeordneten "Eltern-Tupel hinein zu materialisieren" und umgekehrt u. U. einzelne "große" Attribute separat zu speichern. Eine mögliche Struktur ist in Abb. 3.5 angegeben. In dieser werden die Produktgruppendaten direkt in den Records, welche die Abteilungsdaten enthalten, gespeichert. Ein Steuerungsfaktor für die Wahl einer Struktur ist dabei, daß ein Record nie größer als ein Block sein darf, so daß größere Substrukturen stets zerlegt werden müssen. Dies führt dazu, daß die konkret für ein komplexes Tupel verwendete Speicherungsstruktur von der Ausprägung des Tupels (z. B. Anzahl Elemente seiner Subrelationen) abhängt. Es handelt sich damit um eine dynamische Speicherungstruktur.

Die Records werden, wie in AIM-P und DASDBS, in Clustern, die aus mehreren Blöcken bestehen, zusammengefaßt. Hierbei werden vier Arten von Clustern unterschieden. Dies sind einmal Cluster für Records fester Länge und solche für Records variabler Länge. In diesen Clustern werden die Records sequentiell abgelegt. Außerdem gibt es Cluster, in denen die Records in B-Bäumen oder Hash-Tabellen gespeichert werden. In Abb. 3.5 beispielsweise werden die Abteilungsdaten in einem Cluster, der als B-Baum organisiert ist, gespeichert. Zu beachten ist, daß durch die Verknüpfung der Speicherungsstruktur mit den Clustern u. U. Records eines komplexen Tupels zwangsweise auf verschiedene Cluster verteilt werden müssen. In Abb. 3.5 werden zum Beispiel aus diesem Grunde zwei Cluster benötigt.

In den Papieren [DG87], [DG88] und [DG89] wird eine Speicherungsstruktur für NF^2-Relationen beschrieben, die aus einer Kombination einer Hash-Tabelle mit einem speziellen Sekundärindex besteht. In dieser Struktur werden die atomaren Werte der einzelnen Tupel, wie in AIM-P oder DASDBS, in Daten-Records gespeichert. Die Strukturinformation wird aber nicht durch Pointer-Arrays oder verkettete Listen dargestellt, sondern durch eine spezielle Hash-Funktion realisiert. Dazu werden die Tupel in den einzelnen Relationen und Subrelationen von 1 an durchnumeriert und die Attribute mit Buchstaben, beginnend bei a, bezeichnet. Durch Konkatenation dieser Zahlen und Buchstaben wird für jedes Tupel, und damit für jeden Daten-Record, ein eindeutiger *hierarchischer Tupel-Identifier* gebildet. In diesem Schema hätte beispielsweise das Tupel (*2, Haushalt, 4*) den Identifier $t_1{}^c{}_2$. Dieser Identifier besagt, daß es sich um das zweite Tupel in der Subrelation c (=Abteilungen) im ersten Tupel der Filialrelation handelt. Entsprechend hätte das Tupel (*Baukasten, 600*) den Identifier $t_1{}^c{}_1{}^d{}_2$.

Mittels einer Hash-Funktion werden diesen hierarchischen Identifiern Speicherblock-nummern zugeordnet. In diesen Speicherblöcken werden die korrespondierenden Daten-Records abgelegt. Da sich allein aus dieser Information noch nicht die Struk-tur der NF^2-Relation rekonstruieren läßt (es fehlt die Information, wie viele Tupel in den einzelnen Relationen und Subrelationen vorhanden sind), wird zusätzlich noch für jede Relation und Subrelation je ein Bit-Vektor angelegt. In diesen Bit-Vektoren wird für jede "belegte" Tupelnummer ein Bit gesetzt. Um diese Bit-Vektoren zu spei-chern, wird jedem Vektor unter Verwendung der noch freien Tupelnummern "0" ein hierarchischer Idenfitier zugeordnet. Zum Beispiel hätte der Bit-Vektor der Abtei-lungssubrelation in der Filiale 1 den Identifier $t_1{}^c{}_0$. Die Speicherungsstruktur, die sich bei Anwendung dieses Verfahrens ergibt, ist in Abb. 3.6 gegeben.

Eng verknüpft mit dieser Struktur ist ein ebenfalls in oben genannten Papie-ren beschriebener Sekundärindex. Dieser *VALTREE* genannte Baum wird in Ab-schnitt 4.2.2 (s. a. Abb. 4.7) noch genauer beschrieben werden.

Von den kommerziellen Systemen besitzen IMS (s. Abschnitt 2.2.4) und die CODA-SYL-Systeme (s. Abschnitt 2.3.1) im Zusammenhang mit hierarchischen Strukturen die interessantesten Eigenschaften. In IMS (s. z. B. [IMS77] oder [Dat86]) wird ei-ne hierarchische Struktur in sogenannte *Segmente* zerlegt, wobei die Segmente den Daten-Records in den zuvor behandelten Systemen entsprechen. Um die Struktur-information zu speichern, gibt es verschiedene, vom Benutzer kontrollierte Varian-ten. Die erste Variante ist, eine hierarchische Struktur in Preorder-Reihenfolge zu durchlaufen und dabei alle Segmente sequentiell in eine Datei zu schreiben. Durch zusätzliche Verwaltungsinformationen in den Segmenten wird sichergestellt, daß bei einem erneuten sequentiellen Durchlauf durch die Datei die ursprüngliche Struktur der Daten rekonstruiert werden kann. Zusätzlich kann bei dieser Variante noch ein

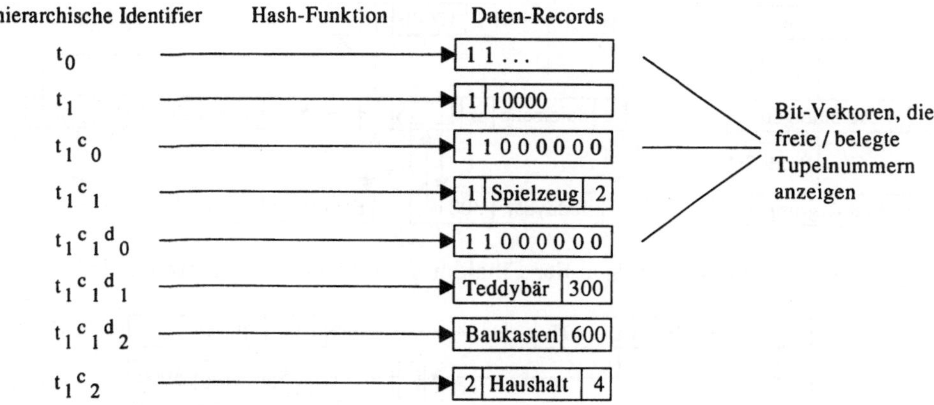

Abb. 3.6: In [DG89] verwendete Speicherungsstruktur

Primärindex über die atomaren Felder der Top-Level-Segmente aufgebaut werden. In der zweiten Variante werden die Segmente in einer linearen Liste miteinander verkettet. Die Liste ist dabei in der gleichen Preorder-Reihenfolge wie in der ersten Variante sortiert gespeichert.

In der dritten Variante werden die Segmente, ähnlich wie in XSQL, durch Kind- und Geschwisterzeiger (vgl. Abb. 3.4) miteinander verbunden. Der Unterschied zu XSQL ist, daß die Segmente der einzelnen Subrelationen nur durch vorwärts gerichtete anstatt durch vorwärts und rückwärts gerichtete Zeiger verbunden werden. Zusätzlich können in der zweiten und dritten Variante die Segmente der Top-Level-Relationen in einem Primärindex oder als eine Hash-Tabelle organisiert werden. Bezüglich der nachfolgenden Diskussion sei angemerkt, daß in der ersten und zweiten Variante die einzelnen Hierarchien (=komplexe Tupel) nur in Preorder-Reihenfolge durchlaufen werden können. Die vorhandenen Primär-Indexe bzw. Hash-Tabellen ermöglichen lediglich, auf eine Hierarchie direkt zuzugreifen.

In CODASYL-Datenbanken (vgl. Abschnitt 2.3.1) können hierarchische Strukturen durch hierarchisch angeordnete Records und Sets gebildet werden. In Abb. 3.7 werden die Filialdaten beispielsweise durch die drei Record-Typen *Filialen*, *Abteilungen* und *Produktgruppen* und die zwei Set-Typen *Abt_Set* und *Prod_Set* realisiert. Die vom Benutzer zu definierenden Records entsprechen den Daten-Records in den bisher diskutierten Speicherungsstrukturen. Zur Implementierung der Sets (s. z. B. [Oll81]) stehen dem Anwender zwei Strukturen zur Verfügung. Die Records können entweder durch eine einfach oder doppelt verkettete Liste oder durch ein Pointer-Array verbunden werden. Zusätzlich kann angegeben werden, ob von den Member-Records noch Rückwärtszeiger zu den Owner-Records verwaltet werden sollen. In Abb. 3.7 ist beispielsweise der *Abt_Set* durch eine einfache Liste und der *Prod_Set* durch ein Pointer-Array mit Rückwärtszeigern realisiert.

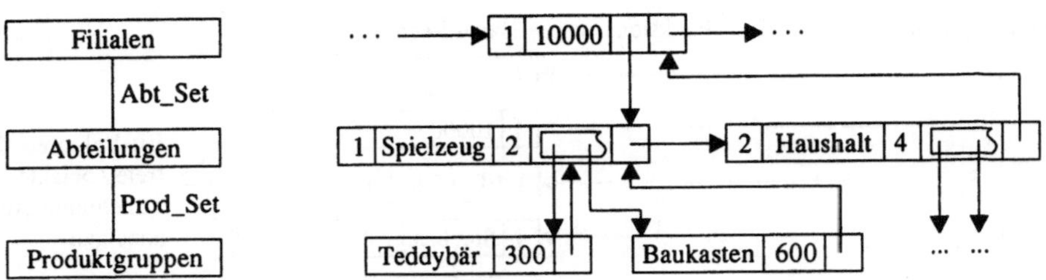

Abb. 3.7: Implementation der Filialdaten im CODASYL-Datenmodell

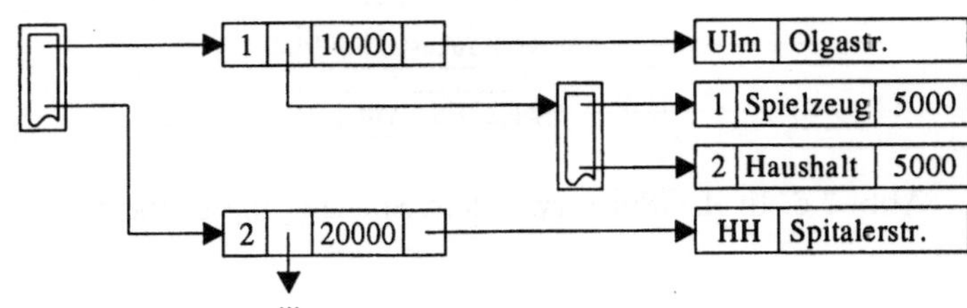

Abb. 3.8: Implementation der in Abb. 2.12 dargestellten Smalltalk-Repräsentation der Filialdaten

In den (in Abschnitt 2.4 diskutierten) objektorientierten Datenbanksystemen werden die Speicherungsstrukturen (nicht die Clusterungsstrukturen) sehr pragmatisch realisiert. Mit Ausnahme von COCOON wird in diesen Systemen ein Objekt stets auf einen zusammenhängenden Speicherbereich (in unserer Terminologie auf einen Record) abgebildet. Dabei macht es keinen Unterschied, ob die Zustände der Objekte wie in den Smalltalk-basierten Systemen (vgl. Abb. 2.12) einfach oder wie in den übrigen Systemen (vgl. Abb. 2.13 und 2.15) komplex strukturiert sind. Beziehungen zwischen den Objekten werden durch Zeiger realisiert. Mengen- und listenwertige Objekte werden durch Pointer-Arrays implementiert. Die in Abb. 2.12 gegebene Objektstruktur würde, wie in Abb. 3.8 gezeigt, implementiert werden.

Lediglich im Rahmen des COCOON-Projektes (s. Abschnitt 2.4.4) wird ausführlich über alternative Speicherungsstrukturen für Objekte diskutiert. In diesem Projekt werden Objekte durch komplexe Tupel in NF^2-Relationen implementiert. Die erste Entscheidung ist, eine Objektklasse genau durch eine NF^2-Relation oder im Sinne einer vertikalen Partitionierung durch mehrere NF^2-Relationen zu repräsentieren. Im ersten Fall besitzt die NF^2-Relation für jede auf die Objekte der Klasse anwendbare Funktion (vgl. Abschnitt 2.4.4) ein Attribut. In einem zusätzlichen Attribut werden die Objektidentifier gespeichert. Im zweiten Fall werden einzelne Funktionen durch eigene binäre NF^2-Relationen implementiert. Diese besitzen ein Attribut für die Objektidentifier und ein Attribut für die Funktion. Dabei gilt in beiden Fällen, daß die Attribute einen atomaren Typ haben, wenn die jeweilige Funktion einwertig ist, und einen relationenwertigen Typ, wenn die Funktion mengenwertig ist. Die Subrelation enthält dann für jeden Funktionswert der mengenwertigen Funktion ein Tupel.

{Filialen_1}					{Filialen_2}	
F_ID	F_Nr	Stadt	Straße	{Abteilungen} A_ID	F_ID	Fläche
100	1	Ulm	Olgastraße	101 102	100	10000
103	2	HH	Spitalerstraße	104 105	103	20000

{Abteilungen}			
A_ID	A_Nr	A_Name	Umsatz
101	1	Spielzeug	5000
102	2	Haushalt	5000
104	6	Spielzeug	12000
105	7	Haushalt	8000

Abb. 3.9: Vertikal partitionierte / referenzierte Speicherung der Klassen in Abb. 2.14

Die zweite Entscheidung ist, ob in den Attributen die Funktionswerte selbst (=materialisierte Speicherung) oder Referenzen auf Tupel (= referenzierte Speicherung) mit den Funktionswerten eingetragen werden. Die weiteren Entscheidungsspielräume betreffen die Realisierung von Referenzen. Hier besteht die Wahl zwischen logischen und physischen Referenzen und ob zusätzlich Rückwärtszeiger verwaltet werden. Außerdem können Funktionen, die berechnete Werte zurückliefern, vorberechnet gespeichert werden. Das heißt, wenn die in Abb. 2.14 dargestellten Objekttypen durch die in Abb. 2.4 gegebene NF^2-Relation implementiert wird, daß dies einer Realisierung mit vollständig materialisierten Funktionen entspricht. Im Gegensatz dazu ist in Abb. 3.9 eine Realisierung dargestellt, in der die Filialobjekte vertikal partitioniert und die Abteilungsobjekte referenziert gespeichert werden.

Anders als die Speicherungsstrukturen wird die Clusterung der Objekte (und damit der Records) auch in den anderen objektorientierten Systemen nicht nur aus der logischen Objektstruktur abgeleitet. In Abschnitt 2.4.1 beispielsweise wurde bereits ausführlich beschrieben, daß in Orion sogenannte *composite objects* definiert werden können. Die einzelnen Objekte, aus denen sich diese hierarchisch strukturierten komplexen Objekte zusammensetzen, werden auf der Platte nach Möglichkeit in den gleichen Blöcken, d. h. in gemeinsamen Clustern, gespeichert.

In [BD89] und [BD90] werden dort als *Placement-Trees* bezeichnete Bäume beschrieben. Mit diesen Bäumen können in O$_2$ (ähnlich wie durch die *composite links* in Orion) hierarchische Substrukturen in den prinzipiell vernetzten Objektstrukturen einer Datenbank beschrieben werden. Dazu enthalten die Bäume die Namen einer oder mehrerer hierarchisch angeordneter Klassen. Beim Entwurf eines solchen Baumes wird vom Anwender eine Klasse als Wurzel ausgewählt. Als Knoten dieses Baumes können dann alle Klassen verwendet werden, deren Objekte direkt oder indirekt von den Objekten der Wurzelklasse referenziert werden. Bezogen auf die Abbildung 2.13 wären die beiden Bäume

denkbar, wobei der rechte Baum nur aus einer Wurzelklasse besteht. Um der vernetzten Struktur Rechnung zu tragen, ist es ausdrücklich erlaubt, daß eine Klasse in mehreren Bäumen enthalten ist.

Wird ein Objekt einer Klasse neu erzeugt, so wird mittels einer Heuristik ein Baum, in dem die Klasse auftritt, ausgewählt. Ist die Klasse die Wurzelklasse des Baumes, so wird für das Objekt ein neuer Cluster angelegt und das Objekt in diesem gespeichert. Ist die Klasse hingegen ein innerer Knoten des Baumes, so wird zuerst das Objekt der Wurzelklasse ermittelt, das direkt oder indirekt das neu erzeugte Objekt referenziert. Danach wird das neu erzeugte Objekt in dem Cluster, der für das Wurzelobjekt erzeugt wurde, gespeichert.

Mittels dieses Verfahrens ist es möglich, Objekte, auf die häufig gemeinsam zugegriffen wird, in gemeinsamen Blöcken zu speichern. Zu beachten ist hierbei, daß die durch die Placement-Trees definierte Clusterung nicht eindeutig ist, da einzelne Klassen in mehreren Bäumen auftreten können. Die tatsächliche Clusterung hängt von der oben genannten Heuristik und von der Reihenfolge ab, in der die Objekte erzeugt werden.

Ein sehr ähnlicher Cluster-Mechanismus wird auch in [SS89] für das in Abschnitt 2.3.2 vorgestellte Molekül-Atom-Datenmodell entwickelt. Im MAD-Modell werden die Daten in Atomen verschiedener Typen gespeichert, wobei die Atome prinzipiell beliebig über den Hintergrundspeicher verteilt sein können. In einer Anfrage werden die Atome dann zu Molekülen zusammengefügt. Im Extremfall, wenn die Atome ungünstig verteilt sind, wird für jedes benötigte Atom ein Plattenzugriff ausgeführt. In [SS89] wird deshalb ausführlich diskutiert, wie gemeinsam zugegriffene Atome zu sogenannten *Atom-Clustern* zusammengefaßt werden können. Das Ergebnis dieser Diskussion ist, daß nur hierarchische Substrukturen des Atom-Netzes in gemeinsamen Clustern gespeichert werden können. Würde die Clusterung auch anderer Substrukturen zugelassen werden, so würde die Aktualisierung der Cluster nach Änderung eines Atoms in vielen Fällen einen unangemessen großen Aufwand verursachen. Um zu beschreiben, wie die Cluster zu bilden sind, werden in [SS89] Sprachkonstrukte eingeführt, die zwar nicht in ihrer Notation, aber in ihrer Wirkung den Placement-Trees in O_2 sehr ähnlich sind. In einer sogenannten *Atom-Cluster-Typ-Definition* können Atom-Typen, die sich hierarchisch referenzieren müssen, angegeben werden. Die Wurzel eines solchen Baumes wird als *Wurzel-Atom-Typ* des Atom-Cluster-Typs bezeichnet. Wird nun ein Atom in die Datenbank neu eingefügt, wird zunächst festgestellt, ob sein Typ der Wurzel-Atom-Typ eines oder mehrerer Atom-Cluster-Typen ist. Ist dies der Fall, werden neue Atom-Cluster angelegt und das Atom jeweils als Wurzel-Atom in diese eingefügt. Danach wird geprüft, ob sein Typ auch als Nicht-Wurzel-Atom in weiteren

Atom-Cluster-Typen auftritt. Wenn ja, wird das Atom als Nicht-Wurzel-Atom in die entsprechenden Cluster gemäß seiner hierarchischen Abhängigkeit von den Wurzel-Atomen eingetragen. Hier liegt dann auch der Unterschied zu O_2. Anders als in O_2 wird ein Atom, wenn sein Typ in mehreren Atom-Cluster-Typen auftritt, nicht nur in genau einen Cluster eines willkürlich ausgewählten Cluster-Typs eingefügt, sondern redundant in jeweils einen Cluster der in Frage kommenden Cluster-Typen.

Bezüglich der in Abschnitt 3.4 noch zu führenden Diskussion sei angemerkt, daß ein Placement-Tree bzw. eine Atom-Cluster-Typ-Definition der Definition eines objektbezogenen Clustertyps ähnelt und daß ein für ein Wurzelobjekt bzw. für ein Wurzelatom erzeugter Cluster mit einem objektbezogenen Cluster vergleichbar ist.

3.3 Benutzerdefinierte Speicherungsstrukturen

Am Anfang dieses Kapitels wurde dargelegt, daß uns eine Beschreibungssprache als das geeignete Mittel zur Definition benutzerdefinierter Speicherungsstrukturen erscheint. Die zu diesem Zweck von uns entwickelte Sprache wurde bereits in [KD93a] und [KD93b] vorgestellt. Um mit einer solchen Sprache ein breites Spektrum von Speicherungsstrukturen beschreiben zu können, sollte die Sprache über möglichst orthogonale Parameter verfügen. So kann die Zahl der Parameter klein gehalten werden, und es wird vermieden, viele Ausnahmesituationen berücksichtigen zu müssen. Wie die folgenden Überlegungen zeigen, gibt es beim Entwurf der Speicherungsstrukturen (für eNF^2-Tabellen) zwei wichtige Freiheitsgrade:

1. Auswahl von Datenstrukturen, um Mengen und Listen und um Tupel zu implementieren. Im folgenden werden wir diese internen Datenstrukturen auch als *Konstruktordatenstrukturen* bezeichnen.

2. Entscheidung, ob die Elemente der Mengen und Listen bzw. die Attribute der Tupel direkt in den unter 1. gewählten Konstruktordatenstrukturen (=materialisierte Speicherung) oder ob sie referenziert gespeichert werden.

Läßt man als Konstruktordatenstrukturen für Mengen und Listen sowohl Arrays als auch verkettete Listen zu, so ergeben sich für eine Menge von atomaren Werten vier mögliche Speicherungsstrukturen. In Abb. 3.10 sind diese für die Menge $\{a, b\}$ dargestellt.

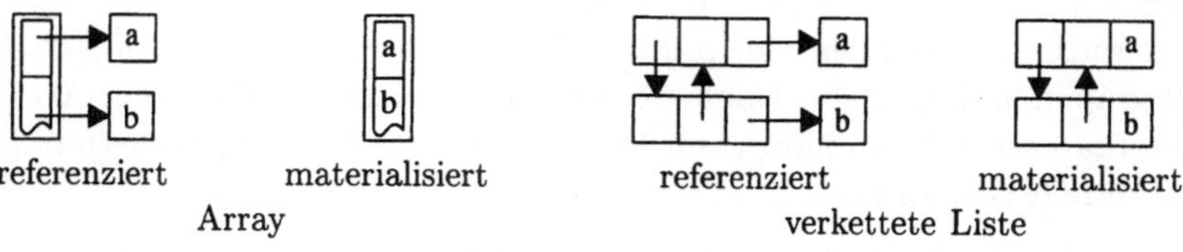

Abb. 3.10: Vier Implementationen der Menge $\{a, b\}$

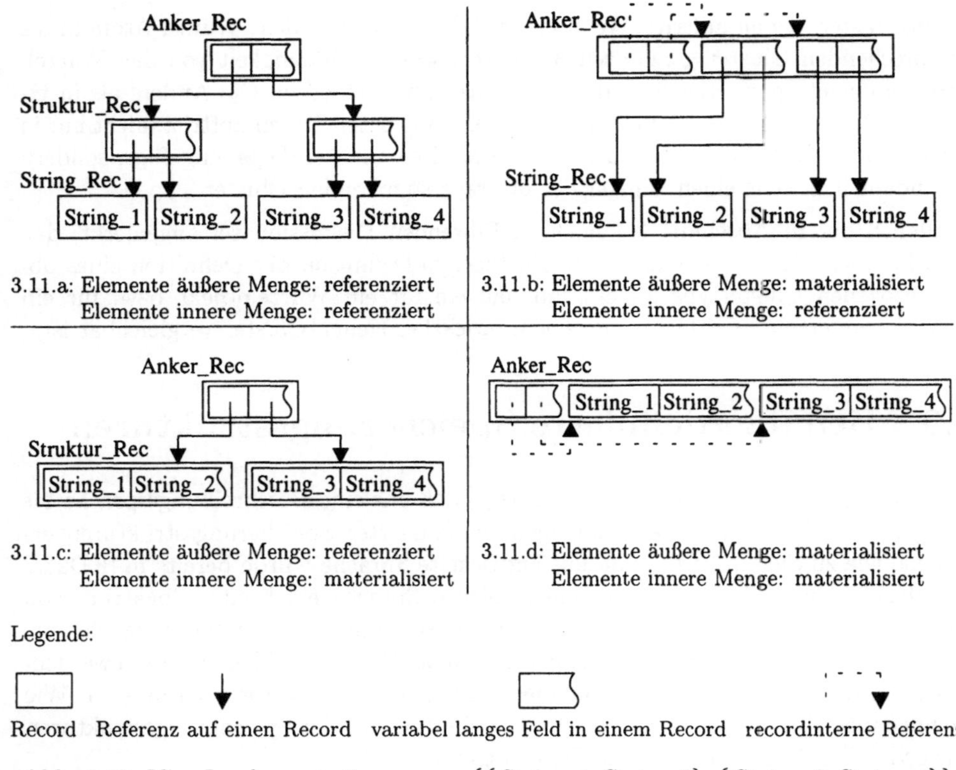

3.11.a: Elemente äußere Menge: referenziert
Elemente innere Menge: referenziert

3.11.b: Elemente äußere Menge: materialisiert
Elemente innere Menge: referenziert

3.11.c: Elemente äußere Menge: referenziert
Elemente innere Menge: materialisiert

3.11.d: Elemente äußere Menge: materialisiert
Elemente innere Menge: materialisiert

Abb. 3.11: Vier Implementationen von $\{\{String\_1, String\_2\}, \{String\_3, String\_4\}\}$

Interessanter ist die Situation, wenn die Elemente einer Menge oder Liste bzw. die Attribute eines Tupels komplex strukturiert sind. Kann in diesem Fall die Speicherungsstruktur für die Menge oder Liste bzw. für das Tupel unabhängig von der Speicherungsstruktur der komplex strukturierten Elemente bzw. Attribute gewählt werden, können Speicherungsstrukturen mit unterschiedlichster Eigenschaft konstruiert werden. Dazu betrachte man beispielsweise die Menge

$$\{\{String\_1, String\_2\}, \{String\_3, String\_4\}\}.$$

Die Elemente $\{String\_1, String\_2\}$ und $\{String\_3, String\_4\}$ der (äußeren) Menge sind selbst wieder Mengen. Nun können sowohl die Elemente der äußeren als auch die Elemente der inneren Mengen referenziert oder materialisiert gespeichert werden. Die daraus resultierenden vier prinzipiellen Speicherungsstrukturen sind in der Abb. 3.11 graphisch dargestellt. Dabei werden exemplarisch variabel lange Arrays als Konstruktordatenstrukturen angenommen. Werden zusätzlich auch verkettete Listen betrachtet, erhält man insgesamt 16 Varianten.

Abb. 3.11.a zeigt die Speicherungsstruktur, in der sowohl die Elemente der äußeren als auch die Elemente der inneren Mengen referenziert gespeichert werden. Die

Konstruktordatenstruktur der äußeren Menge enthält Referenzen auf Records mit den Konstruktordatenstrukturen der inneren Mengen. Diese wiederum enthalten Referenzen auf Records mit den Werten *String_1*, ..., *String_4*. In Abb. 3.11.b wird angenommen, daß die Konstruktordatenstrukturen der Mengen {*String_1*, *String_2*} und {*String_3*, *String_4*} (= materialisierte Subobjekte) in demselben Record wie die Konstruktordatenstruktur der äußeren Menge gespeichert werden. Die Elemente *String_1*, ..., *String_4* werden jedoch weiterhin in referenzierten Records abgelegt. Dieser Fall ist ein typisches Beispiel dafür, daß sich die Aussage: *"ein komplexes Subobjekt wird materialisiert gespeichert"* zunächst einmal nur auf die Speicherung der Konstruktordatenstruktur des betroffenen Subobjektes, nicht aber auf die Speicherung seiner Elemente bezieht. Abb. 3.11.c zeigt den genau umgekehrten Fall: Die Elemente der äußeren Menge werden referenziert, die Elemente der inneren Mengen materialisiert. Daher enthält die Konstruktordatenstruktur der äußeren Menge Referenzen auf Records. Diese speichern die Konstruktordatenstrukturen der inneren Mengen zusammen mit den materialisierten Strings. Abb. 3.11.d zeigt schließlich den letzten Fall, in dem sowohl die Elemente der äußeren als auch die Elemente der inneren Mengen materialisiert werden. Das vollständige Objekt wird daher in einem einzigen Record gespeichert.

Im folgenden werden wir nun orthogonale Parameter herausarbeiten, mit denen diese Freiheitsgrade – Wahl einer geeigneten Konstruktordatenstruktur, Entscheidung zwischen referenzierter und materialisierter Speicherung – sowohl bei der Mengen- und Listenbildung als auch bei der Tupelbildung kontrolliert werden können. Mit diesen Parametern können unterschiedlichste Abbildungen einer eNF^2-Tabelle auf physische Speicherungsstrukturen beschrieben werden, so daß die Speicherungsstrukturen der Objekte auf die jeweiligen Anwendungen abgestimmt werden können. Dabei bedienen wir uns einer Datendefinitionssprache mit einer sehr einfachen Syntax. Die Parameter zur Beschreibung der Speicherungsstruktur werden direkt in die Konstrukte zur Definition der logischen Struktur integriert. Der Grund ist, daß hier die wesentlichen Prinzipien der Definition von Speicherungsstrukturen und nicht die syntaktischen Konstrukte einer solchen Sprache diskutiert werden sollen. In einer realen Implementation sollte man der Übersicht halber eine Variante wählen, in der zwischen einer Datendefinitions- und einer Speicherungsstruktursprache unterschieden wird. Alternativ könnte man einen eigenen interaktiven Editor entwickeln, in dem bei Bedarf die Speicherungsstrukturbeschreibung ein- oder ausgeblendet werden kann.

Die vollständige Syntax dieser Sprache ist in Abb. A.2 im Anhang gegeben. Beschränkt man sich auf die reine Typdefinition, so wird die NF^2-Relation in Abb. 3.1, wie in Abb. 3.12 gezeigt, definiert. Die jeweilige Speicherungsstruktur wird (in Abschnitt 3.3.4) durch Ausfüllen der mit [...] gekennzeichneten Stellen definiert. Zum leichteren Verständnis der Beispiele schreiben wir dabei Schlüsselworte stets klein und frei zu wählende Bezeichner stets groß.

```
complex_object Filialen [...] set [...] of tuple
            (F_Nr          [...]: integer,
             Fläche        [...]: integer,
             Abteilungen [...]: set [...] of tuple
                    (A_Nr               [...]: integer,
                     A_Name             [...]: var_string,
                     Note               [...]: integer,
                     Produktgruppen [...]: set [...] of tuple
                            (P_Gruppe [...]: var_string,
                             Bestand   [...]: integer)))
```

Abb. 3.12: Typdefinition der Filialtabelle in Abb. 3.1

Bevor in den Abschnitten 3.3.2 und 3.3.3 die Speicherungsstrukturen und ihre Beschreibung im einzelnen diskutiert werden können (hierbei werden auch die vier Speicherungsstrukturen aus Abb. 3.11 vollständig definiert), müssen noch die Begriffe *Anker-Record* und *Record-Typname* eingeführt werden.

3.3.1   Anker-Records und Record-Typnamen

Zur Speicherung eines eNF^2-Objektes wird mindestens ein Record benötigt. Dieser wird im folgenden auch als *Anker-Record* bezeichnet. Ist das eNF^2-Objekt lediglich ein atomarer Wert, so enthält der Anker-Record genau diesen Wert. Ist das eNF^2- Objekt hingegen eine Menge, Liste oder ein Tupel, so enthält der Anker-Record mindestens die gewählte Konstruktordatenstruktur. Über diesen Anker-Record können durch Verfolgung von Referenzen alle Subobjekte erreicht werden.

Um bei der Definition von Clusterungsstrukturen in Abschnitt 3.4 symbolisch auf Records Bezug nehmen zu können, werden Records mit semantisch äquivalentem Inhalt zu Record-Typen zusammengefaßt. Jeder Record-Typ erhält dazu bei der Definition der Speicherungsstrukturen einen eindeutigen, frei wählbaren *Record-Typnamen*. Beispielsweise werden bei der Definition der Speicherungsstruktur in Abb. 3.11.a die Record-Typnamen *Anker_Rec*, *Struktur_Rec* und *String_Rec* vergeben. Dabei wird in der hier verwendeten Syntax der Record-Typname des Anker-Records in dem Parameter *anchor_record_type* vergeben (s. Anhang, Abb. A.2, [1]). Die beiden anderen Record-Typnamen werden in den Definitionen der Mengen festgelegt.

3.3.2 Speicherungsstrukturen für Mengen- und Listenkonstruktoren

Entsprechend der vorangegangenen Diskussion kann bei der Implementation von Mengen und Listen die Wahl der Konstruktordatenstrukturen und die Entscheidung, ob die Elemente direkt in den Konstruktordatenstrukturen gespeichert werden oder ob diese nur Zeiger auf Records mit den Elementen enthalten, unabhängig voneinander getroffen werden. Sollen beide Freiheitsgrade ohne gegenseitige Beeinflussung spezifiziert werden können, so werden in einer entsprechenden Datendefinitionssprache zwei Parameter benötigt. In der hier verwendeten Syntax werden dazu in den Term zur Objektdefinition die Parameter *implementation* und *element_placement* integriert (vgl. Anhang Abb. A.2, [2]-[7]):

```
object_type = ...
                /* Definition einer Menge. */
                set [implementation    = implementation_type,
                     element_placement = placement_type] of object_type |
                /* Definition einer Liste. */
                list [implementation    = implementation_type,
                      element_placement = placement_type] of object_type | ...
```

In dem Parameter *implementation* wird die gewünschte Implementation der Menge oder Liste ausgewählt. In diesem Buch beschränken wir uns exemplarisch auf die zwei gebräuchlichsten Implementationen. Wir nehmen an, daß eine Menge oder Liste durch ein Array oder eine vorwärts und rückwärts verkettete Liste implementiert wird. Selbstverständlich wären auch Implementationen durch Hash-Tabellen oder B-Bäume möglich. Da diese Implementationen jedoch zu den Primär-Index-Strukturen zählen und wir hier schwerpunktmäßig Sekundär-Index-Strukturen untersuchen, werden diese Implementationen im folgenden nicht berücksichtigt. Entsprechend kann der Parameter *implementation* die gültigen Werte *array* und *linked_list* (vgl. Abb. A.2, [11]) annehmen:

```
implementation_type = array | linked_list
```

Mit dem zweiten Parameter, hier *element_placement* genannt, wird bestimmt, ob die Elemente in der gewählten Konstruktordatenstruktur materialisiert oder aus ihr heraus referenziert werden. Als gültige Werte werden im folgenden verwendet (vgl. Abb. A.2, [10]):

```
placement_type = inplace | referenced (record_type_name)
```

Wird in dem Parameter *element_placement* der Wert *inplace* angegeben, so werden die Elemente direkt in der Konstruktordatenstruktur gespeichert. Wird hingegen *referenced* verwendet, so wird für jedes Element der Menge oder Liste ein eigener Record vom Typ *record_type_name* angelegt. Beispielsweise werden die Elemente *String_1*, ..., *String_4* der inneren Mengen der Menge {{*String_1*, *String_2*}, {*String_3*, *String_4*}} im Fall 1 entsprechend der nachfolgenden Definition in referenzierten Records mit dem frei gewählten Record-Typnamen *String_Rec* gespeichert (vgl. Abb. 3.11.a). Der gewählte Typname muß dabei innerhalb eines komplexen Objektes eindeutig sein. In die Konstruktordatenstruktur werden dann nur noch die Identifier dieser Records eingetragen.

Die Verwendung dieser Parameter sei am Beispiel der vier Speicherungsstrukturen für die Menge {{*String_1*, *String_2*}, {*String_3*, *String_4*}} in Abb. 3.11 näher erläutert. Die Speicherungsstruktur in Abb. 3.11.a, in der sowohl die Elemente der äußeren als auch die Elemente der inneren Mengen referenziert gespeichert werden, wird wie folgt definiert:

complex_object Menge_von_Mengen_von_Strings [anchor_record_type=Anker_Rec]   [1]
  set [implementation=array, **element_placement=referenced (Struktur_Rec)**^{A}] of   [2]
    set [implementation=array, **element_placement=referenced (String_Rec)**^{B}] of   [3]
      fix_string(...).   [4]

In Zeile 1 dieser Definition werden der Name *Menge_von_Mengen_von_Strings* des komplexen Objektes und der Record-Typname *Anker_Rec* des Anker-Records festgelegt. Zeile 2 besagt, daß das komplexe Objekt eine Menge ist. Zu ihrer Implementation wird ein Array verwendet. Die Elemente der Menge werden in referenzierten Records mit dem frei gewählten Record-Typnamen *Struktur_Rec* gespeichert. In Zeile 3 wird definiert, daß die Elemente der äußeren Menge selbst wieder Mengen sind. Auch diese inneren Mengen werden als Arrays implementiert. Die Elemente der inneren Mengen werden wiederum referenziert. Dazu werden sie in Records mit dem Typnamen *String_Rec* gespeichert. Zeile 4 besagt schließlich, daß die Elemente der inneren Mengen Strings fester Länge sind.

Die Speicherungsstrukturen der Abb. 3.11.b, 3.11.c und 3.11.d können aus der obigen Definition durch Variation der mit *A* und *B* gekennzeichneten Parameter abgeleitet werden. Wird der Parameter *A* auf den Wert *element_placement = inplace* gesetzt, ergibt sich die Struktur der Abb. 3.11.b, in der die Elemente der äußeren Menge materialisiert, die der inneren aber referenziert werden. Umgekehrt ergibt sich die Struktur in Abb. 3.11.c, in der die Elemente der inneren Mengen materialisiert werden, nicht aber die Elemente der äußeren Menge, indem der Parameter *B* auf *element_placement = inplace* gesetzt wird. Schließlich erhält man die Struktur in Abb. 3.11.d, in der das gesamte komplexe Objekt in einem einzigen Record gespeichert wird, indem beide Parameter *A* und *B* auf *element_placement = inplace* gesetzt werden.

Bereits an diesem einfachen Beispiel sieht man den hohen Grad der Flexibilität, der durch den Parameter *element_placement* erreicht wird. Variiert man noch den Parameter *implementation* von *array* nach *linked_list*, kommen weitere zwölf Varianten zur Implementation der Menge von Mengen von Strings hinzu.

3.3.3   Speicherungsstrukturen für Tupelkonstruktoren

Nachdem im vorigen Abschnitt die Repräsentation von Mengen und Listen diskutiert wurde, wird nun dargestellt, wie sich die internen Speicherungsstrukturen von
Tupeln beschreiben lassen. Prinzipiell existieren die gleichen Freiheitsgrade – Wahl
einer Konstruktordatenstruktur, Entscheidung, ob Attribute referenziert oder materialisiert gespeichert werden – wie bei der Mengen- und Listenbildung. Im Falle der
Tupelbildung entspricht der erste Freiheitsgrad der Entscheidung, ob ein Tupel – oder
genauer gesagt seine Konstruktordatenstruktur – in einem Record oder auf mehrere
Records verteilt gespeichert wird. Der zweite Freiheitsgrad ist die Entscheidung, ob
die Attributwerte in der Konstruktordatenstruktur materialisiert gespeichert oder aus
ihr heraus referenziert werden. Um diese beiden Freiheitsgrade ebenfalls unabhängig
voneinander kontrollieren zu können, werden wiederum zwei Parameter gebraucht.
Exemplarisch werden hierzu der neue Parameter *location* und der bereits bekannte
Parameter *element_placement* in die Attributdefinition aufgenommen (vgl. Abb. A.2,
[8]-[9]):

> attribute_description =
>   attribute_name [**location** =   location_type,
>   **element_placement** = placement_type]: object_type

Mit dem Parameter *element_placement* wird, wie bei Mengen und Listen, definiert,
ob ein Attributwert bzw. – wenn das Attribut eine Menge, Liste oder ein Tupel ist –
dessen Konstruktordatenstruktur direkt in der Konstruktordatenstruktur des Tupels
gespeichert oder aus ihr heraus referenziert wird. Dazu wird hier angenommen, daß
ein Tupel durch eine Datenstruktur implementiert wird, die einem Record in einer
Pascal-ähnlichen Programmiersprache gleicht. In dieser Datenstruktur wird für jedes Attribut ein Feld vorgesehen. Abhängig von dem Parameter *element_placement*
enthält dieses Feld entweder den Attributwert oder eine Referenz auf einen Record
mit dem jeweiligen Attributwert. Da der Parameter *element_placement* an die Attributdefinition gebunden ist, kann unabhängig für jedes Attribut entschieden werden,
ob es materialisiert oder referenziert gespeichert wird.

Aus Optimierungsgründen, wenn zum Beispiel auf einige Attribute eines Tupels nur
sehr selten zugegriffen wird, kann es nützlich sein, die Konstruktordatenstruktur eines Tupels auf mehrere Records aufzuteilen. Dazu wird sie im folgenden in einen
Primärblock und optional mehrere Sekundärblöcke aufgeteilt. Sowohl dem Primär-
als auch den Sekundärblöcken können hierbei mehrere Attribute zugeordnet werden.
Jeder Sekundärblock wird in einem eigenen Record gespeichert. Die Referenzen auf
diese Records werden in dem Primärblock gespeichert. Ob für den Primärblock ebenfalls ein Record angelegt wird, hängt davon ab, ob das Tupel selbst referenziert oder
materialisiert gespeichert wird. Mit dem oben eingeführten Parameter *location* wird

Mitarbeiter			
Pers_Nr	Name	Gehalt	Lebenslauf
77234	Maier	4000	Frau Bettina Maier ist am ...
77235	Schmidt	4400	Herr Fritz Schmidt ist am ...

Abb. 3.13: Ausprägung einer Mitarbeiterrelation

für jedes Attribut festgelegt, ob das zugehörige Feld in dem Primärblock oder in einem Sekundärblock lokalisiert wird. Der Parameter erhält dazu zwei zulässige Werte (Abb. A.2, [12]):

location_type = **primary** | **secondary** (record_type_name)

Wird für ein Attribut *primary* angegeben, so wird das zugehörige Feld in dem Primärblock angelegt. Hat der Parameter hingegen den Wert *secondary (record_type_name)*, so wird das Feld in einem Sekundärblock angelegt. Der Sekundärblock wird in einem Record vom Typ *record_type_name* gespeichert. Sollen mehrere Attribute in dem gleichen Sekundärblock gespeichert werden, so ist in *record_type_name* jeweils derselbe Record-Typname anzugeben.

Das Zusammenspiel der beiden Parameter *location* und *element_placement* soll nun an dem Beispiel der Mitarbeiterrelation in Abb. 3.13 verdeutlicht werden. Wir wollen dazu annehmen, daß die Relation sehr häufig verwendet wird, um aus dem Mitarbeiternamen die Personalnummer abzuleiten und umgekehrt. Auf das Gehalt und den Lebenslauf werde hingegen selten zugegriffen. Daher sollen der Name und die Personalnummer gemeinsam in dem Primärblock materialisiert gespeichert werden, das Gehalt und der Lebenslauf sollen hingegen in einem gemeinsamen Sekundärblock ausgelagert werden. Der unter Umständen lange Lebenslauf wird referenziert gespeichert. Um die Tupel der Relation zu verbinden, wird eine verkettete Liste verwendet. Eine Definition der Mitarbeiterrelation, die diese Eigenschaften hat, lautet dann:

```
complex_object Mitarbeiter [anchor_record_type=Link_Rec]
  set [implementation=linked_list, element_placement=referenced (Prim_Rec)] of tuple
      (Pers_Nr    [location=primary, element_placement=inplace]: integer,
       Name       [location=primary, element_placement=inplace]: fix_string(30),
       Gehalt     [location=secondary (Sec_Rec),element_placement=inplace]: real,
       Lebenslauf [location=secondary (Sec_Rec),
                   element_placement=referenced(Lebenslauf_Rec)]: var_string).
```

Die sich daraus ergebende Speicherungsstruktur ist in Abb. 3.14.a dargestellt.

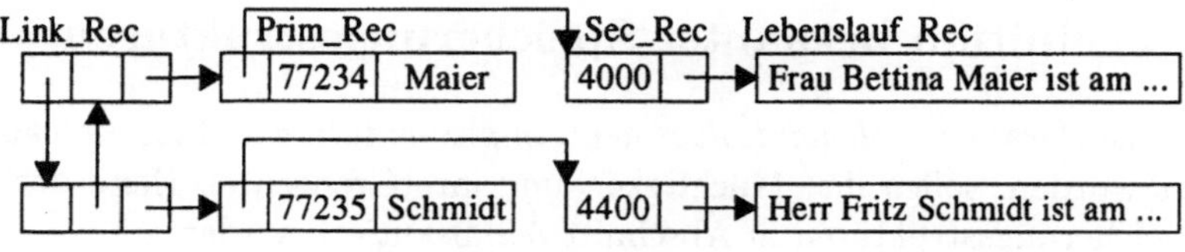

Abb. 3.14.a: Tupel mit referenzierten Primärblöcken

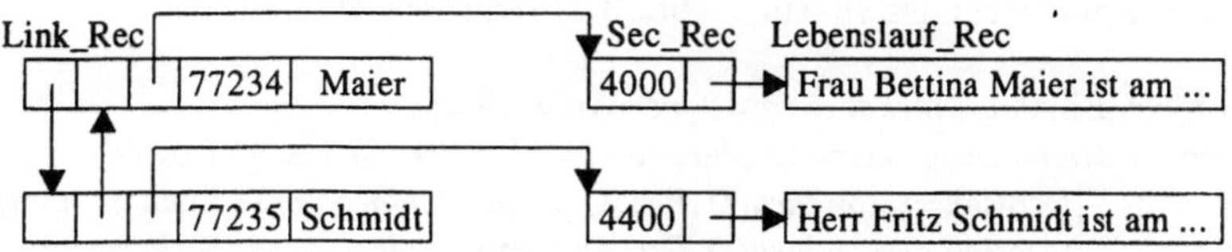

Abb. 3.14.b: Tupel mit materialisierten Primärblöcken

Abb. 3.14: Zwei mögliche Speicherungsstrukturen für die Mitarbeiterrelation

An diesem Beispiel ist gut zu erkennen, daß die Parameter *location* und *element_placement* beide benötigt werden und nicht redundant sind. Würde auf einen von beiden verzichtet, so könnte nicht ausgedrückt werden, daß die Referenz auf den Lebenslauf-Record zusammen mit dem Gehalt in einem Sekundärblock zu speichern ist. Es wäre nur noch möglich, für den Lebenslauf einen eigenen Sekundärblock anzulegen.

Ein Nachteil der dargestellten Speicherungsstruktur sind die vielen kleinen Link-Records, die jeweils nur einen Zeiger auf das nächste Tupel und den referenzierten Primärblock eines Tupels enthalten. Dieses Problem läßt sich aber leicht lösen, indem die Primärblöcke in den Link-Records materialisiert gespeichert werden. Dazu ist in der zweiten Zeile der Definition nur der Parameter *element_placement* von *referenced (Prim_Rec)* nach *inplace* umzusetzen:

```
complex_object Mitarbeiter [anchor_record_type=Link_Rec]
    set [implementation=linked_list, element_placement=inplace] of ...
```

Dies bewirkt, daß die Primärblöcke mit den Referenzen auf die Sekundär-Records und den Feldern für die Attribute Pers_Nr und Name in den Link-Records materialisiert werden. Die sich jetzt ergebende Speicherungsstruktur ist in Abb. 3.14.b dargestellt.

3.3.4 Definition bekannter Speicherungsstrukturen

Nachdem die Parameter *element_placement*, *implementation* und *location* ausführlich diskutiert wurden, sollen ihre Mächtigkeit und ihre Grenzen an Hand der verschiedenen Speicherungsstrukturen in Abschnitt 3.2 diskutiert werden.

Durch die folgende Definition würde die NF^2-Tabelle in Abb. 3.1 in der von AIM-P verwendeten Speicherungsstruktur (Abb. 3.2) realisiert werden:

```
complex_object Filialen [anchor_record_type=Anker_Rec]                                   [ 1]
  set [implementation=array, element_placement=referenced(S_Rec)] of tuple               [ 2]
    (F_Nr       [location=secondary(D_Rec_1), element_placement=inplace]: integer,       [ 3]
     Fläche     [location=secondary(D_Rec_1), element_placement=inplace]: integer,       [ 4]
     Abteilungen [location=primary, element_placement=referenced(P_Rec_1)]:              [ 5]
       set [implementation=array, element_placement=inplace] of tuple                    [ 6]
         (A_Nr      [location=secondary(D_Rec_2), element_pl.=inplace]: integer,         [ 7]
          A_Name    [location=secondary(D_Rec_2), element_pl.=inplace]: var_string,      [ 8]
          Note      [location=secondary(D_Rec_2), element_pl.=inplace]: integer,         [ 9]
          Produktgr. [location=primary, element_placement=referenced(P_Rec_2)]:          [10]
            set [implementation=array, element_placement=inplace] of tuple               [11]
              (P_Gruppe [location=secondary(D_Rec_3), element_pl.=inplace]: var_str.,    [12]
               Bestand  [location=secondary(D_Rec_3), element_pl.=inplace]: int.)))      [13]
```

Sollte statt dessen die von DASDBS entwickelte Speicherungsstruktur (Abb. 3.3) implementiert werden, so müßten die folgenden Parameter geändert werden:

```
Zeile 5:   element_placement = inplace
Zeile 6:   element_placement = referenced (S_Rec_2)
Zeile 10:  element_placement = inplace
```

Ebenso könnte die von XSQL verwendete Speicherungsstruktur (Abb. 3.4) realisiert werden, indem die folgenden Zeilen geändert werden:

```
Zeile 1:      anchor_record_type = Filial_Rec
Zeile 2:      implementation = linked_list, element_placement = inplace
Zeile 3, 4:   location = primary, element_placement = inplace
Zeile 5:      location = primary, element_placement = referenced (Abteilungs_Rec)
Zeile 6:      implementation = linked_list, element_placement = inplace
Zeile 7, 8, 9: location = primary, element_placement = inplace
Zeile 10:     location = primary, element_placement = referenced (P_Gruppen_Rec)
Zeile 11:     implementation = array, element_placement = inplace
Zeile 12, 13: location = primary, element_placement = inplace
```

Die in [KFC90] vorgeschlagenen Speicherungsstrukturen können ebenfalls (mit Einschränkungen) definiert werden. Voraussetzung ist, daß eine Menge auch als B-Baum implementiert werden kann. In der Datendefinitionssprache müßte dazu im Parameter *implementation_type* (s. Abb. A.2, Zeile [11]) der Wert *B-tree* zugelassen werden.

Mit dieser Erweiterung würde die Speicherungsstruktur in Abb. 3.5 wie folgt definiert:

Zeile 2:	implementation = array, element_placement = inplace
Zeile 3, 4:	location = primary, element_placement = inplace
Zeile 5:	location = primary, element_placement = referenced (B_Rec)
Zeile 6:	implementation = B_tree, element_pl. = referenced (Data_Rec)
Zeile 7, 8, 9, 10:	location = primary, element_placement = inplace
Zeile 11:	implementation = array, element_placement = inplace
Zeile 12, 13:	location = primary, element_placement = inplace

Interessant ist hierbei, daß in unserer Datendefinitionssprache mühelos ausgedrückt werden kann, daß ein komplexes Tupel (hier ein Abteilungstupel) in einem Record gespeichert werden soll. Ein Unterschied besteht allerdings zwischen der eben definierten Speicherungsstruktur und den Konzepten in [KFC90]. In unserer Definition wird die Speicherungsstruktur statisch definiert und gilt für alle Tupel einer eNF^2-Tabelle. In [KFC90] wird die Speicherungsstruktur dynamisch für jedes einzelne Tupel festgelegt, so daß verschiedene Tupel einer eNF^2-Tabelle u. U. unterschiedlich gespeichert werden.

Daß wir nicht jede Speicherungsstruktur darstellen können, zeigt sich beim Vergleich mit den Speicherungsstrukturen in [DG87]. Die dort diskutierten Strukturen einer Kombination aus Hash-Tabelle und speziellem Index lassen sich nicht nachbauen. Ähnliches gilt auch für die beschriebene erste und zweite Speicherungsvariante in IMS. Diese Speicherungsstrukturen, die einzig den hierarchisch absteigenden Preorder-Durchlauf durch die Hierarchien erlauben, können nicht implementiert werden. Anders ist es mit der beschriebenen dritten Variante. Sie entspricht im wesentlichen der Implementation in XSQL und kann somit genauso realisiert werden.

Die verschiedenen Speicherungsstrukturen von CODASYL lassen sich ebenfalls (fast) vollständig darstellen. Sowohl Sets, die durch Arrays, als auch solche, die durch verkettete Listen implementiert sind, können simuliert werden. Dabei ist es wie in CODASYL möglich, in einer Hierarchie für verschiedene Settypen verschiedene Implementationen zu wählen. Durch Wahl der folgenden Parameter wurde die Speicherungsstruktur in Abb. 3.7 implementiert:

Zeile 1:	anchor_record_type = Filialen_Rec
Zeile 2:	implementation = linked_list, element_placement = inplace
Zeile 3, 4:	location = primary, element_placement = inplace
Zeile 5:	location = primary, element_pl. = referenced (Abteilungen_Rec)
Zeile 6:	implementation = array, element_placement = inplace
Zeile 7, 8, 9, 10:	location = primary, element_placement = inplace
Zeile 11:	implementation = array, element_pl. = referenced (P_Gruppen_Rec)
Zeile 12, 13:	location = primary, element_placement = inplace

Der Unterschied zu CODASYL ist dabei, daß wir verkettete Listen stets mit Vorwärts- und Rückwärtszeigern implementieren. In CODASYL ist dieses eine eigenständige Option. Ein zweiter Unterschied ist, daß in CODASYL jeder Member-Record zusätzlich einen Zeiger zum Owner-Record haben kann. Ist der Set als verkettete Liste realisiert, so sind diese Zeiger optional und dienen nur der Verbesserung der Performanz. Wird der Set hingegen durch ein Array implementiert, so sind diese Zeiger sogar notwendig, da ansonsten nicht in jeder Richtung durch die Daten navigiert werden könnte.

Die Speicherungsstrukturen, die von den in Abschnitt 2.4 genannten objektorientierten Systemen verwendet werden, lassen sich ebenfalls definieren. Sofern die komplexen Objekte – wie in Abb. 2.12 oder 2.13 – hierarchisch strukturiert sind, können sie direkt durch eine eNF^2-Tabelle implementiert werden. Die Speicherungsstruktur dieser Tabelle kann danach so gewählt werden, daß für jedes Subobjekt eines komplexen Objekts ein Record angelegt wird. Beispielsweise kann eine NF^2-Tabelle definiert werden, die exakt die Struktur in Abb. 2.12 realisiert. Genauso ist es möglich, eine Tabelle zu definieren, in der, wie in Abb. 2.13 angedeutet, jeweils die Daten einer Filiale in einem Record gespeichert werden.

Etwas anders ist die Situation, wenn die komplexen Objekte eine netzwerkartige Struktur bilden. In diesem Fall muß zuerst eine Abbildung der Netzwerkstrukturen auf hierarchische Strukturen definiert werden. Die verschiedenen im Rahmen des COCOON-Projektes erarbeiteten Varianten, die es hierbei gibt, wurden in Abschnitt 2.4.4 vorgestellt. Verglichen mit den von uns herausgearbeiteten Freiheitsgraden erkennt man, daß die Abbildung von Netzwerk- auf hierarchische Strukturen und von hierarchischen Strukturen auf Speicherungsstrukturen einige Gemeinsamkeiten und einige Unterschiede aufweist. Eine Gemeinsamkeit ist, daß es in beiden Fällen die Möglichkeit gibt, Substrukturen materialisiert oder referenziert zu speichern. Ein Unterschied ist, daß wir nicht vorgesehen haben, eine Hierarchie vertikal aufzuteilen und dabei den Zusammenhang zwischen den Records nur über gemeinsame Identifier zu realisieren. Bei uns ist es zwar möglich, eine Hierarchie vertikal aufzuteilen (z. B. durch Verteilung eines Top-Level-Tupels auf verschiedene Records), der Zusammenhang zwischen den einzelnen Datenteilen wird aber stets über Referenzen realisiert. Ein zweiter Unterschied ist, daß wir nicht zwischen verschiedenen Arten von Referenzen unterscheiden. Der Grund für diese Unterschiede ist, daß wir eine Hierarchie als eine Einheit betrachten und globale objektübergreifende Identifier in unserer Architektur bei der Abbildung des logischen auf das interne Schema aufgelöst werden.

Umgekehrt gehen unsere Vorchläge, die Implementation von Mengen und Listen zu steuern, weiter als die in COCOON. Im COCOON-Projekt wurde vorrangig untersucht, wie Netzwerkstrukturen auf hierarchische Strukturen abgebildet werden können. Bei diesem Abbildungsschritt kann von der Frage, wie die Mengen und Listen der gebildeten hierarchischen Strukturen implementiert werden, abstrahiert werden. Bei der Transformation von hierarchischen Strukturen in das physische Schema, wie sie in diesem Buch untersucht wird, ist dies nicht möglich. Man muß explizit angeben können, durch welche Datenstruktur eine Menge oder Liste realisiert werden soll.

3.4 Benutzerdefinierte Clusterungsstrukturen

In Abschnitt 3.1 wurde ausgeführt, daß Records, auf die gemeinsam zugegriffen wird, möglichst auch in gemeinsamen Blöcken gespeichert werden sollten. Außerdem wurde dargelegt, daß diese Clusterungsstruktur, da sie nur bedingt aus der logischen Struktur der Daten ableitbar ist, wie die Speicherungsstruktur vom Anwender definiert werden sollte.

Prinzipiell gibt es zwei Varianten, die Verteilung der Records auf Cluster[2] zu beschreiben:

1. Mit der Definition einer eNF²-Tabelle wird eine feste Zahl von Clustern angelegt. Jeder dieser Cluster erhält einen eindeutigen Namen. Für jeden Record-Typ wird festgelegt, in welchem Cluster seine Records gespeichert werden. Dieses Verfahren kann mit dem Vorgehen in XSQL verglichen werden. Dort wird für jeden Record-Typ eine Relation (= Cluster) angelegt.

2. Mit der Definition einer eNF²-Tabelle werden ein oder mehrere Prototyp-Cluster[3] definiert. Werden in der Folge Objekte oder Subobjekte in die Tabelle eingefügt, wird für jedes dieser Objekte oder Subobjekte eine Ausprägung des entsprechenden Prototyp-Clusters erzeugt. In diesen objekt- oder subobjektbezogenen Clustern werden alle Records, die zu dem Objekt oder Subobjekt gehören, eingefügt. Dieses Verfahren entspricht dem Vorgehen in AIM-P. Dort wird für jedes Top-Level-Tupel ein Cluster angelegt.

Der Vorteil des ersten Verfahrens ist, daß mit ihm Records unabhängig von ihrer Objektzugehörigkeit zusammengefaßt werden können. So können, wie z. B. in Abschnitt 3.1 vorgeschlagen, die Records mit Mitarbeiterdaten zusammenhängend gespeichert werden. Wir sagen dazu auch, die Records werden *objektübergreifend* gespeichert. Der Nachteil dieses Verfahrens ist, daß es nicht möglich ist, alle Records, die zu einem Objekt oder Subobjekt gehören, zusammenhängend zu speichern. Dies ist nur mit dem in Variante zwei beschriebenen Verfahren möglich. Mit diesem können Records *objektbezogen* in Clustern zusammengefaßt werden.

Wägt man die Vor- und Nachteile der beiden Varianten gegeneinander ab, so erkennt man, daß in einem ausgewogenen System beide Arten benötigt werden. Aus diesem Grund führen wir im folgenden Sprachkonstrukte ein, mit denen sowohl

- objektübergreifende Cluster (Variante 1) als auch

- objektbezogene Cluster (Variante 2)

---

[2] Ein Cluster entspricht in unserer Terminologie genau **einem** Container, der beliebig viele Records aufnehmen kann. Genaueres siehe nächsten Abschnitt.

[3] Diese Prototypen entsprechen den später eingeführten objektbezogenen Clustertypen.

definiert werden können. Die Sprachkonstrukte sind hierbei so aufeinander abgestellt, daß beide Varianten auch in einer eNF^2-Tabelle gemischt werden können. Wie bei der Diskussion der Speicherungsstruktur ist es wiederum nicht das Ziel, eine spezifische Syntax einzuführen, sondern darzulegen, welche prinzipiellen Parameter benötigt werden.

3.4.1　Cluster und Segmente

Bevor die verschiedenen Clusterungstechniken beschrieben werden, wird die angenommene Systemarchitektur weiter präzisiert. Die größte logisch zusammenhängende Einheit von Blöcken ist ein *Segment*. In einem dateigestützten System würde ein Segment auf eine oder mehrere Direktzugriffsdateien abgebildet werden. Zur Identifikation erhalten Segmente eindeutige, benutzerdefinierte Namen. Die Zahl der Segmente in einem System wird als relativ statisch angesehen.

Jedes Segment wird in *Cluster* aufgeteilt. **Ein** Cluster ist **ein** Container, der beliebig viele Records enthalten kann. Dazu werden jedem Cluster eine oder mehrere, nach Möglichkeit benachbarte Blöcke des Segments zugeordnet. In diesen Blöcken werden die Records gespeichert. Innerhalb eines Clusters herrscht dabei keine Ordnung unter den Records. Sowohl die Zahl der Blöcke, die einem Cluster zugeordnet sind, als auch die Zahl der Cluster, in die ein Segment aufgeteilt ist, ist dynamisch. So kann sowohl die Größe als auch die Zahl der Cluster in einem Segment mit der gleichen Dynamik schwanken, mit der Daten in die Datenbank eingefügt oder aus ihr herausgelöscht werden.

Es sei angemerkt, daß diese Aufteilung eines Segments in Cluster sehr dem Verfahren zur Clusterung von Tupeln in Oracle [ORA92a] ähnelt. Allerdings verwenden wir die Begriffe anders als in Oracle. Ein Oracle-Cluster entspricht dem in Abschnitt 3.4.3 eingeführten objektbezogenen Clustertyp. Ein Cluster in unserem Sinn entspricht in Oracle den Datenseiten, die jeweils für einen Wert des Cluster-Schlüssels angelegt werden.

3.4.2　Definition objektübergreifender Cluster

Bei der objektübergreifenden Clusterung (Variante 1) werden alle Records eines oder mehrerer Record-Typen gemeinsam in einem Cluster gespeichert. Die Frage, welchem Objekt der jeweilige Record angehört, spielt bei dieser Art der Clusterung keine Rolle.

Um einen objektübergreifenden Cluster zu definieren, benötigt man mehrere Parameter: Als erstes benötigt man einen Parameter, um dem Cluster einen eindeutigen Namen zu geben, über den er identifiziert werden kann. Als zweites benötigt man einen Parameter, in dem das Segment, in dem der Cluster angelegt werden soll, spezifiziert werden kann. Als drittes und letztes benötigt man einen Parameter, in dem die Records, die in dem Cluster gespeichert werden, bestimmt werden können. Da bei dieser Art der Clusterung stets alle Records eines oder mehrerer Record-Typen in demselben Cluster abgelegt werden, läßt sich dieser Parameter am besten durch eine Liste von Record-Typnamen realisieren. Alle Records, deren Typ in dieser Liste angegeben ist, werden in dem Cluster gespeichert.

Für diese drei Parameter verwenden wir in dem Sprachkonstrukt, mit dem wir objektübergreifende Cluster definieren, die drei Namen *cluster_name*, *segment* und *member_records*. Das Sprachkonstrukt, mit dem wir einen solchen Cluster definieren, nennen wir *segment_cluster*. Dieser Name soll andeuten, daß genau ein Cluster (und kein Cluster-Typ, vgl. Abschnitt 3.4.3), der in einem spezifischen Segment liegt, definiert wird. Die vollständige Syntax des Sprachkonstruktes ist in Abb. A.1 im Anhang angegeben und lautet:

$$
\begin{aligned}
\text{cluster\_definition} = \textbf{segment\_cluster (cluster\_name} &= \text{cluster\_name\_type,} \\
\textbf{segment} &= \text{segment\_name\_type,} \\
\textbf{member\_records} &= \text{list\_of\_record\_types)}
\end{aligned}
$$

Mit diesem Sprachkonstrukt kann jetzt zum Beispiel die in XSQL verwendete Clusterung definiert werden. Bezogen auf die Abb. 3.4 würden durch die zwei Definitionen

$$
\begin{aligned}
\text{segment\_cluster (cluster\_name} &= \text{Filial\_Rec\_Cluster,} \\
\text{segment} &= \text{Main,} \\
\text{member\_records} &= \text{(Filial\_Rec))}
\end{aligned}
$$

und

$$
\begin{aligned}
\text{segment\_cluster (cluster\_name} &= \text{Abt\_Mit\_Rec\_Cluster,} \\
\text{segment} &= \text{Main,} \\
\text{member\_records} &= \text{(Abteilungs\_Rec, Mitarbeiter\_Rec))}
\end{aligned}
$$

zwei Cluster definiert werden. Beide Cluster würden in dem mit *Main* bezeichneten Segment angelegt werden. Der erste Cluster enthält alle *Filial_Rec* Records, der zweite alle *Abteilungs_Rec* und *Mitarbeiter_Rec* Records.

3.4.3 Definition objektbezogener Cluster

Bei der objektbezogenen Clusterung (Variante 2) wird für jedes Objekt oder Subobjekt ein Cluster angelegt. In diesem Cluster werden die Records des Objektes oder Subobjektes gespeichert. Im Gegensatz zur objektübergreifenden Clusterung ist damit die Zahl der Cluster nicht statisch, sondern sie schwankt dynamisch mit der Zahl der aktuell gespeicherten Objekte und Subobjekte.

Würde man objektbezogene Cluster grundsätzlich nur für Top-Level-Objekte einer eNF^2-Tabelle (wie z. B. in AIM-P oder DASDBS) anlegen, so würden wieder drei Parameter reichen. Im ersten wird der gemeinsame Name der objektbezogenen Cluster festgelegt. Im zweiten wird das Segment angegeben, in dem die Cluster angelegt werden. Im dritten wird durch Angabe der entsprechenden Record-Typen definiert, welche Records objektbezogen geclustert werden sollen. Nach einer solchen Definition würde implizit für jedes Top-Level-Objekt ein Cluster in dem angegebenen Segment erzeugt. In diesem Cluster würden alle direkt oder indirekt von diesem Top-Level-Objekt abhängenden Records, deren Typ im dritten Paramenter angegeben wurde, gespeichert werden.

Möchte man aber nicht nur Top-Level-Objekte, sondern auch beliebige andere Subobjekte einer eNF^2-Tabelle gezielt in Clustern zusammenfassen, benötigt man einen weiteren Parameter, um Substrukturen spezifizieren zu können. Zur Definition dieses Parameters nutzen wir den Umstand aus, daß in einem Baum ein Teilbaum durch Angabe der Wurzel des Teilbaums spezifiziert werden kann. In der baumartigen Speicherungsstruktur einer eNF^2-Tabelle kann auf diese Weise eine Substruktur durch Angabe eines Record-Typs definiert werden. Bezogen auf die Speicherungsstruktur in Abb. 3.2 könnten beispielsweise die von den *S_Rec*-Records ausgehenden Substrukturen durch Angabe des Record-Typs *S_Rec* spezifiziert werden. Da durch diesen Record-Typ eine Substruktur "identifiziert" wird, nennen wir den Parameter *identifying_record_type*.

Mit diesen vier Parametern ist es nun möglich, beliebige objektbezogene Cluster zu definieren. Das Sprachkonstrukt, mit dem wir solche Cluster definieren, nennen wir *object_cluster_type*. Der Zusatz *type* soll andeuten, daß nicht ein einzelner Cluster, sondern ein Prototyp eines Clusters definiert wird, und daß für jedes einzelne Objekt oder Subobjekt ein eigener Cluster angelegt wird. Die vier Parameter werden in Korrespondenz zur Definition eines *segment_clusters* mit *cluster_type_name*, *segment*, *identifying_record_type* und *member_records* bezeichnet. Seine Syntax (siehe auch Abb. A.1) lautet:

```
cluster_definition =
    object_cluster_type (cluster_type_name        = cluster_type_name_type,
                         segment                  = segment_name_type,
                         identifying_record_type  = record_type_name,
                         member_records           = list_of_record_types).
```

Die Semantik einer solchen Definition ist: Immer wenn bei der Veränderung eines komplexen Objektes ein Record vom Typ *identifying_record_type* (ein sogenannter *identifying_record*) erzeugt wird, wird ein leerer objektbezogener Cluster in dem angegebenen Segment angelegt. In diesem Cluster werden in der Folge alle Records gespeichert, die hierarchisch direkt oder indirekt von dem *identifying_record* abhängen und deren Typ in dem Parameter *member_records* angegeben ist.

Wichtig ist hierbei zu bemerken, daß für eine eNF^2-Tabelle durchaus mehrere Objekt-Cluster-Typen definiert werden können. Außerdem ist es nicht nötig, daß der *identifying_record* in dem Cluster, den er definiert, selbst gespeichert wird.

Am Beispiel der Clusterungsstrukturen von AIM-P und DASDBS sei die Definition objektbezogener Cluster verdeutlicht. Wie in Abschnitt 3.2 ausgeführt und in Abb. 3.2 bereits angedeutet, wird in AIM-P jeweils ein Top-Level-Tupel mit allen seinen Unterstrukturen in einem Cluster gespeichert. Genau diese Clusterung wird durch das folgende Statement definiert:

```
object_cluster_type (cluster_type_name   = Filial_Cluster,
                     segment             = Main,
                     identifying_record_type = S_Rec,
                     member_records      = (S_Rec, P_Rec_1, P_Rec_2,
                                            D_Rec_1, D_Rec_2, D_Rec_3)).
```

Für jeden Record vom Typ *S_Rec* wird ein *Filial_Cluster* im Segment *Main* angelegt. In diesem werden alle Records einer Filiale gespeichert.

In DASDBS ist die Situation etwas anders. Dort werden in den jeweiligen Objekt-Clustern zuerst die Struktur- und dann die Daten-Records gespeichert. Da wir keine Ordnung innerhalb eines Clusters unterstellen, muß diese Struktur durch jeweils zwei Cluster pro Objekt simuliert werden. In dem einen Cluster werden die Struktur- und in dem anderen die Daten-Records gespeichert. Die entsprechenden Definitionen lauten:

```
object_cluster_type (cluster_type_name   = Struct_Rec_Cluster,
                     segment             = Main,
                     identifying_record_type = S_Rec_1,
                     member_records      = (S_Rec_1, S_Rec_2))
```

und

```
object_cluster_type (cluster_type_name   = Data_Rec_Cluster,
                     segment             = Main,
                     identifying_record_type = S_Rec_1,
                     member_records      = (D_Rec_1, D_Rec_2, D_Rec_3)).
```

3.4.4 Vergleich mit bekannten Verfahren

Den Abschluß der Diskussion über benutzerdefinierte Clusterungsstrukturen bildet wieder ein kurzer Vergleich unserer Konzepte mit bereits in der Literatur beschriebenen.

Die vorangegangene Diskussion hat gezeigt, daß mit den in diesem Buch beschriebenen Sprachkonstrukten die Clusterungsstrukturen von AIM-P, DASDBS und XSQL beschrieben werden können. Das gleiche gilt auch (wenn auch hier nicht explizit gezeigt) für IMS, CODASYL und die in Orion verwendete Clusterung. In diesen drei Systemen werden die "Records", aus denen komplexe Strukturen aufgebaut werden, entweder bezüglich ihrer Zugehörigkeit zu hierarchischen Strukturen oder bezüglich ihres Typs zu Clustern zusammengefaßt. Ebenso kann die in [KFC90] entwickelte Clusterungsstruktur definiert werden. Unser Konzept hat dabei in allen Fällen den Vorteil, daß es sehr viel orthogonaler ist. Durch die Entkoppelung der Definition der

Speicherungsstrukturen von der Definition der Clusterungsstrukturen wird nicht (wie z. B. in [KFC90]) mit der Wahl einer bestimmten Speicherungsstruktur automatisch eine bestimmte Clusterungsstruktur festgelegt.

Interessant ist auch der Vergleich mit den in [BD89], [BD90] für O_2 und in [SS89] für das Molekül-Atom-Datenmodell vorgestellten Clusterungsstrategien (vgl. Abschnitt 3.2). In diesen Arbeiten wird vorgeschlagen, hierarchische Substrukturen der prinzipiell vernetzten Objektstrukturen in Clustern zusammenzufassen. Die Mechanismen (in O_2 Placement-Trees genannt), die zur Definition dieser Substrukturen entwickelt wurden, und unsere Methode, objektbezogene Cluster-Typen zu definieren, sind ähnlich. Durch Angabe einer Wurzelklasse bzw. eines *identifying_record_type* und durch Angabe der abhängigen Klassen bzw. Record-Typen wird definiert, wann ein neuer Cluster zu erzeugen ist und welche Objekte bzw. Records in diesem zu speichern sind. Der Unterschied ist, daß einmal die Beziehungen zwischen individuellen Objekten und einmal die Beziehungen zwischen Subobjekten eines Objektes betrachtet werden. Auch hier wird durch die Trennung der Definition der Speicherungsstruktur von der Definition der Clusterungsstruktur die größere Flexibilität erreicht.

3.5   Komplexes Beispiel

In den beiden vorigen Abschnitten wurden Sprachkonstrukte eingeführt, mit denen sowohl die Speicherungs- als auch die Clusterungsstrukturen komplexer Objekte flexibel definiert werden können. Die Mächtigkeit der vorgestellten Konstrukte und Parameter wurde dabei durch die explizite Definition bekannter Strukturen belegt. Der Hauptzweck ist aber, spezialisierte, auf bestimmte Anwendungen abgestellte Speicherungs- und Clusterungsstrukturen zu entwerfen und zu beschreiben. Als ein Beispiel diene die eNF^2-Tabelle mit den Filialdaten in Abb. A.25 im Anhang.

Die Definition einer möglichen Speicherungsstruktur für diese Tabelle ist in Abb. A.3 im Anhang gegeben. Graphisch ist diese Struktur in Abb. A.5, ebenfalls im Anhang, dargestellt. In ihren Entwurf sind zum einem die Überlegungen bezüglich eines "guten" Designs aus Abschnitt 3.1 eingeflossen. Zum anderen war es das Ziel, noch einmal die vielseitigen Gestaltungsspielräume, die unsere Sprachkonstrukte bieten, aufzuzeigen. Von besonderem Interesse dürften die folgenden Punkte sein:

Ein Top-Level-Tupel der Tabelle wird jeweils auf drei Records abgebildet. Sie werden mit *Prim_Rec*, *Sec_Rec* und *Weg_Rec* bezeichnet. Der *Prim_Rec* enthält die Strukturdaten des Tupels. Zusätzlich enthält er, entgegen den sonst üblichen Heuristiken, den Wert eines atomaren Attributs (*F_Nr*). Dadurch kann auf dieses extrem schnell zugegriffen werden. Der *Sec_Rec*-Record nimmt bis auf die Wegbeschreibung die Werte der übrigen atomaren Attribute auf. Die im logischen Datenmodell als tupelwertiges Attribut definierte Adresse wird dazu entschachtelt. Der *Weg_Rec* enthält schließlich entsprechend den Überlegungen in Abschnitt 3.1 den unter Umständen langen Wert des Attributs *Weg*. Explizit beschrieben wird dies in den Zeilen 2, 4, 5 bis 8, 9, 10, 22, 28 und 35 bis 36 der Abb. A.3.

Die Subrelation *Abteilungen* ist analog dem Vorgehen in DASDBS (vgl. Abb. 3.3) implementiert. Entsprechend den Zeilen 10 bis 21 in Abb. A.3 sind die Tupel dieser Subrelation durch ein Zeiger-Array verknüpft, das in dem *Prim_Rec* der jeweiligen Filiale gespeichert wird. Die Zeiger dieses Arrays verweisen auf *Abt_Rec*-Records, welche die vollständigen Strukturdaten jeweils eines komplexen (Abteilungs-) Subtupels enthalten. Aus diesen heraus wird jeweils ein *Data_Rec*-Record mit den atomaren Werten des Subtupels referenziert. Außerdem enthalten sie für jedes Element der Subrelation *Produktgruppen* einen Zeiger auf einen *Prod_Rec*-Record mit den atomaren Werten dieser Elemente.

Im Gegensatz zu den Abteilungsdaten wird die Subrelation *Mitarbeiter* laut den Zeilen 22 bis 27 in Abb. A.3, wie für XSQL (vgl. Abb. 3.4) vorgeschlagen, gespeichert. Die Tupel jeweils einer Ausprägung einer Subrelation werden durch eine doppelt verkettete Liste verknüpft. Die Strukturdaten werden dabei wie in XSQL nicht von den atomaren Werten getrennt.

Die Subliste *Etagen* wird schließlich ähnlich wie in AIM-P (vgl. Abb. 3.2) realisiert. Entsprechend den Zeilen 28 bis 34 in Abb. A.3 wird für jedes Top-Level-Tupel der Filialtabelle ein *Etagen_Rec*-Record erzeugt. Dieser enthält für jedes Element der Liste einen Eintrag mit zwei Zeigern. Der erste verweist auf die atomaren Werte eines *Etagen*-Subtupels. Der zweite Zeiger zeigt auf einen *Auf_Rec*-Record. In diesem Record wird die Matrix, welche die Aufteilung einer Etage beschreibt, entsprechend der Forderung in Abschnitt 3.1 vollständig materialisiert gespeichert.

Insgesamt betrachtet zeigt diese Speicherungsstruktur, daß mit den vorgestellten Sprachkonstrukten Daten gezielt in Records zusammengefaßt bzw. voneinander separiert werden können. Außerdem können verschiedenste Konzepte zur Implementation komplexer Objekte miteinander kombiniert werden.

Ähnliches gilt für die benutzerdefinierte Clusterung der Records. Eine mögliche Clusterung der Filialtabelle ist in Abb. A.4 gegeben und durch die graue Hinterlegung in Abb. A.5 graphisch dargestellt. Das Erwähnenswerte dieser Struktur ist, daß die Records teilweise objektübergreifend und teilweise objektbezogen zu Clustern zusammengefaßt sind. Konkret heißt dies, daß die Daten aller Mitarbeiter, wie in Abschnitt 3.1 gefordert, unabhängig von ihrer Zugehörigkeit zu einem spezifischen Top-Level-Tupel, gemeinsam in einem einzigen *Mitarbeiter_Cluster* gespeichert sind. Das gleiche gilt für den Anker-Record der Tabelle und die *Prim_Rec*-Records mit den Strukturdaten der Top-Level-Tupel. Zur Unterstützung eines schnellen Zugriffs auf Substrukturen sind sie ebenfalls in einem einzigen Cluster, dem *Anker_Cluster*, zusammengefaßt.

Die übrigen Records sind objektbezogen auf Cluster verteilt. Allerdings wird auch hier noch einmal bewußt von der üblichen Heuristik abgewichen. Zum einen wird für jedes Top-Level-Tupel ein objektbezogener Cluster (die sogenannten *Filial_Cluster*) angelegt. Sie enthalten die atomaren Werte der Filialen und die Daten der *Eta-*

gen-Subrelationen. Zum anderen wird aber auch für jedes komplexe Subtupel der Subrelation *Abteilungen* ein eigener objektbezogener Cluster (die sogenannten *Abteilungs_Cluster*) angelegt. Diese nehmen die Records jeweils einer Abteilung auf.

Global gesehen wird eine Clusterungsstruktur realisiert, die insbesondere auf den direkten Zugriff von Substrukturen der eNF^2-Filialtabelle hin optimiert ist. Das Hauptziel war allerdings, mit diesem Beispiel zu zeigen, daß auch die Clusterung der Daten mit unseren Sprachkonstrukten sehr genau gesteuert werden kann.

3.6　Zusammenfassung

In diesem Kapitel haben wir untersucht, wie komplexe Objektstrukturen (eNF^2-Tabellen) flexibel und unter Kontrolle des Anwenders auf physische Speicherungs- und Clusterungsstrukturen abgebildet werden können. Ziel war es, den Entwurf des physischen Schemas vom Entwurf des logischen Schemas zu entkoppeln. Zunächst haben wir die in der Literatur vorgestellten physischen Strukturen für komplexe Objekte betrachtet (Abschnitt 3.2). In diesen Arbeiten werden die Speicherungsstrukturen zumeist nach festen Regeln aus der logischen Objektstruktur abgeleitet. Die Clusterungsstrukturen können hingegen teilweise direkt vom Anwender beeinflußt werden. Ein durchgehendes Konzept, das sowohl die freie Wahl von Speicherungs- als auch von Clusterungsstrukturen beinhaltet, wurde aber, soweit uns bekannt, bisher nicht entwickelt.

In Abschnitt 3.3 haben wir deshalb Konzepte zur benutzergesteuerten Definition von Speicherungsstrukturen entwickelt. Zunächst haben wir dazu zwei orthogonale Freiheitsgrade bei der Abbildung komplexer Objekte auf Records herausgearbeitet. Dies ist einmal die Wahl einer geeigneten Konstruktordatenstruktur zur Implementation von Mengen und Listen bzw. von Tupeln. Zum zweiten ist dies die Entscheidung, ob die Elemente bzw. Attribute direkt in der Konstruktordatenstruktur (materialisierte Speicherung) oder aber in referenzierten Records gespeichert werden. Um diese Freiheitsgrade unabhängig voneinander kontrollieren zu können, haben wir anschließend jeweils zwei orthogonale Parameter zur Beschreibung der Implementation von Mengen und Listen und von Tupeln entworfen. Mit diesen Parametern kann die systeminterne Speicherungsstruktur komplexer Objekte, d. h. deren Abbildung auf Records, explizit definiert werden. Die Wahl einer spezifischen Repräsentation beeinflußt dabei die logische Struktur des Objektes in keiner Weise. Insbesondere müssen Anfragen und Anwendungsprogramme niemals an die jeweilige Speicherungsstruktur angepaßt werden. Damit kann für eine gegebene logische Objektstruktur die im jeweiligen Anwendungsszenario "beste" physische Implementation frei gewählt und, wenn nötig, zur Verbesserung der Performanz nachträglich auch (unter Umladen der Daten) geändert werden.

In unserem Ansatz wollten wir aber nicht nur die Speicherungsstrukturen, sondern auch die Clusterungsstrukturen, d. h. die Verteilung der Records auf den Hintergrundspeicher, definieren können. Ansonsten besteht die Gefahr, daß auf Grund einer

ungünstigen Verteilung mit jedem Record-Zugriff ein Plattenzugriff ausgelöst wird.
In Abschnitt 3.4 haben wir deshalb zwei prinzipielle Vorgehensweisen, eine eNF^2-
Tabelle in Cluster aufzuteilen, erarbeitet. Bei der von uns als *objektübergreifend* bezeichneten Clusterung werden mit der Erzeugung einer eNF^2-Tabelle ein oder auch
mehrere Segment-Cluster angelegt. Auf diese werden die Records abhängig von ihrem
Typ, aber unabhängig von ihrer Objektzugehörigkeit verteilt. Alternativ dazu werden die Records bei der von uns als *objektbezogen* bezeichneten Clusterung bezüglich
ihrer Objekt- oder Subobjektzugehörigkeit auf Cluster aufgeteilt. Dazu wird für jedes Objekt oder Subobjekt einer Tabelle ein (oder auch mehrere) Cluster erzeugt.
In diesen Clustern werden dann die Records des jeweiligen Objektes oder Subobjektes gespeichert. Wie in Abschnitt 3.5 exemplarisch gezeigt, ergänzen sich die beiden
Clusterungskonzepte und können sogar innerhalb einer eNF^2-Tabelle sinnvoll kombiniert werden. In den Abschnitten 3.4.2 und 3.4.3 haben wir deshalb Sprachkonzepte
entwickelt, mit denen beide Arten der Clusterung – auch in Kombination – definiert
werden können. Damit ist es uns gelungen, die sonst zumeist verwendete, rein objektorientierte Clusterung zu durchbrechen und den Gestaltungsspielraum auch beim
Entwurf von Clusterungsstrukturen deutlich zu erweitern.

Insgesamt haben wir mit den in diesem Kapitel vorgestellten Sprachkonstrukten und
Parametern ein durchgängiges Konzept geschaffen, mit dem die physische Implementation komplexer Objekte frei definiert werden kann. Die Allgemeingültigkeit der Vorschläge zeigt sich darin, daß eine Vielzahl verschiedenster existierender Speicherungs-
und Clusterungsstrukturen "nachgebaut" werden kann. Darüber hinaus können auf
Grund der Orthogonalität der Konzepte für ein und dasselbe logische Objekt unterschiedlichste, zum Teil vollkommen neue, auf spezielle Anwendungen abgestimmte
Strukturen definiert werden. Die Entscheidung für eine bestimmte Implementation
wirkt sich dabei niemals auf die logische Struktur des Objektes aus. Sie beeinflußt
nur die Performanz des Systems. Die Ergebnisse sind dabei nicht nur in Systemen,
die reine NF^2- oder eNF^2-Tabellen verwalten, einzusetzen, sondern überall dort, wo
hierarchisch strukturierte Objekte, wie zum Beispiel die *composite objects* in Orion
(Abschnitt 2.4.1) oder die komplexen Objekte in O_2, GOM oder C++ Systemen
(Abschnitte 2.4.2, 2.4.3 und 2.4.5), verwaltet und gespeichert werden.

Kapitel 4

Pfadindexe zur Auswertung von Prädikaten

4.1   Einführung

Das zweite zentrale Thema dieses Buchs behandelt die Frage, wie im Umfeld komplex strukturierter Objekte Indexe eingesetzt werden können. Im einzelnen müssen in diesem Zusammenhang die folgenden Fragen gelöst werden:

1. Welche Informationen sollen in einem Index gespeichert werden?

2. Welche Operationen sollen auf einem Index ausführbar sein?

3. Wie können Prädikate in komplexen Anfragen, die gleichzeitig aus mehreren in sich geschachtelten Mengen und Listen (= komplexes Objekt) Elemente selektieren, mit Indexen ausgewertet werden?

4. Gibt es Verfahren, die in einer konkreten Situation einsetzbare Indexe erkennen und diese automatisch in die Anfrageauswertung integrieren?

Für den Fall, daß aus einer einzelnen Menge – z. B. einer Relation in erster Normalform – Elemente bezüglich bestimmter Werte zu selektieren sind, sind diese Fragen seit langem geklärt. Ausführliche Darstellungen finden sich z. B. in [SAC+79] oder [JK84]. Ein kurzer Überblick wird in Abschnitt 4.2.1 gegeben.

Im Fall komplexer Objekte wurden diese Fragen (zumindest im Zusammenhang) noch nicht beantwortet. Um die Problematik zu erkennen, betrachte man die folgenden drei sehr unterschiedlichen Anfragen, die sich auf die Filialtabellen in Abb. 3.1 bzw. Abb. 4.8 beziehen und die drei typische Anfragetypen repräsentieren.

Beispielanfrage 4.1:

```
{ x | ∃ f: (f in Filialen                                        and    [1]
          f.Fläche = 10000                                       and    [2]
          x.F_Nr = f.F_Nr                                        and    [3]
          x.Abteilungen = { y | ∃ a: (a in f.Abteilungen         and    [4]
                          a.Note = 2                             and    [5]
                          y.A_Nr = a.A_Nr                        and    [6]
                          y.A_Name = a.A_Name )})}                       [7]
```

Beispielanfrage 4.2:

```
{ y | ∃ f, a: (f in Filialen and a in f.Abteilungen and                 [1]
          a.Note = 4 and                                                [2]
          y.A_Nr = a.A_Nr and y.A_Name = a.A_Name)}                     [3]
```

Beispielanfrage 4.3:

```
{ x | ∃ f: (f in Filialen and                                           [1]
          ∃ a: (a in f.Abteilungen and a.Note = 4) and                  [2]
          x.F_Nr = f.F_Nr and x.Fläche = f.Fläche)}                     [3]
```

Die Beispielanfrage 4.1 ist ein typisches Beispiel für eine strukturerhaltende Selektionsanfrage. In der äußeren Anfrage selektiert sie aus der NF^2-Relation *Filialen* in Abb. 3.1 bzw. Abb. 4.8 diejenigen Filialen, die eine Fläche von 10000 haben (Zeile 2). Von diesen Filialen gibt sie die *F_Nr* aus (Zeile 3). Außerdem bestimmt sie mit der inneren Teilanfrage (Zeilen 4 bis 7) zu jeder dieser Filialen die Menge der Abteilungen mit der Note 2 (Zeile 5). Von diesen Abteilungen liefert sie die *A_Nr* und den *A_Namen* zurück (Zeilen 5 und 6). Das Ergebnis der Anfrage ist eine NF^2-Relation, die in ihrer Struktur weitestgehend der Ausgangsrelation entspricht. Der Unterschied ist nur, daß in der Ergebnisrelation die Attribute *Fläche* und *Note* und die Subrelation *Produktgruppen* durch Projektion ausgeblendet sind. Die Beispielanfrage 4.2 ist ein Beispiel dafür, wie Tupel direkt aus einer Subrelation selektiert werden können. Die Anfrage sucht alle Abteilungen mit der Note 4 (Zeile 2), unabhängig davon, welcher Filiale sie angehören. In das Ergebnis, das eine 1NF-Relation ist, schreibt sie die *A_Nr* und den *A_Namen* dieser Abteilungen (Zeile 3). Die Beispielanfrage 4.3 ist schließlich eine Anfrage mit einem Existenzprädikat. Sie wählt alle Filialen aus, die mindestens eine Abteilung mit der Note 4 (Zeile 2) besitzen. Von diesen liefert sie die *F_Nr* und die *Fläche* in einer 1NF-Relation zurück.

Alle in den drei Anfragen verwendeten Selektionsprädikate können mit geeigneten Indexen ausgewertet werden. Die Art, wie die Indexe hierbei eingesetzt werden, ist, wie sich in Abschnitt 4.4 noch zeigen wird, jedoch sehr unterschiedlich. Entwickelt man deshalb für jeden Anfragetyp (und es gibt noch viele weitere) eigene Auswertstrategien, so müssen bei der Optimierung der Anfragen, bei der die jeweils günstigste Strategie generiert werden muß, viele verschiedene Fälle und Sonderfälle unterschieden werden. Dies führt unweigerlich zu einer nicht mehr beherrschbaren Komplexität des Optimierers.

Bei der Erstellung unseres Konzeptes war es daher das Ziel, möglichst allgemeingültige, in vielen Situationen anwendbare Lösungen zu entwickeln. Nur so ist es (aus unserer Sicht) möglich, einen überschaubaren Optimierer, in dem mit wenigen Regeln die unterschiedlichsten Anfragetypen transformiert werden können, zu entwerfen. Außerdem haben wir darauf geachtet, daß die Funktionalität des Index-Managers (Fragen 1 und 2) auf die beabsichtigten Auswertstrategien (Frage 3) abgestimmt ist und daß die Strategien mit vertretbarem Aufwand generiert werden können (Frage 4). Wird auf den letzten Punkt nicht geachtet, besteht die Gefahr, daß zwar für die unterschiedlichsten Situationen spezielle Strategien entwickelt werden, daß aber die jeweiligen Anfragetransformationen nicht allgemeingültig angegeben werden können oder aber so schwer zu erkennen und auszuführen sind, daß sie nicht von einem (überschaubaren) Optimierer durchgeführt werden können. Daß dies ein echtes Problem ist, zeigt sich bereits am relationalen Datenmodell. Von Anfang an wurden viele verschiedene Vorschläge zur Auswertung von Anfragen gemacht, von denen einige erst jetzt oder noch gar nicht in größerem Umfang eingesetzt werden.

In unserem Vorschlag wird eine komplexe Anfrage (wie z. B. die Beispielanfrage 4.1) zuerst in die Teilanfragen, aus denen sie aufgebaut ist, zerlegt. Für jede Teilanfrage und jedes Prädikat wird dann geprüft, ob und gegebenenfalls wie die in ihnen enthaltenen Prädikate durch Indexe ausgewertet werden können. Eine wichtige Eigenschaft dieses Konzeptes ist, daß für jede Teilanfrage und jedes einzelne Prädikat unabhängig geprüft werden kann, ob und wie ein Index eingesetzt werden kann. So ist es möglich, verschiedenartigste komplexe Anfragen mit wenigen Regeln zu transformieren. Voraussetzung für dieses Vorgehen ist, daß auf Subobjekte einer Tabelle stets hierarchisch absteigend, beginnend bei den Top-Level-Tupeln, zugegriffen wird. Pläne, in denen direkt unter Umgehung der hierarchischen Strukturen auf Subobjekte zugegriffen wird, sind nicht möglich. Diese Einschränkung erscheint uns akzeptabel, da beim direkten hierarchischen Abstieg zu einem Subobjekt im Vergleich zum direkten Zugriff zusätzlich nur Teile der Strukturinformation gelesen werden müssen. Wird diese, wie in vielen Speicherungsstrukturen üblich (vgl. Kapitel 3), getrennt von den eigentlichen Datenstrukturen gespeichert, so erfordert der hierarchische Abstieg nur einen zusätzlichen Seitenzugriff. Bedenkt man, daß typische direkte Adressierungstechniken, wie das TID-Verfahren oder das Surrogat-Verfahren, zur Bestimmung der aktuellen Adresse eines Objektes im Einzelfall ebenfalls zusätzliche Seitenzugriffe erfordern, erkennt man, daß der zusätzliche Aufwand beim hierarchischen Abstieg relativ gering ist. Zusätzlich ergeben sich aus dem stets hierarchischen Zugriff weitere Vorteile. Zwei sind, daß die Identifier von Subobjekten nur lokal eindeutig sein müssen und daß die verwendeten Pfadindexe einfacher fortgeschrieben werden können. Ein dritter Vorteil liegt etwas außerhalb dieses Buchs. In [Her91] wurden Sperrverfahren für hierarchisch strukturierte Objekte entwickelt, die ebenfalls den hierarchischen Abstieg erfordern und somit bei unserem Verfahren zum Einsatz kommen können.

Im folgenden werden wir unser Konzept zum Einsatz von Indexen vorstellen. In Abschnitt 4.3 wird aufgezeigt, welche Informationen in universell einsetzbaren Indexen gespeichert und wie diese beim Zugriff aufbereitet werden sollten. Das heißt, es werden die Fragen 1 und 2 beantwortet. In Abschnitt 4.4 werden dann die Fragen 3 und 4 behandelt. Es wird gezeigt, wie mit den Indexen Prädikate in komplexen Anfragen ausgewertet und wie die dazu notwendigen Anfragetransformationen durchgeführt werden können. Zuvor werden in Abschnitt 4.2 die bereits in der Literatur diskutierten Konzepte dargestellt. Die Diskussion konzentriert sich dabei auf Vorschläge für die Datenmodelle und Systeme aus Kapitel 2.

4.2 Überblick über Methoden des Indexeinsatzes

4.2.1 Indexeinsatz in relationalen Systemen

Bei der Entwicklung relationaler Systeme wurden die vier Fragen nach Art und Einsatz von Indexen und Methoden der Anfragetransformation ausführlich diskutiert (siehe z. B. [SAC+79], [Kim81], [JK84]). Die entwickelten Konzepte finden sich heute in vielen kommerziellen Systemen, wie Oracle, Ingres und DB2, wieder und können zum Teil auch auf nicht relationale Systeme übertragen werden.

Ein Index wird in relationalen Systemen (fast) immer bezüglich genau einer Relation erzeugt. Wie in Abb. 4.1 gezeigt, wird konzeptuell in einem Index für jedes Tupel ein Eintrag der Form (*Attributwert*, *Identifier*) gespeichert. Sofern atomare Attributwerte zu invertieren sind, werden in den meisten Fällen B- [BM72] oder B*-Bäume [Wed74] zur Implementation verwendet. Andere Implementationskonzepte wurden entworfen, um Zeichenketten (z. B. [KSW79], [Fal85]), mehrdimensionale Daten (z. B. [NHS84]) oder räumliche Daten (z. B. [Gut84]) zu indexieren.

Unabhängig von dem zur Implementation verwendeten Verfahren und der tatsächlichen Realisierung werden intern zum Zugriff auf die Indexe mindestens Funktionen zur Formulierung der Anfrage an den Index und zum Zugriff des Ergebnisses implementiert:

index_access (index: zugegriffener Index,
            predicate: auszuwertendes Prädikat): index_result

get_first_ID (index_result): identifier
get_next_ID (index_result): identifier

Durch die erste Funktion wird dem Index-Manager mitgeteilt, auf welchen Index zugegriffen und welches Prädikat ausgewertet werden soll. Die Art der Prädikate, die hierbei angegeben werden können, hängt von der Art des angefragten Index ab. Mit den Funktionen *get_first_ID* und *get_next_ID* werden danach die Identifier der Tupel, die das Prädikat erfüllen, abgefragt. Die Reihenfolge, in der die Identifier zurückgeliefert werden, hängt von der Implementation des Index ab. Beispielsweise wird bei

{Filialen}				
ID	F_Nr	Stadt	Straße	Fläche
0	1	Ulm	Olgastraße	10000
1	2	HH	Spitalerstraße	20000
2	3	HH	Jungfernstieg	30000

{Stadt_Index}	
Stadt	ID
HH	2
HH	3
Ulm	1

Abb. 4.1: Relation in erster Normalform mit Index

einem B- und B*-Baum angenommen, daß die Identifier in auf- oder absteigender Sortierreihenfolge der korrespondierenden indexierten Attributwerte zurückgegeben werden.

Die wichtigsten Methoden, einen Index zur Auswertung von Selektionsprädikaten einzusetzen, sind der *Index-Scan* und der *Index-Merge-Scan*. Beim Index-Scan wird eine Anfrage wie

$\{$ f $\mid$ f in Filialen and f. Stadt = 'HH' $\}$

ausgewertet, indem zuerst der Index (Abb. 4.1) angefragt und dann auf die Tupel über die vom Index gelieferten Identifier direkt zugegriffen wird. Beim Index-Merge-Scan werden zwei oder mehr durch "*und*" verknüpfte Prädikate durch zwei oder mehr Indexe ausgewertet. Eine Anfrage wie

$\{$ x $\mid$ x in relation and p(x) and q(x) $\}$,

wobei die Prädikate $p(x)$ und $q(x)$ durch Indexanfragen auswertbar sein sollen, würde berechnet werden, indem zuerst die Prädikate $p(x)$ und $q(x)$ durch Indexanfragen ausgewertet, danach die Schnittmenge zwischen den beiden gefundenen Identifier-Mengen gebildet und danach die Tupel, deren Identifier in der Schnittmenge liegen, zugegriffen werden.

Außer um Selektionsprädikate zu berechnen, werden Indexe auch verwendet, um Join-Prädikate auszuwerten. Ein Beispiel ist die Anfrage

```
{ x | ∃ f, a: (f in Filialen          and
              a in Abteilungen        and
              f.F_Nr    = a.F_Nr      and
              x.Stadt   = f.Stadt     and
              x.Umsatz = a.Umsatz )},
```

die sich auf die Filial- und die Abteilungsrelation in den Abbildungen 2.1 und 2.2 bezieht. Üblicherweise wird eine solche Anfrage mit dem *Nested-Loop-* oder dem *Sort-Merge-Verfahren* ausgewertet.

Beim Nested-Loop-Verfahren wird eine der beiden Relationen als sogenannte *äußere* und die andere als *innere* Relation gewählt. Bei Ausführung der Anfrage wird die äußere Relation einmal sequentiell gelesen. Für jedes Tupel der äußeren Relation wird der Join berechnet, indem die innere Relation jeweils einmal sequentiell gelesen

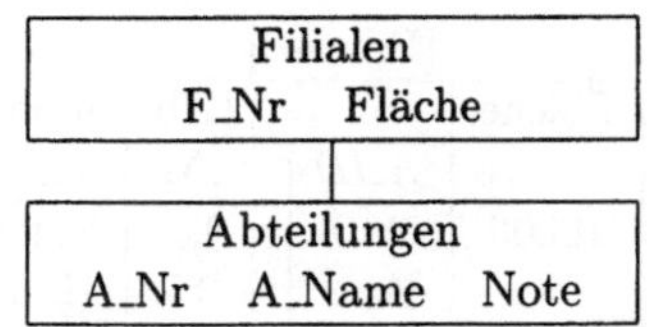

Abb. 4.2: Hierarchische Struktur in IMS

wird. Bei dieser Strategie kann ein Index eingesetzt werden, um auf die Tupel der inneren Relation direkt zuzugreifen.

Beim Sort-Merge-Verfahren werden zuerst beide Relationen bezüglich der an dem Join-Prädikat beteiligten Attribute sortiert. Danach werden die Relationen "parallel" durchlaufen und dabei das Join-Prädikat ausgewertet. Bei diesem Verfahren können Indexe, welche die Join-Attribute invertieren, verwendet werden, um eine oder beide Relationen sequentiell zu lesen und so die Sortierung der Relationen zu sparen.

Des weiteren werden im System R Indexe verwendet, um alle Tupel einer Relation zu lesen. In diesem System werden standardmäßig die Tupel mehrerer Relationen untereinander vermischt in einem Segment gespeichert, wobei die Tupel der einzelnen Relationen nicht miteinander verbunden werden. Dadurch können die Tupel einer Relation nur gelesen werden, indem entweder auf alle Tupel in dem Segment zugegriffen wird oder indem ein Index (gegebenenfalls ohne Prädikat) angefragt wird und so die Identifier der Tupel der Relation bestimmt werden.

4.2.2 Indexeinsatz in anderen Systemen

Während in relationalen Systemen stets Tupel in erster Normalform indexiert werden, werden in den nun betrachteten Lösungen strukturierte Daten invertiert. Das wohl älteste System, in dem hierarchisch strukturierte Daten gespeichert werden und in dem Indexe zum Einsatz kommen, ist IMS (s. Abschnitt 2.2.4 und [IMS77], [IMS86]). In IMS kann über jedes Feld eines jeden Segmenttyps ein Index aufgebaut werden. Indexe über Felder eines Top-Level-Segmenttyps (in Abb. 4.2 also über *F_Nr* oder *Fläche*) entsprechen den Indexen in relationalen Systemen. Interessanter sind Indexe über Felder von Nicht-Top-Level-Segmenttypen, wie z. B. *A_Nr*, *A_Name* und *Note*. Diese Indexe enthalten für jedes Segment des entsprechenden Typs einen Eintrag. In diesen Einträgen werden der Wert des indexierten Feldes und die Adresse eines Segments gespeichert. Bezüglich des Adreßeintrags hat der Anwender die Wahl, ob die Adresse des indexierten Segments oder aber eines hierarchisch übergeordneten Segments auf dem Pfad von dem Top-Level-Segment zu dem indexierten Segment eingetragen wird. Ein Index auf dem Feld *Note* kann beispielsweise Adressen von Filial- oder von Abteilungssegmenten enthalten. Die Wahl des Adreßeintrags hat dabei starken Einfluß auf die Art, wie Anfragen mit dem Index ausgewertet werden können. Beispielsweise kann die Beispielanfrage 2 mit einem Index auf dem Feld *Note* nur ausgewertet werden, wenn der Index die Adressen von Abteilungssegmenten

{Filialen}						
F_ID	F_Nr	Fläche	{Abteilungen}			
			A_ID	A_Nr	A_Name	Note
F_0	1	10000	A_0	1	Spielzeug	2
			A_1	2	Haushalt	4
F_1	2	20000	A_2	6	Spielzeug	2
			A_3	7	Haushalt	2

Abb. 4.3: Filialtabelle mit eindeutigen Identifiern

Noten_Index		
Note	F_ID	A_ID
2	F_0	A_0
2	F_1	A_2
2	F_1	A_3
4	F_0	A_1

Noten_Index		
Note	{Filial_IDs}	
	F_ID	{Abteilungs_IDs}
		A_ID
2	F_0	A_0
	F_1	A_2
		A_3
4	F_0	A_1

Abb. 4.4.a: Relationale Darstellung   Abb. 4.4.b: NF^2-Darstellung

Abb. 4.4: Pfadindex auf dem Attribut *Note* der NF^2-Filialtabelle in Abb. 4.3

enthält. Umgekehrt benötigt die Beispielanfrage 3 die Adressen von Filialsegmenten. Die Beispielanfrage 1 kann mit Indexen dieser Art überhaupt nicht ausgewertet werden. Dabei muß der Anwender in seinen Programmen die aus seiner Sicht günstigste Auswertstrategie stets selbst auswählen und programmieren, da es in IMS keine deskriptive Anfragesprache und keine automatische Optimierung gibt.

Für das NF^2- und das eNF^2-Datenmodell wurden ebenfalls einige Vorschläge zur Indexierung der Relationen bzw. Tabellen gemacht. In [SS83] wird im Rahmen des DASDBS-Projektes vorgeschlagen, Indexe konzeptuell als NF^2-Relationen darzustellen. Dazu wird angenommen, daß jedes Tupel der Top-Level-Relation und der Subrelationen einen relationenweit eindeutigen Identifier besitzt. In der Filialtabelle in Abb. 4.3 sind diese in die zusätzlichen Spalten *F_ID* und *A_ID* eingetragen. Ein Index auf einem Attribut einer Subrelation[1] enthält wieder für jedes Subtupel einen Eintrag mit dem Wert des indexierten Attributs und der "Adresse" des Subtupels. Als Adresse werden aber nicht nur der Identifier des Subtupels, sondern die Identifier aller Tupel auf dem hierarchischen Pfad von dem zugehörigen Top-Level-Tupel zu dem Subtupel in den Index eingetragen.

Ein solcher häufig als *Pfadindex* bezeichneter Index ist in Abb. 4.4.a für das Attribut *Note* dargestellt. Durch Nestung entlang der Attribute eines solchen Index entsteht die in [SS83] eingeführte NF^2-Darstellung des Index. Für das Attribut *Note* ist der entsprechende Index in Abb. 4.4.b dargestellt. Wird ein Index als NF^2-Relation auf-

---

[1] Indexe auf Attributen von Top-Level-Relationen werden hier nicht weiter betrachtet, da sie konzeptuell den Indexen im relationalen Modell entsprechen.

gefaßt, so kann wie in [SS83] die Auswertung einer Anfrage mit einem Index durch einen Algebra-Ausdruck repräsentiert werden.

In [DKA$^+$86] wird im Rahmen von AIM-P an ausgewählten Beispielen diskutiert, welche Adreßinformation in Indexen, die Subrelationen invertieren, gespeichert werden sollte. Verglichen werden Pfadindexe, die, wie der *Noten_Index* in Abb. 4.4.a, die gesamten Adreßpfade zu den Subtupeln speichern, mit Indexen, die, ähnlich wie in IMS, nur die Adressen der indexierten Subtupel oder nur die Adressen der übergeordneten Top-Level-Tupel enthalten. Da mit den IMS-ähnlichen Indexen jeweils nur ein Teil der betrachteten Anfragen (s. Diskussion der Indexierung in IMS), mit Pfadindexen aber alle betrachteten Anfragen ausgewertet werden können, wird in [DKA$^+$86], wie in [SS83], gefordert, in Indexen über Subrelationen stets den gesamten Adreßpfad zu speichern.

Für objektorientierte Systeme wurden ebenfalls die Definition, Implementation und der Einsatz von Indexen diskutiert. Betrachtet werden zumeist Anfragen, die aus einer Menge oder Klasse Objekte selektieren und deren Prädikate Pfadausdrücke oder Existenzprädikate sind (s. Abschnitt 2.4.1). Der Übersichtlichkeit halber werden dabei vorwiegend Pfadausdrücke betrachtet, die keine mengenwertigen Objekte traversieren. Für die folgende Diskussion wird deshalb in Abb. 4.5 das Beispiel der Filialen um Lager und deren Verwalter erweitert. Zusätzlich sind (für den Anwender unsichtbare) eindeutige Objekt-Identifier (*F_ID*, *A_ID*, *L_ID* und *V_ID*) eingetragen. Bezogen auf dieses Beispiel lautet eine typischerweise betrachtete Anfrage:

{ f | f in Filialen and f.Lager.Verwalter.Name = 'Maier' }

In dieser Anfrage werden Filialen gesucht, deren Lager von einem Verwalter mit dem Namen 'Maier' geleitet werden, d. h. es werden Filialobjekte gesucht, die indirekt bestimmte Verwalterobjekte referenzieren.

In [MS86] und [BK89] werden im Rahmen von GemStone und Orion (s. Abschnitt 2.4.1) drei Arten von Indexen zur Auswertung solcher Anfragen diskutiert. Ein *Nested-Index* wird jeweils für eine *Start-* und eine *Zielklasse* aufgebaut. Für jeden vollständigen Pfad, der in einem Objekt der Startklasse beginnt und in einem Objekt der Zielklasse endet, wird ein Indexeintrag in den Index aufgenommen. Dieser Eintrag enthält den Identifier des Startobjektes und den indexierten Attributwert des Zielobjektes. Bezogen auf Abb. 4.5 heißt das, daß ein Nested-Index mit *Filialen* als Start- und *Verwalter* als Zielklasse, der das Attribut *Name* indexiert, nur den Eintrag ($\underline{Name} = $ Maier, *F_ID* $= 10)^2$ enthalten würde. Dieser Eintrag repräsentiert den einzigen vollständigen Pfad zwischen einem Filial- und einem Verwalterobjekt. Ein Nested-Index entspricht damit einem Index in IMS bzw. den in [DKA$^+$86] diskutierten Indexen, die nur die Adressen der Top-Level-Tupel enthalten.

Als Vorteil eines Nested-Index wird in [BK89] genannt, daß die Indexeinträge sehr klein sind, so daß viele auf eine Speicherseite passen. Als Nachteil wird wieder aufgeführt, daß nur Anfragen, die Objekte aus der Startklasse selektieren, beantwortet

---

^{2} Die Unterstreichung deutet an, daß in dem Index assoziativ nach Namen gesucht werden kann.

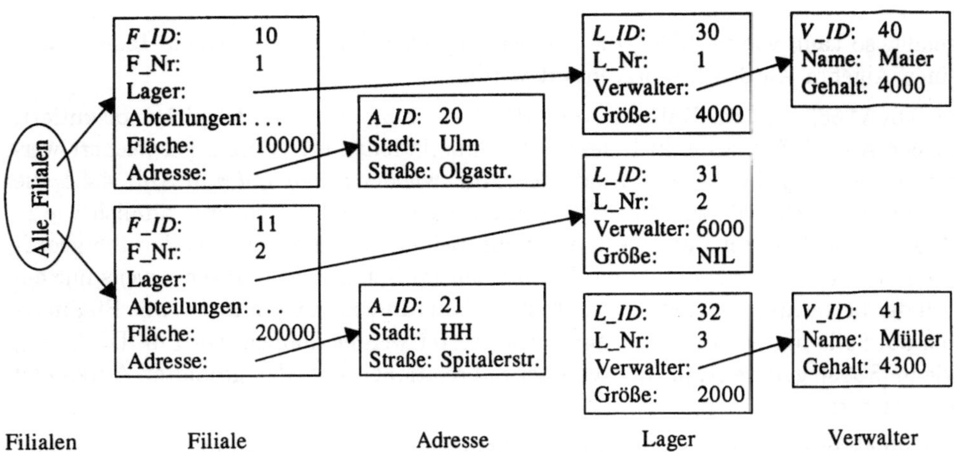

Abb. 4.5: Beispiel der Filialen in Abb. 2.12 erweitert um Lager und deren Verwalter

werden können. Außerdem ist die Fortschreibung eines solchen Index im Umfeld objektorientierter Systeme sehr aufwendig. Wird in dem Beispiel in das Lagerobjekt mit der $L\_Nr = 2$ ein Verweis auf ein (neues) Verwalterobjekt eingetragen, so muß ein neuer Indexeintrag erzeugt werden. Hierzu muß das entsprechende Startobjekt in der Filialklasse gesucht werden. Dies ist recht aufwendig, wenn, wie in objektorientierten Systemen üblich, keine Rückwärtsreferenzen geführt werden.

Als zweite Indexart werden wieder Pfadindexe diskutiert. In objektorientierten Systemen werden diese zwischen einer Start- und einer Zielklasse aufgebaut. Wie in Pfadindexen im NF^2-Datenmodell enthalten die Indexeinträge die Identifier aller an dem jeweiligen Pfad beteiligten Objekte. Der Unterschied ist, daß Indexeinträge nicht nur für vollständige Pfade zwischen der Start- und der Zielklasse, sondern für alle Pfade, die in einem Objekt der Zielklasse enden, erzeugt werden. Ein Pfadindex mit *Filialen* als Start- und *Verwalter* als Zielklasse würde also die folgenden Einträge enthalten[3]:

$$(\underline{Name = Maier},\quad F\_ID = 10,\ L\_ID = 30,\ V\_ID = 40)$$
$$(\underline{Name = Müller},\quad \text{—}\quad ,\ L\_ID = 31,\ V\_ID = 41)$$

Als Vorteil eines Pfadindex wird genannt, daß er sehr flexibel eingesetzt werden kann. Alle Anfragen, die Objekte aus einer der Klassen auf dem Pfad von der Start- zur Zielklasse selektieren, können beantwortet werden. Ein kleiner Nachteil ist, daß die Indexeinträge größer als beim Nested-Index sind. Ein größerer Nachteil ist, daß im Zusammenhang von objektorientierten Systemen das Fortschreiben eines Pfadindex ähnlich aufwendig wie beim Nested-Index ist. Zwar lassen sich existierende Indexeinträge (dann können die beteiligten Objekte teilweise im Index ermittelt werden) leichter als in einem Nested-Index fortschreiben; wenn aber ein neuer Indexeintrag

---

[3] In dem Index könnte wieder assoziativ nach Namen gesucht werden.

L_ID	F_ID
30	10
31	11

V_ID	L_ID
40	30
41	32

Name	V_ID
Maier	40
Müller	41

Identity-Index auf der Klasse *Filialen*

Identity-Index auf der Klasse *Lager*

Wertindex auf der Klasse *Verwalter*

Abb. 4.6: Multi-Index auf *Name* mit Startklasse *Filialen* und Zielklasse *Verwalter*

angelegt werden muß, müssen wie beim Nested-Index Referenzen rückwärts verfolgt werden.

Die dritte diskutierte Indexart sind *Multi-Indexe*. Hierbei wird nicht ein Index für einen Pfad zwischen einer Start- und einer Zielklasse angelegt, sondern ein Index für jede Objektklasse, die an dem Pfad beteiligt ist. Der Index auf der Zielklasse ist ein einfacher Wertindex, der für jedes Objekt der Klasse einen Eintrag mit dem indexierten Attributwert und dem Identifier des Objekts enthält. Die Indexe auf den übrigen Klassen des Pfades sind sogenannte *Identity-Indexe*, durch die Objektreferenzen rückwärts verfolgt werden können. Ein Identity-Index enthält für jedes Objekt der Klasse einen Eintrag mit dem Identifier eines referenzierten Objekts und dem eigenen Identifier. Der Index ist dabei so aufgebaut, daß assoziativ nach den Identifiern der referenzierten Objekte gesucht werden kann. Der Multi-Index, der dem zuvor diskutierten Pfadindex entspricht, ist in Abb. 4.6 gezeigt[4].

Mit einem solchen Index wird die obige Suche nach der Filiale, deren Lager vom Verwalter "Maier" geleitet wird, wie folgt beantwortet: Zuerst wird der Wertindex mit dem Prädikat *Name = Maier* angefragt. Danach wird auf den Identity-Index auf der Klasse *Lager* mit dem Prädikat $V\_ID = 40$ zugegriffen. Schließlich wird die gesuchte Filiale mit einer Anfrage mit dem Prädikat $L\_ID = 30$ an den Index auf der Klasse *Filiale* ermittelt.

Der Vorteil eines Multi-Index ist, daß seine Verwaltung sehr einfach ist. Insbesondere können die einzelnen Indexe fortgeschrieben werden, ohne daß Referenzen - weder vorwärts noch rückwärts - verfolgt werden müssen. Außerdem müssen Pfade, die in mehreren Indexen auftreten, nur einmal erfaßt werden. Der Nachteil ist, daß zur Auswertung eines Pfadausdrucks entsprechend der Länge des Pfades stets auf mehrere Indexe mit entsprechend hohen Kosten zugegriffen werden muß.

Das Fazit des Vergleichs der drei Indexarten in [BK89] ist, daß beim Antwortverhalten der Nested-Index und der Pfadindex dem Multi-Index überlegen sind. Insbesondere sind die Antwortzeiten beim Nested-Index und beim Pfadindex unabhängig von der Pfadlänge, da stets nur ein Index anzufragen ist. Das Update-Verhalten ist hingegen beim Nested-Index deutlich besser als bei den anderen Verfahren. Insbesondere wegen der Schwierigkeiten beim Fortschreiben der Nested-Indexe und der Pfadindexe werden in GemStone [MS86], Orion [KKD89] und O_2 [Deu90] Multi-Indexe verwendet.

---

[4] In den Indexen kann assoziativ nach *L_ID*, *V_ID* bzw. *Name* gesucht werden.

In [KM90a], [KM90b] und [Kem92] werden Pfadindexe im Rahmen des objektorientierten Datenbanksystems GOM (s. Abschnitt 2.4.3) untersucht. Formal werden diese Indexe als sogenannte *Zugriffsrelationen* (engl. *access support relations*), ähnlich wie in Abb. 4.4.a, dargestellt. Der Unterschied zu dem Ansatz in [BK89] ist, daß bei der Definition einer Zugriffsrelation (= Pfadindex) für eine Startklasse, eine Zielklasse und einen indexierten Attributwert explizit angegeben werden kann, ob nur vollständige Pfade zwischen den Objekten der Start- und der Zielklasse oder auch Teilpfade in die Zugriffsrelation aufgenommen werden sollen. Dazu werden vier *Index-Extensionen* unterschieden:

Kanonische Extension: Der Index enthält alle Pfade, die in einem Objekt der Startklasse beginnen und in einem Objekt der Zielklasse enden. Ein Index für das Beispiel in Abb. 4.5 mit der Startklasse *Filialen* und der Zielklasse *Verwalter* auf dem Attribut *Name* würde nur den folgenden Eintrag enthalten:

$$(\text{F\_ID} = 10,\ \text{L\_ID} = 30,\ \text{V\_ID} = 40,\ \text{Name} = \text{Maier})$$

Linksvollständige Extension: In den Index werden alle Pfade auf dem Weg von der Start- zur Zielklasse aufgenommen, die in einem Objekt der Startklasse beginnen, aber nicht notwendigerweise bis zu einem Objekt der Zielklasse reichen. In dem Beispiel wären dieses die Pfade:

$$(\text{F\_ID} = 10,\ \text{L\_ID} = 30,\ \text{V\_ID} = 40,\ \text{Name} = \text{Maier})$$
$$(\text{F\_ID} = 11,\ \text{L\_ID} = 31,\qquad -\ ,\qquad - \qquad)$$

Rechtsvollständige Extension: Diese enthält alle Pfade, die in einem Objekt der Zielklasse enden. In dem Beispiel:

$$(\text{F\_ID} = 10,\ \text{L\_ID} = 30,\ \text{V\_ID} = 40,\ \text{Name} = \text{Maier })$$
$$(\qquad -\ ,\ \text{L\_ID} = 32,\ \text{V\_ID} = 41,\ \text{Name} = \text{Müller})$$

Vollständige Extension: Diese enthält schließlich alle Pfade auf dem Weg von der Start- zur Zielklasse. Die einzelnen Pfade müssen dabei weder direkt in einer Startklasse beginnen noch in einer Zielklasse enden. In dem Beispiel also:

$$(\text{F\_ID} = 10,\ \text{L\_ID} = 30,\ \text{V\_ID} = 40,\ \text{Name} = \text{Maier })$$
$$(\text{F\_ID} = 11,\ \text{L\_ID} = 31,\qquad -\ ,\qquad - \qquad)$$
$$(\qquad -\ ,\ \text{L\_ID} = 32,\ \text{V\_ID} = 41,\ \text{Name} = \text{Müller}).$$

Von der Extension eines Index hängt es ab, welche Prädikate mit ihm ausgewertet werden können. Ein Pfadausdruck – wie in der folgenden linken Beispielanfrage –, in dem ein Pfad rückwärts verfolgt wird, kann mit einer kanonischen, rechtsvollständigen oder vollständigen Extension ausgewertet werden.

<table>
<tr><td>range   F: Filialen
retrieve F
where   F.Lager.Verwalter = 'Maier'</td><td>range   F: Filialen, V: Verwalter,
retrieve V
where   F.Fläche = 10000 and
          V = F.Lager.Verwalter</td></tr>
</table>

Umgekehrt kann ein Pfadausdruck, in dem wie in der rechten Beispielanfrage ein Pfad vorwärts verfolgt wird, mit der kanonischen, der linksvollständigen und der vollständigen Extension ausgewertet werden. In diesem Fall wird der Index eingesetzt, nachdem alle Filialen mit einer Fläche von 10000 bestimmt wurden, um auf die von diesen Filialobjekten referenzierten Verwalterobjekte direkt zuzugreifen.

Um einen Pfadausdruck mit einem bestimmten Index auszuwerten, ist es dabei nicht nötig, daß der Pfadausdruck von der Start- bis zur Zielklasse des Index reicht. Mit der entsprechenden Extension kann auch die folgende Anfrage ausgewertet werden:

> range   F: Filialen, L: Lager
> retrieve F
> where   F.Lager = L and L.Größe = 4000

Nachdem die Lager mit einer Größe von 4000 bestimmt wurden (z. B. durch Lesen einer weiteren Zugriffsrelation), kann die obige Zugriffsrelation verwendet werden, um die gesuchten Filialobjekte zu bestimmen.

Wie effizient die Verwendung einer Zugriffsrelation ist, hängt in erster Linie von ihrer Implementation ab. In [KM90a] bzw. [Kem92] wird vorgeschlagen, eine Zugriffsrelation, ähnlich wie die Join-Indexe in [Val87], durch je zwei B*-Bäume zu implementieren. Ein B*-Baum invertiert die Objekte der Zielklasse, wobei in dem Baum als Schlüssel die von der Zugriffsrelation indexierten Attributwerte verwendet werden. Der zweite B*-Baum invertiert die Startklasse. In diesem Baum werden die Identifier der Objekte der Startklasse als Schlüssel verwendet. Auf diese Weise kann auf die Einträge in einer Zugriffsrelation "von zwei Seiten" direkt zugegriffen werden. Es können dadurch sowohl Pfadausdrücke, die Pfade rückwärts von der Zielklasse an, als auch Pfadausdrücke, die Pfade vorwärts von der Startklasse an verfolgen, durch direkten Zugriff auf die Zugriffsrelationen ausgewertet werden. Anders ist die Situation, wenn auf die Einträge der Zugriffsrelation nicht direkt über einen der B*-Bäume zugegriffen werden kann. Dann muß die Zugriffsrelation mit entsprechendem Aufwand sequentiell gelesen werden. Ein typisches Beispiel hierfür ist die als letztes betrachtete Anfrage. Die Auswertung des Pfades $F.Lager = L$ mit einer der obigen Zugriffsrela-

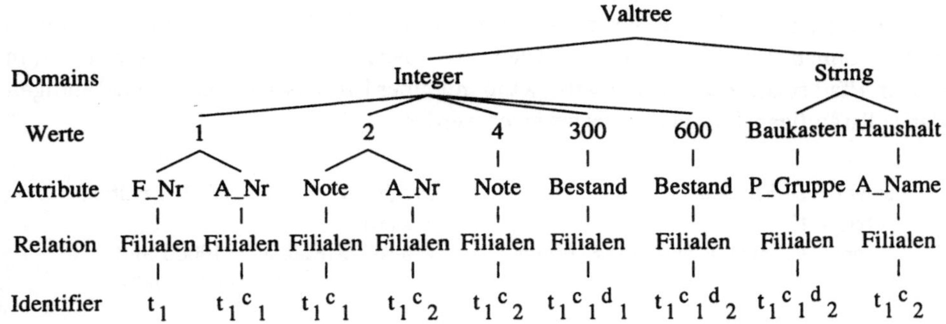

Abb. 4.7: Auszug aus einem *VALTREE*

tionen erfordert stets, diese sequentiell zu lesen. In diesen Fällen wird in [KM90a] und [Kem92] vorgeschlagen, die entsprechende Zugriffsrelation in zwei Zugriffsrelationen zu zerlegen. Im Extremfall, wenn eine Zugriffsrelation in binäre Relationen zerlegt wird, erhält man so die in [MS86] und [BK89] vorgestellten Multi-Indexe.

Zum Abschluß des Überblicks über einige Indextechniken sei noch (als Beispiel für eine vollständig andere Indextechnik) der in [DG87], [DG88] und [DG89] diskutierte und in Abschnitt 3.2 angesprochene *VALTREE* kurz vorgestellt. Dieser Index wird nicht wie die vorigen über eine bestimmte Klasse, Menge oder Pfade, sondern über alle *Werte* in der Datenbank aufgebaut. Der Index enthält in einem speziellen Baum für jeden in der Datenbank auftretenden Attributwert einen Eintrag der Form:

$$(\text{Domain, Wert, Attribut, NF}^2\text{-Relation, Identifier})$$

Ein solcher Eintrag besagt, in welchem Tupel, welcher Relation und welchem Attribut ein bestimmter Wert auftritt. Als Identifier werden die in Abschnitt 3.2 bei der Diskussion der in den drei oben genannten Papieren vorgestellten Speicherungsstrukturen eingeführten *hierarchischen Identifier* verwendet. Ein Auszug des *VALTREE*, der sich bei Indexierung der in Abb. 3.1 gezeigten NF^2-Relation und Verwendung der in Abb. 3.6 gezeigten hierarchischen Identifier ergibt, ist in Abb. 4.7 dargestellt. Mit einem solchen Index kann insbesondere schnell auf Tupel oder Subtupel, die bestimmte Werte besitzen, zugegriffen werden. Allerdings kann ein solcher Index, da er alle indexierten Werte, unabhängig von ihrer Relationenzugehörigkeit, enthält, sehr groß werden.

4.3 Pfadindexe für eNF^2-Tabellen

Die vorangegangene Diskussion hat gezeigt, daß es verschiedene Varianten zur Indexierung von komplex strukturierten Objekten gibt. Der wesentliche Unterschied ist die Art der Adreßinformation, die in den Indexeinträgen gespeichert wird. Prinzipiell können zwei Lösungen unterschieden werden:

1. Ein Indexeintrag enthält den Identifier genau eines Subobjektes. In NF^2-Relationen und eNF^2-Tabellen (und IMS) kann dies entweder der Identifier des indexierten Subtupels selbst oder aber eines Tupels auf dem Pfad von dem jeweiligen Top-Level-Tupel zu dem indexierten Subtupel sein. In objektorientierten Systemen entspricht ein solcher Index einem Nested-Index.

2. Ein Indexeintrag enthält die Identifier aller Tupel auf dem Pfad von dem Top-Level-Tupel einer NF^2-Relation oder eNF^2-Tabelle zu dem indexierten Subtupel bzw. von einer Start- zu einer Zielklasse in objektorientierten Systemen. Diese Lösung entspricht den Pfadindexen, wie sie für DASDBS, AIM-P und objektorientierte Systeme vorgeschlagen wurden, und im Prinzip auch der Lösung im VALTREE. Die dort verwendeten hierarchischen Identifier enthalten ebenfalls die vollständige Pfadinformation. Und auch die Multi-Indexe in objektorientierten Systemen können als eine spezielle Art von Pfadindexen aufgefaßt werden.

Der Vorteil der Lösung 1 ist, daß die Indexeinträge kürzer und damit die Indexe potentiell kleiner sind. Diese Lösung wurde in IMS gewählt.

Der Vorteil der Lösung 2 ist, daß Pfadindexe auf Grund der umfangreicheren Adreßinformation sehr viel flexibler eingesetzt werden können (siehe vorangegangene Diskussion). Daß dies generell so sein muß, läßt sich auch daraus ableiten, daß die erstgenannten Indexe durch Projektion aus Pfadindexen abgeleitet werden können. In objektorientierten Systemen haben diese Indexe jedoch den Nachteil, daß sie nur schwer fortzuschreiben sind. Insbesondere wenn ein neues Subobjekt direkt in eine Subobjektklasse eingefügt wird, steht die für die Aktualisierung eines Index benötigte Pfadinformation nicht automatisch zur Verfügung, sondern muß erst durch Rückwärtsverfolgung von Referenzen ermittelt werden. Deshalb werden als Kompromiß in Gem-Stone, Orion und O$_2$ Multi-Indexe verwendet und in GOM die Zugriffsrelationen unter Umständen in Teile zerlegt.

Bei der Indexierung von NF^2-Relationen und eNF^2-Tabellen treten diese Schwierigkeiten nicht auf, sofern auf die Relationen bzw. Tabellen hierarchisch absteigend zugegriffen wird. Dann steht die zur Aktualisierung eines Index benötigte Adreßinformation automatisch zur Verfügung. Deshalb konnten Pfadindexe für DASDBS und AIM-P vorgeschlagen werden. Da auch wir diese Indexe wegen ihrer Flexibilität für die geeignetsten halten, verwenden wir sie im folgenden, wie bereits in unseren Vorarbeiten [Keß90] und [KD91], zur Indexierung von eNF^2-Tabellen.

4.3.1 Definition von Pfadindexen

Hat man sich entschieden, Pfadindexe zu verwenden, ist die nächste Frage, welchen Gültigkeitsbereich die Identifier von Objekten und Subobjekten haben sollen. Die vier zu unterscheidenden Gültigkeitsbereiche sind:

Datenbankweite Gültigkeit: Der Identifier eines Objektes oder Subobjektes ist innerhalb der gesamten Datenbank eindeutig. Dies entspricht dem Gültigkeitsbereich der Identifier in objektorientierten Systemen.

Globale Gültigkeit innerhalb einer eNF^2-Tabelle: Ein Identifier ist innerhalb einer eNF^2-Tabelle eindeutig. Der gleiche Identifier kann dann in verschiedenen eNF^2-Tabellen für verschiedene Objekte oder Subobjekte wieder verwendet werden. Ein Objekt oder Subobjekt wird dann durch Angabe des Tabellennamens und des Identifiers eindeutig identifiziert.

Gültigkeit innerhalb eines eNF^2-Top-Level-Tupels: Der Identifier eines Top-Level-Tupels ist innerhalb einer eNF^2-Tabelle eindeutig. Der Identifier eines Subtupels ist innerhalb des komplexen Tupels, welchem das Subobjekt angehört, gültig. Zur eindeutigen Identifikation eines Subobjektes werden dann der Tabellenname, der Identifier des Top-Level-Tupels und der Identifier des Subobjektes benötigt. Dies entspricht der Lösung, die in [DKA+86] vorgeschlagen wird.

Lokale Gültigkeit innerhalb einer Subrelation: Der Identifier eines Top-Level-Tupels ist wieder innerhalb einer eNF^2-Tabelle eindeutig. Ein Identifier eines Subobjektes ist jeweils in einer Ausprägung einer Subrelation eindeutig. Diese Lösung ist in Abb. 4.8 dargestellt. Dort werden die für den Anwender unsichtbaren Identifier (*F_ID*, *A_ID*, *P_ID*) gebildet, indem die Tupel jeder Subrelation von 0 an durchnumeriert werden. Um ein Subtupel eindeutig zu identifizieren, werden nun der Tabellenname und alle Identifier der Tupel auf dem Pfad von dem Top-Level-Tupel zu dem Subtupel benötigt. Ein solcher vollständiger Pfad entspricht einem hierarchischen Identifier, wie er in [DGW85] und im VALTREE verwendet wird.

Bei der Festlegung der Gültigkeitsbereiche ist zu bedenken, daß Identifier mit lokaler Gültigkeit effizienter zu implementieren und potentiell kürzer sind als solche mit globaler Gültigkeit. Der Grund ist einfach, daß jedes Verfahren, das globale Gültigkeit garantiert, auch verwendet werden kann, wenn nur lokale Gültigkeit gefordert wird; umgekehrt gilt dies natürlich nicht. Daher sollte keine globalere Eindeutigkeit gefordert werden als nötig. Da die in Abschnitt 4.4 vorgestellten Auswertstrategien stets hierarchisch absteigend auf eNF^2-Tabellen zugreifen und deshalb mit lokal gültigen Identifiern auskommen, wird hier nur die lokale Gültigkeit von Identifiern innerhalb einer Relation oder Subrelation gefordert. Unter der Voraussetzung, daß das Pseudoattribut *ID* den Identifier eines Elementes einer Relation oder Subrelation

{Filialen}									
F_ID	F_Nr	Fläche	{Abteilungen}						
			A_ID	A_Nr	A_Name	Note	{Produktgruppen}		
							P_ID	P_Gruppe	Bestand
0	1	10000	0	1	Spielzeug	2	0	Teddybär	300
							1	Baukasten	600
			1	2	Haushalt	4	0	Eimer	800
							1	Leiter	550
1	2	20000	0	6	Spielzeug	2	0	Teddybär	450
							1	Baukasten	300
			1	7	Haushalt	2	0	Eimer	300
							1	Leiter	600

Abb. 4.8: Filialtabelle erweitert um lokal gültige Identifier

enthält[5], heißt das, daß die Aussage

$$t_1 = t_2 \Rightarrow t_1.\text{ID} = t_2.\text{ID}$$

immer gilt, daß aber die Aussage

$$t_1.\text{ID} = t_2.\text{ID} \Rightarrow t_1 = t_2$$

nur gilt, wenn t_1 und t_2 Elemente derselben Ausprägung einer Relation oder Subrelation sind.

Mit dieser Definition der Identifier kann ein Pfadindex auf einem Attribut A einer Subrelation $Attr_n$ wie folgt definiert werden:

Sei *Relation* – wie in Abb. 4.9 – der Name einer NF^2-Relation, $Attr_1$ ein relationenwertiges Attribut von *Relation*, $Attr_i$ (für i = 2 ... n) ein relationenwertiges Attribut in $Attr_{i-1}$ und A ein Attribut von $Attr_n$. Außerdem seien ID_0 der Name des Pseudoattributs mit den Identifiern der Tupel in *Relation* und ID_1 bis ID_n die Namen der Pseudoattribute mit den Identifiern in den Subrelationen $Attr_1$ bis $Attr_n$. Dann lautet die Definition des Pfadindex wie in Abb. 4.10 gezeigt. Ein Pfadindex entspricht damit formal einer Relation in erster Normalform. Diese besitzt für das indexierte Attribut A und für die Identifier der Top-Level-Relation und jeder Subrelation auf dem Pfad von der Top-Level-Relation zu der indexierten Subrelation $Attr_n$ eine Spalte. Spalten mit Identifiern werden im folgenden auch als *Identifier-Attribute* bezeichnet. Graphisch läßt sich das Schema eines solchen Index wie in Abb. 4.11 veranschaulichen.

---

[5] Im folgenden wird stets angenommen, daß auf den Identifier eines Elementes einer Menge oder Liste über ein *Pseudoattribut* zugegriffen werden kann. Diese Attributschreibweise soll auch dann möglich sein, wenn die Elemente der betrachteten Menge oder Liste atomare Werte oder selbst wieder Mengen oder Listen sind. Für diese Pseudoattribute werden aus Gründen der Anschaulichkeit abhängig vom Kontext Namen wie ID_i oder *F_ID* gewählt. Dennoch sind diese Attribute nach außen hin stets unsichtbar.

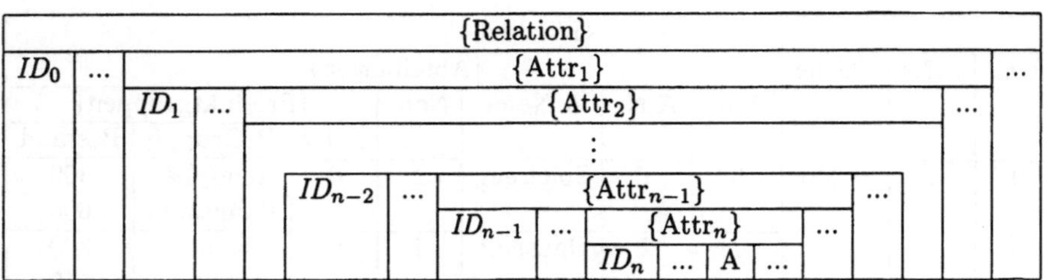

Abb. 4.9: Eine "allgemeine" NF^2-Relation

$$
\begin{aligned}
\text{A\_Index} := \{\ x\ |\ \exists\ a_i\ (i = 0\ \dots\ n)\colon\ & (a_0 \text{ in Relation} && \text{and}\\
& a_i \text{ in } a_{i-1}.\text{Attr}_i\ (i = 1\ \dots\ n) && \text{and}\\
& x.A = a_n.A && \text{and}\\
& x.\text{ID}_i = a_i.\text{ID}_i\ (i = 0\ \dots\ n))\}
\end{aligned}
$$

Abb. 4.10: Formale Definition eines allgemeinen Pfadindex

A_Index						
A	ID_0	ID_1	...	ID_{n-2}	ID_{n-1}	ID_n

Abb. 4.11: Pfadindex auf dem Attribut A

Ein Pfadindex auf dem Attribut *Note* der Filialtabelle in Abb. 4.8 entspricht gemäß dieser Definition der Relation in Abb. 4.12.a. Die Definition des Index lautet:

$$
\begin{aligned}
\text{Noten\_Index} := \{\ x\ |\ \exists\ f,\ a\colon\ & (f \text{ in Filialen} && \text{and}\\
& a \text{ in } f.\text{Abteilungen} && \text{and}\\
& x.\text{Note} = a.\text{Note} && \text{and}\\
& x.\text{F\_ID} = f.\text{F\_ID} && \text{and}\\
& x.\text{A\_ID} = a.\text{A\_ID})\}
\end{aligned}
$$

Genauso kann ein Index (s. Abb. 4.12.b) auf dem Attribut *Bestand* definiert werden (beide Indexe werden in späteren Beispielen benötigt):

$$
\begin{aligned}
\text{Bestands\_Index} := \{\ x\ |\ \exists\ f,\ a,\ p\colon\ & (f \text{ in Filialen} && \text{and}\\
& a \text{ in } f.\text{Abteilungen} && \text{and}\\
& p \text{ in } a.\text{Produktgruppe} && \text{and}\\
& x.\text{Bestand} = p.\text{Bestand} && \text{and}\\
& x.\text{F\_ID} = f.\text{F\_ID} && \text{and}\\
& x.\text{A\_ID} = a.\text{A\_ID} && \text{and}\\
& x.\text{P\_ID} = p.\text{P\_ID})\}
\end{aligned}
$$

Noten_Index		
Note	F_ID	A_ID
2	0	0
2	1	0
2	1	1
4	0	1

Abb. 4.12.a: Index auf Attribut *Note*

Bestands_Index			
Bestand	F_ID	A_ID	P_ID
300	0	0	0
300	1	0	1
300	1	1	0
450	1	0	0
550	0	1	1
600	0	0	1
600	1	1	1
800	0	1	0

Abb. 4.12.b: Index auf Attribut *Bestand*

Flächen_Index	
Fläche	F_ID
10000	0
20000	1

Abb. 4.12.c: Index auf Attribut *Fläche*

Abb. 4.12: Pfadindexe für die NF^2-Filialtabelle in Abb. 4.8

Analog kann ein Index auf einem Attribut einer Top-Level-Relation definiert werden. Ein Beispiel ist der *Flächen_Index* in Abb. 4.12.c. Seine Definition lautet:

$$\text{Flächen\_Index} := \{ \ x \ | \ \exists \ f: (f \ \text{in Filialen} \quad \text{and} \\ x.\text{Fläche} = f.\text{Fläche} \quad \text{and} \\ x.\text{F\_ID} = f.\text{F\_ID})\}$$

Mit diesen Methoden können auch Indexe in eNF^2-Tabellen, die keine reinen NF^2-Relationen sind, definiert werden. Je nach Struktur der eNF^2- Tabelle sind dazu die folgenden Substitutionen in der allgemeinen Definition eines Index nötig:

- Sind die Elemente der indexierten Relation bzw. Subrelation keine Tupel, sondern atomare Werte, so ist die Zeile $x.A = a_n.A$ durch $x.Value = a_n$ zu ersetzen, wobei *Value* der Kunstname des Attributs ist, das in der Indexrelation die indexierten Werte aufnimmt. Die zugehörige Zuweisung $x.ID_n = a_n.ID_n$ kann unverändert übernommen werden, da die Pseudoattributschreibweise auch auf atomare Elemente anwendbar sein soll (vgl. Fußnote 5).

- Wird ein Feld A_m eines geschachtelten Attributs indexiert, so ist $x.A = a_n.A$ durch $x.A_m = a_n.A_1. \dots . A_m$ zu ersetzen, wobei der Pfad $A_1. \dots . A_m$ dem Pfad innerhalb des geschachtelten Attributs zu dem indexierten Feld entspricht.

- Ist die Variable a_{i-1} ($0 < i \leq n$) nicht an eine Menge von Tupeln, sondern an eine Menge von Mengen oder Menge von Listen oder Liste von Mengen oder Liste von Listen gebunden, so ist a_i *in* $a_{i-1}.Attr_i$ durch a_i *in* a_{i-1} zu ersetzen.

- Soll umgekehrt die Variable a_i ($0 < i \leq n$) an eine Menge oder Liste, die Feld eines geschachtelten Attributs ist, gebunden werden, so ist a_i *in* $a_{i-1}.Attr_i$ durch a_i *in* $a_{i-1}.Attr_{i_1}. \ldots .Attr_{i_m}$ zu ersetzen, wobei der Pfad $Attr_{i_1}. \ldots .Attr_{i_m}$ dem Pfad durch das geschachtelte Attribut zu der Menge oder Liste, an die a_i gebunden werden soll, entspricht.

Mit diesen Ersetzungen können Indexe in einer beliebigen eNF^2-Tabelle definiert werden. Als Beispiel seien zwei Indexe für die Filialtabelle in Abb. A.25 im Anhang betrachtet. Die Definition eines Index auf dem Attribut *Stadt* des geschachtelten Attributs *Adresse* lautet[6]:

```
Stadt_Index:= { x | ∃ f: (f in Filialen            and
                    x.Stadt = f.Adresse.Stadt      and
                    x.F_ID = f.F_ID)}
```

Die Ausprägung des Index[7] ist in Abb. 4.13.a gegeben.

Durch die Definition

```
Aufteilungs_Index:= { z | ∃ f, e, x, y: (f in Filialen      and
                          e in f.Etagen                     and
                          x in e.Aufteilung                 and
                          y in x                            and
                          z.Value = y                       and
                          z.F_ID = f.F_ID                   and
                          z.E_ID = e.E_ID                   and
                          z.X_ID = x.X_ID                   and
                          z.Y_ID = y.Y_ID)}
```

würde ein Index auf den Elementen der Matrizen, welche die Aufteilung der Etagen beschreiben, definiert werden. Dabei wird angenommen, daß die Namen der Pseudoattribute mit dem Identifier lauten: *F_ID, E_ID, X_ID, Y_ID*. Ein Ausschnitt aus der Ausprägung des Index ist in Abb. 4.13.b gegeben.

---

[6] In dieser Definition wird angenommen, daß auf die Identifier über das (in Abb. A.25 nicht dargestellte) Pseudoattribut *F_ID* zugegriffen werden kann.

[7] Hierbei wird angenommen, daß die Identifier jeder Menge und Liste gebildet werden, indem die Elemente von 0 an durchnumeriert werden.

Stadt_Index	
Stadt	F_ID
HH	1
Ulm	0

Aufteilungs_Index				
Value	F_ID	E_ID	X_ID	Y_ID
Da	0	1	0	0
...	...	...	...	...
Sp	0	2	0	0
Sp	0	2	0	1
Sp	0	2	0	2
Sp	0	2	1	0
...	...	...	...	...

Abb. 4.13.a: Index auf Attribut *Stadt* des geschachtelten Attributs *Adresse*

Abb. 4.13.b: Ausschnitt aus einem Index auf den Elementen der Matrizen, die die Aufteilung der Etagen beschreiben

Abb. 4.13: Pfadindexe für die eNF^2-Filialtabelle in Abb. A.25

4.3.2 Zugriffsoperationen für Pfadindexe

In dem vorigen Abschnitt wurden Pfadindexe definiert. Um die zulässigen Operationen auf diesen Indexen festzulegen, gibt es zwei Varianten:

1. Ein Pfadindex wird als eine normale Relation aufgefaßt, auf der alle Operationen ausgeführt werden können, die mit einer Algebra oder einem Kalkül formuliert werden können. Dieser Ansatz wird z. B. in [SS83] vorgeschlagen.

2. Durch Angabe von Funktionen wird festgelegt, welche Operationen auf einem Index ausführbar sein sollen. Dies entspricht der Lösung in vielen relationalen Systemen, in denen Anfragen an Indexe durch eine *index_access* Funktion, wie sie in Abschnitt 4.2.1 beschrieben wurde, formuliert werden.

Der Vorteil der Variante 1 ist, daß mit ihr systemintern die verschiedensten Ausführungspläne dargestellt werden können. Allerdings erfordert diese Lösung auch, daß auf einem Index beliebige Ausdrücke ausgewertet werden können.

Der Vorteil der Variante 2 ist, daß durch die Definition von Zugriffsfunktionen die Operationen, die vom Index-Manager ausgeführt werden müssen, präzise und eng formuliert sind. Werden außerdem nur Operationen definiert, die auf den zugrunde-liegenden Indexstrukturen effizient ausgeführt und später auch verwendet werden, so kann der Index-Manager sehr effizient und schlank implementiert werden. Es müssen keine Operationen realisiert werden, die nicht auch verwendet werden oder die nur umständlich auszuführen sind. Außerdem werden bei der Anfrageplangenerierung von vornherein nur Varianten erzeugt, in denen die Indexanfragen effizient ausgewertet werden können.

Im folgenden werden wir die Variante 2 weiterverfolgen. Ausschlaggebend für die Wahl dieser Variante war, daß wir im Sinne einer implementationsnahen Konzeptdiskussion möglichst genau aufzeigen wollen, welche Funktionalität der Index-Manager anbieten sollte und wie diese genutzt werden kann. Wir werden dabei analog zu dem in Abschnitt 4.2.1 für relationale Systeme vorgeschlagenen Verfahren vorgehen und eine Funktion *index_access* zur Formulierung von Indexanfragen beschreiben und Funktionen zum Zugriff auf das Ergebnis der Indexanfragen einführen.

Die Parameter der Funktion *index_access* sind:

index_access_result:= index_access
                               (index: zugegriffener Index,
                               predicate: auszuwertendes Prädikat,
                               address_predicate: (zusätzliche Adreßprädikate),
                               path_projection: (Projektion des Adreßpfades),
                               associative_access: assoziativer Zugriff auf das Indexergebnis)

In dem Parameter *index* wird angegeben, welcher Index angefragt werden soll.

In dem Parameter *predicate* wird das Selektionsprädikat, das auf dem Index ausgewertet werden soll, angegeben. Da hier keine bestimmte Indexstruktur angenommen wird, hängt die Art der Prädikate, die verwendet werden können, stark von dem Typ des angefragten Index ab. Wird beispielsweise ein B- oder B*-Baum angefragt, so werden typischerweise Prädikate der Form *Index_Wert op Konstante* bzw. *Konstante1 op1 Index_Wert op2 Konstante2* zulässig sein, wobei durch *Index-Wert* die in den Indexeinträgen gespeicherten Attributwerte bezeichnet werden, *op* einer der Vergleichsoperatoren $<$, $\leq$, $=$, $\geq$, $>$ ist und *Konstante* den Wert, mit dem verglichen wird, enthält. Wird hingegen ein mehrdimensionaler oder ein räumlicher Index (s. auch Abschnitt 4.2.1) angefragt, so wird das zulässige Prädikat möglicherweise die Form *Index_Wert op Punkt_Koordinaten* oder *Index_Wert op Flächen_Koordinaten* haben. Wichtig an dieser Stelle ist nur, daß die angebbaren Prädikate unter Ausnutzung der Struktur des angefragten Index effizient auswertbar sein sollen.

Ein Pfadindex ist stets über alle Ausprägungen einer Subrelation aufgebaut. Der *Bestands_Index* (Abb. 4.12.b) invertiert beispielsweise gleichzeitig alle Produktgruppensubrelationen der Filialtabelle in Abb. 4.8. Daher liefert eine einfache Indexanfrage, die nur in dem Parameter *predicate* ein Vergleichsprädikat enthält, stets alle Indexeinträge zurück, die dem Prädikat genügen. Dabei spielt es keine Rolle, welcher Ausprägung der Subrelation die zugehörigen Tupel angehören. Eine Anfrage an den *Bestands_Index* mit dem Prädikat *Bestand = 300* würde die drei Identifierpfade (0, 0, 0), (1, 0, 1) und (1, 1, 0) zurückliefern.

Um in einer Indexanfrage explizit angeben zu können, aus welcher Ausprägung einer Subrelation die Tupel stammen sollen, haben wir den zusätzlichen Parameter *address_predicate* vorgesehen. In diesem kann der hierarchische Adreßpfad des Subobjektes, welches die Ausprägung der Subrelationen mit den gesuchten Elementen enthält, angegeben werden. Um beispielsweise in der zuvor genannten Indexanfrage nur Identifier von Tupeln aus der Spielzeugabteilung der Filiale 2 zu selektieren, müßte der Identifierpfad (1,0) in dem Parameter *address_predicate* mit angegeben werden[8]. Rein syntaktisch haben wir dafür eine Liste sogenannter *Adreßprädikate* der Form $ID_i = Identifier$ vorgesehen. (Der Bezeichner ID_i entspricht dem Namen eines Identifier-Attributes in dem Pfadindex in Abb. 4.11.) Wegen der lediglich lokalen Eindeutigkeit der Identifier muß dabei stets ein zusammenhängender Pfad, der mit einem Identifier ID_0 der Top-Level-Relation beginnt, spezifiziert werden. Dieser muß jedoch nicht bis zum Identifier ID_{n-1} reichen, sondern kann mit jedem beliebigen ID_i enden. Bezogen auf den Bestandsindex heißt das, daß z. B. die folgenden drei Adreßprädikate zulässig sind:

> address_predicate: (F_ID = 1, A_ID = 0)
> address_predicate: (F_ID = 1)
> address_predicate: ()

Bezüglich der Effizienz ist zu sagen, daß auch Indexanfragen, die Adreßprädikate enthalten, unter Ausnutzung der Indexstruktur ohne sequentielle Suche in den Indexen ausgewertet werden können. Dazu müssen bei der Implementation eines Index die indexierten Werte zusammen mit den Adreßpfaden als verkettete Schlüssel aufgefaßt werden. Danach kann auf die gesuchten Indexeinträge direkt über die jeweilige Indexstruktur zugegriffen werden.

Bei Verwendung eines Pfadindex wird häufig nur ein Teil der in den Indexeinträgen gespeicherten Identifier-Attribute benötigt. Um bereits bei der Indexanfrage spezifizieren zu können, welche Identifier-Attribute im folgenden weiter verwendet werden, ist der Parameter *path_projection* vorgesehen. In diesem werden die Identifier-Attribute angegeben, die in das Ergebnis der Indexanfrage aufgenommen werden sollen. Bezogen auf den Pfadindex in Abb. 4.11 heißt das, daß in dem Parameter *path_projection* der folgende zusammenhängende Teilpfad von Identifier-Attributen angegeben werden kann:

$$(\text{ID}_j, \text{ID}_{j+1}, \dots, \text{ID}_{k-1}, \text{ID}_k) \text{ mit } 0 \leq j \leq k \leq n$$

Formal betrachtet, definiert eine allgemeine Indexanfrage, wie sie in Abb. 4.14.a für $i < n$ und $0 \leq j \leq k \leq n$ gegeben ist[9], eine Selektion und Projektion auf einem Index wie in Abb. 4.14.b. Das Ergebnis einer solchen Indexanfrage kann als eine Relation in erster Normalform wie in Abb. 4.15.a dargestellt werden.

Ein Beispiel wäre:

> index_access (index: Bestands_Index,
>   predicate: Bestand $\leq$ 600,
>   address_predicate: (F_ID = 0),
>   path_projection: (A_ID, P_ID),
>   associative_access: ...)

---

[8] Wie diese Identifier von der Indexanfrage bestimmt werden, wird in Abschnitt 4.4.2.2 gezeigt.
[9] Der Parameter *associative_access* wird im folgenden noch eingeführt.

```
index_access (index:            A_Index (Abb. 4.11),
             predicate:         A op Konstante,
             address_predicate: (ID₀ = Identifier₀, ..., IDᵢ = Identifierᵢ),
             path_projection:   (IDⱼ, IDⱼ₊₁, ..., IDₖ),
             associative_access: ...)
```

Abb. 4.14.a Prozedurale Schreibweise

```
{ u | ∃ v: (v in A_Index and
            v.A op Konstante and
            v.ID₀ = Identifier₀ and ... and v.IDᵢ = Identifierᵢ and
            u.IDⱼ = v.IDⱼ and ... and u.IDₖ = v.IDₖ)}
```

Abb. 4.14.b Formale Schreibweise

Abb. 4.14: Eine allgemeine Indexanfrage

In dieser Indexanfrage werden von der Filiale mit $F\_ID = 0$ die Identifier der Produktgruppen und Abteilungen gesucht, die einen Bestand kleiner / gleich 600 haben. Das Ergebnis ist in Abb. 4.15.b dargestellt.

Mit der Spezifikation einer Selektion und Projektion auf einem Index ist noch nicht festgelegt, welche Zugriffe der Index-Manager auf die selektierten Indexeinträge unterstützen soll. In relationalen Systemen ist es üblich, daß der Index-Manager die Indexeinträge in der Sortierreihenfolge des angefragten Index liefert. In dem Beispiel in Abb. 4.15.b würden die Einträge bei einer typischen B*-Baum-Implementation in der Reihenfolge (0,0) (1,1) (0,1) geliefert werden. Im Fall komplexer Objekte wäre diese Lösung ungeschickt, da bevorzugt objektbezogen auf die Daten zugegriffen wird. Hier wird eine Lösung benötigt, in der die Indexeinträge nach ihrer Objektzugehörigkeit gruppiert geliefert werden. In dem vorigen Beispiel wäre das die abteilungsbezogene Gruppierung

(0,0) (0,1)
(1,1).

Um eine solche Gruppierung zu erreichen, muß das Ergebnis einer Indexanfrage unter Umständen vollständig materialisiert werden. Teilweise können zur Gruppierung aber auch Teilordnungen innerhalb einer Indexstruktur ausgenutzt oder die Indexeinträge können sogar direkt gruppiert aus dem Index herausgelesen werden. Wie die gewünschte Gruppierung am effizientesten realisiert werden kann, hängt von der verwendeten Indexstruktur, ihrer Implementation und dem aktuellen Selektionsprädikat ab. Aus diesem Grunde erscheint uns eine Lösung, bei der die Gruppierung direkt im Index-Manager durchgeführt wird, als die geeignetste.

Zur Darstellung der Gruppierung der Indexeinträge eignen sich virtuelle NF^2-Relationen. In ihnen können die Indexeinträge bezüglich gemeinsamer Präfixe zusammengefaßt werden. In Abb. 4.16.a ist das Schema einer solchen, von uns im folgenden *Indexergebnisrelation* oder *index_access_result* genannten NF^2-Relation für

{index_access_result}				
ID_j	ID_{j+1}	...	ID_{k-1}	ID_k

Abb. 4.15.a: Allgemeiner Fall

{index_access_result}	
A_ID	P_ID
0	0
1	1
0	1

Abb. 4.15.b: Konkreter Fall

Abb. 4.15: Ergebnis einer Indexanfrage in 1NF-Darstellung

<table>
<tr><td colspan="5">{index_access_result}</td></tr>
<tr><td rowspan="5">ID_j</td><td colspan="4">$\{IDs_{j+1}\}$</td></tr>
<tr><td rowspan="4">ID_{j+1}</td><td colspan="3">$\{IDs_{j+2}\}$</td></tr>
<tr><td colspan="3">...</td></tr>
<tr><td rowspan="2"></td><td rowspan="2">ID_{k-1}</td><td>$\{IDs_k\}$</td></tr>
<tr><td>ID_k</td></tr>
</table>

Abb. 4.16.a: Allgemeiner Fall

{index_access_result}	
A_ID	{P_IDs}
	P_ID
0	0
	1
1	1

Abb. 4.16.b: Konkreter Fall

Abb. 4.16: Ergebnis einer Indexanfrage in NF²-Darstellung

die allgemeine Indexanfrage in Abb. 4.14 dargestellt. Zu dieser NF²-Relation gelangt man, indem man die 1NF-Relation aus Abb. 4.15.a vollständig nestet. Ein konkretes Beispiel ist in Abb. 4.16.b gegeben. Dort ist das Indexergebnis aus Abb. 4.15.b als Indexergebnisrelation dargestellt.

Es sei ausdrücklich betont, daß es sich bei dieser NF²-Repräsentation um eine rein logische Darstellung des Ergebnisses einer Indexanfrage handelt. Es soll nicht ausgedrückt werden, daß Indexergebnisrelationen stets materialisiert und systemintern wie normale eNF²-Tabellen gespeichert und zugegriffen werden sollen. Vielmehr wird auf Indexergebnisrelationen nur mit speziellen Funktionen zugegriffen. Für den Index-Manager heißt das, daß bei seiner Implementation entschieden werden kann, wie die Gruppierung durchgeführt wird, ob Indexergebnisrelationen materialisiert werden oder nicht und wie diese gegebenenfalls intern dargestellt werden. Entsprechend wird der Rückgabeparameter *index_access_result*, der das Ergebnis der Funktion *index_access* enthält, in der Regel ein Zeiger sein, der auf einen vom Index-Manager für die Indexanfrage angelegten Kontrollblock verweist.

In unserem Konzept muß auf eine Indexergebnisrelation zum einen sequentiell hierarchisch absteigend zugegriffen werden können. Um diesen Zugriff zu realisieren, erscheint uns ein hierarchisches Cursor-Konzept, wie es in [EW87] für den Zugriff auf eNF²-Tabellen aus einem Applikationsprogramm heraus beschrieben wird, die sinnvollste und einfachste Lösung. In diesem Konzept werden hierarchisch voneinander abhängende Cursor definiert, die mittels geeigneter Funktionen über die Elemente

von Relationen und Subrelationen geschoben werden. Um dieses Konzept auf Indexergebnisrelationen zu übertragen, werden zwei Funktionen benötigt:

> set_index_variable_first (index_variable, index_object)
> set_index_variable_next (index_variable, index_object)

Mit diesen Funktionen wird die in dem Parameter *index_variable* angegebene *Indexvariable* (= Cursor) sequentiell über eine Top-Level-Relation oder eine Subrelation einer
Indexergebnisrelation geschoben. Diese wird jeweils in dem Parameter

> index_object = index_access_result | index_variable.index_attribut

entweder durch Nennung der Indexergebnisrelation oder durch Angabe einer übergeordneten Indexvariablen und eines Attributs spezifiziert.

Neben dem sequentiellen Zugriff erfordert unser Konzept, daß auf die Einträge einer Indexergebnisrelation auch assoziativ zugegriffen werden kann. Hierbei wird eine
Indexvariable unter Angabe eines Identifiers direkt auf einen Eintrag einer Indexergebnisrelation oder einer ihrer Subrelationen gesetzt. Die Funktion hierzu haben wir

> set_index_variable_associative (index_variable, index_object, index_attribute, identifier)

genannt. Mit ihr wird die Variable *index_variable* assoziativ auf das Indextupel
gesetzt, das den in *identifier* gegebenen Identifier in dem Attribut *index_attribute*
enthält. Mit dem Aufruf

> set_index_variable_associative (B, index_access_result, A_ID, 1)

könnte beispielsweise ein Cursor B auf das zweite Top-Level-Tupel der Indexergebnisrelation in Abb. 4.16.b gesetzt werden.

Eingesetzt wird diese Funktion einmal, um die Schnittmenge zwischen zwei oder
mehr Indexergebnisrelationen zu bilden. Dies ist z. B. erforderlich, wenn mehrere
durch "*und*" verknüpfte Prädikate mit mehreren Indexanfragen ausgewertet werden
sollen. Außerdem wird die Funktion verwendet, um ein Adreßprädikat in einer Indexanfrage zu substituieren. Hierbei wird in einer Indexanfrage ein Adreßprädikat
bewußt nicht angegeben und statt dessen anschließend in der Indexergebnisrelation assoziativ gesucht. Beispielsweise könnte in der Indexanfrage von Seite 109 das
Adreßprädikat $F\_ID = 0$ weggelassen und im Parameter *path_projection* der Pfad
(F_ID, A_ID, P_ID) angegeben werden. Es ergäbe sich dann die Indexanfrage

> index_access_result_1:= index_access (index: Bestands_Index,
>   predicate: Bestand $\leq$ 600,
>   address_predicate: (),
>   path_projection: (F_ID, A_ID, P_ID),
>   associative_access: yes).

{index_access_result_1}		
F_ID	{A_IDs}	
	A_ID	{P_IDs}
		P_ID
0	0	0
		1
	1	1
1	0	0
		1
	1	0
		1

Abb. 4.17: Ergebnis einer Indexanfrage ohne Adreßattribut

Das Ergebnis ist in Abb. 4.17 dargestellt. Mit dem Funktionsaufruf

set_index_variable_associative (G, index_access_result_1, F_ID, 0)

kann eine Indexvariable G dann auf das Top-Level-Tupel mit dem Wert $F\_ID = 0$ gesetzt werden. Die Subrelation A_IDs (in Abb. 4.17 seitlich eingerahmt) in diesem Tupel entspricht der Indexergebnisrelation in Abb. 4.16.b und kann nach dieser assoziativen Variablenpositionierung wie diese zugegriffen werden. Wann und wie eine solche Substitution eingesetzt wird, wird in Abschnitt 4.4 diskutiert.

Um eine solche assoziative Variablenpositionierung effizient durchzuführen, werden im allgemeinen vorbereitende Aktionen erforderlich sein. Eine Maßnahme könnte sein, die jeweilige Indexergebnisrelation in einer Hash-Tabelle zu materialisieren und so den direkten Zugriff auf Einträge zu ermöglichen. Damit dieser Mehraufwand nicht bei jeder Indexanfrage durchgeführt werden muß, haben wir den bisher übergangenen Parameter *associative_access* in der Funktion *index_access* vorgesehen. Wird dieser auf *yes* gesetzt, so heißt das, daß anschließend nicht nur sequentiell, sondern auch assoziativ auf die Indexergebnisrelation zugegriffen wird und daß der Index-Manager sie entsprechend aufbereiten muß.

Zusätzlich zu den Funktionen, um eine Indexanfrage zu formulieren und die Indexvariablen zu setzen, werden noch Funktionen benötigt, um die Indexeinträge zu lesen und den Status der Indexvariablen zu setzen und abzufragen. Wie verwenden hierfür die Formulierung

variable = index_variable.index_attribute

und die Funktionen

set_index_variable_status_after_set_index_variable (index_variable)
eof_index_object   (index_variable): boolean
index_tuple_found (index_variable): boolean.

Die erste Funktion testet, ob die letzte Positionierung von *index_variable* erfolgreich
war und setzt ihren Status entsprechend. Die zweite und dritte Funktion liefern den
aktuellen Status der Indexvariablen zurück.

4.4 Auswertung von Prädikaten mit Pfadindexen

4.4.1 Das Grundprinzip

Nachdem Pfadindexe und Zugriffsfunktionen für diese eingeführt wurden, wird nun
diskutiert, wie mit diesen Indexen Prädikate in komplexen Anfragen ausgewertet
werden können. Damit werden die Fragen 3 und 4 der vier Fragen in Abschnitt 4.1
beantwortet. Ein Anliegen ist dabei, ein möglichst allgemeingültiges Konzept zu entwickeln. Als Ansatzpunkt hierfür eignet sich der geschachtelte Aufbau komplexer Anfragen. Diese sind (zumindest in den in den Abschnitten 2.2.1 und 2.2.2 betrachteten
Erweiterungen der Relationenalgebra, des Relationenkalküls und von SQL) stets aus
einzelnen *Teilanfragen* zusammengesetzt. Gelingt es, diese und die in ihnen enthaltenen Prädikate unabhängig voneinander zu betrachten, so ist das der Schlüssel zum
automatischen Einsatz von Indexen in beliebig komplexen Anfragen.

Bevor wir allgemein zeigen, wie einzelne Teilanfragen und die in ihnen verwendeten
Prädikate transformiert werden können, wollen wir das Prinzip an einem Beispiel
erläutern. Dazu betrachte man noch einmal die Beispielanfrage 4.1. Diese besteht
aus zwei Teilanfragen. In der äußeren werden alle Filialtupel (f *in Filialen*) mit einer
Fläche von 10000 (*f.Fläche = 10000*) selektiert. Für jedes selektierte Tupel f wird die
Nummer ausgegeben (*x.F_Nr = f.F_Nr*). Außerdem wird für jedes selektierte f, und
das ist wichtig für das Folgende, die innere Teilanfrage einmal ausgewertet. In der
inneren Teilanfrage werden alle Abteilungstupel betrachtet, die dem jeweils aktuellen Filialtupel f der äußeren Anfrage angehören. Dies wird durch a *in f.Abteilungen*
ausgedrückt. Von diesen Abteilungstupeln werden diejenigen mit der Note 2 selektiert (*a.Note = 2*) und die Abteilungsnummern (*y.A_Nr = a.A_Nr*) und -namen
(*y.A_Name = a.A_Name*) ausgegeben.

Um die äußere Teilanfrage auszuwerten, gibt es, ähnlich wie im relationalen Fall, zwei
Möglichkeiten:

- Sequentielle Suche in den Filialtupeln.

- Indexanfrage mit anschließendem Direktzugriff auf die Filialtupel.

Bei der ersten Variante werden die Filialtupel sequentiell durchlaufen und für jedes Tupel das Prädikat ausgewertet. Qualifiziert sich ein Tupel, werden die gewünschten Werte ausgegeben und die innere Teilanfrage berechnet. Der Unterschied zum relationalen Fall ist, daß nicht sofort die komplexen Filialtupel vollständig gelesen werden müssen. Zuerst müssen nur die Records gelesen werden, die benötigt werden, um das Prädikat auszuwerten. Nur wenn sich ein Filialtupel qualifiziert, müssen auch die Records gelesen werden, die auszugebende Werte enthalten und die benötigt werden, um die innere Teilanfrage auszuwerten. Konzeptuell bedeutet dies, daß die folgenden drei Schritte ausgeführt werden.

Sequentielle Auswertung der äußeren Teilanfrage:

1. Die Variable f wird an alle Filialtupel gebunden.

2. Für jede Variablenbindung wird das Filialtupel so weit gelesen, daß die Prädikate ausgewertet werden können.

3. Von jedem qualifizierten Filialtupel werden die restlichen Records gelesen, so daß die gewünschten Werte ausgegeben und die innere Teilanfrage ausgewertet werden können.

Bei der zweiten Variante werden zuerst durch einen Zugriff auf den *Flächen_Index* (Abb. 4.12.c) die Identifier der Filialtupel bestimmt, die das Prädikat erfüllen. Danach werden die Variable f an diese Tupel gebunden, Records mit auszugebenden Werten gelesen und die innere Teilanfrage ausgeführt. Konzeptuell werden also die folgenden drei Schritte ausgeführt.

Indexunterstützte Auswertung der äußeren Teilanfrage:

1. Zugriff auf den *Flächen_Index.*

2. Direktes Binden der Variablen f an Filialtupel, welche das Prädikat erfüllen.

3. Lesen dieser Filialtupel, so daß die gewünschten Werte ausgegeben und die inneren Teilanfragen ausgewertet werden können.

In beiden Varianten wird die Variable f also in den Schritten 1 und 2 (einmal durch sequentielles Suchen und einmal durch einen Indexzugriff) an solche Tupel gebunden, die das Prädikat erfüllen. Der Schritt 3 ist dann jeweils gleich. Beide Male ist die Variable f an ein qualifiziertes Filialtupel gebunden, bevor die innere Teilanfrage ausgeführt wird. Damit sind die Voraussetzungen für die Auswertung der inneren Teilanfrage in beiden Fällen gleich.

Die innere Teilanfrage kann ebenfalls durch sequentielle Suche oder durch Verwendung eines Index (hier des *Noten_Index*) ausgewertet werden. Entsprechend unserem

Konzept kann der Index dabei auf zwei Arten eingesetzt werden, so daß sich zusammen mit der sequentiellen Suche drei Varianten ergeben:

- Sequentielle Suche in der jeweiligen Ausprägung der Abteilungssubrelation.

- Indexanfrage mit normalen und Adreßprädikaten, anschließend Direktzugriff auf die Abteilungstupel.

- Indexanfrage mit normalem Prädikat, anschließend assoziativer Zugriff auf die Indexergebnisrelation und Direktzugriff auf die Abteilungstupel.

In der ersten Variante wird die innere Anfrage in drei Schritten berechnet.

Sequentielle Auswertung der inneren Teilanfrage:

1. Die Variable a wird sequentiell an alle Elemente der aktuellen Subrelationsausprägung *f.Abteilungen* gebunden.

2. Für jede Variablenbindung wird das Prädikat ausgewertet.

3. Von den qualifizierten Subtupeln werden die gewünschten Werte ausgegeben.

In der zweiten Variante wird die innere Anfrage mit einem Index ausgewertet. Hierbei wird ähnlich wie bei der Auswertung der äußeren Anfrage vorgegangen.

Indexunterstützte Auswertung der inneren Teilanfrage mit Adreßprädikaten:

1. Indexanfrage an den *Noten_Index*.

2. Direktes Binden der Variablen a an die Abteilungstupel, deren Identifier in dem Indexergebnis aus Schritt 1 enthalten sind.

3. Ausgabe der gewünschten Werte.

Die entscheidende Voraussetzung für dieses Vorgehen ist, daß im Schritt 1 in der Indexanfrage ein Adreßprädikat angegeben werden kann:

```
index_access (index:          Noten_Index,
              predicate:       Note = 2,
              address_predicate: (F_ID = f.F_ID),
              path_projection: (A_ID),
              associative_access: no)
```

Durch Verwendung des Adreßprädikats ($F\_ID = f.F\_ID$) wird erreicht, daß die Indexergebnisrelation nur Identifier von Tupeln enthält, welche der Abteilungssubrelation des aktuellen Filialtupels f angehören. Wird beispielsweise in der äußeren Anfrage aktuell die Filiale 1 ($F\_ID = 0$) betrachtet, so enthält die Indexergebnisrelation nur

index_access_result	
F_ID	{A_IDs}
	A_ID
0	0
1	0
	1

Abb. 4.18: Ergebnis einer Indexanfrage

den Eintrag $(A\_ID = 0)$. Bei dieser Variante wird die Indexanfrage für jedes Tupel f, das sich in der äußeren Anfrage qualifiziert, einmal ausgeführt.

In der dritten Variante wird der *Noten_Index* insgesamt nur einmal angefragt:

```
index_access (index:           Noten_Index,
              predicate:        Note = 2,
              address_predicate: (),
              path_projection:  (F_ID, A_ID),
              associative_access: yes)
```

Diese Indexanfrage ist ohne Adreßprädikat formuliert. Dadurch enthält die Indexergebnisrelation (s. Abb. 4.18) die Identifier aller Abteilungstupel, die dem Prädikat *Note = 2* genügen. Um die Einträge dennoch den einzelnen Subrelationsausprägungen zuordnen zu können, wird die gesamte Adreßinformation (*path_projection: (F_ID, A_ID)*) in die Indexergebnisrelation aufgenommen.

Nach dieser Indexanfrage wird die innere Teilanfrage wieder für jedes Filialtupel f, das sich in der äußeren Anfrage qualifiziert, in drei Schritten ausgewertet.

Indexunterstützte Auswertung der inneren Teilanfrage mit assoziativem Zugriff auf die Indexergebnisrelation:

1. Mit der Funktion

   set_index_variable_associative (g, *index_access_result*, *F_ID*, *f.F_ID*)

   wird ein Zeiger g^{10} in der Indexergebnisrelation so gesetzt, daß das bezeichnete Tupel in der Subrelation *A_IDs* die Identifier der Abteilungstupel, die dem Prädikat genügen und die der aktuell betrachteten Filiale angehören, enthält.

2. Die Variable a wird direkt an die Abteilungstupel gebunden, deren Identifier in der Subrelation *A_IDs* genannt sind.

3. Die gewünschten Werte werden gelesen und ausgegeben.

Der Unterschied zur Variante zwei ist, daß nur eine Indexanfrage benötigt wird. Dafür ist die Indexergebnisrelation größer (mehr Einträge, längere Adreßinformation), und

---

[10] g sei der symbolische Name des Zeigers.

es muß in ihr assoziativ gesucht werden. Welche der möglichen Varianten die günstigste ist, hängt von der Zahl der Tupel in den Relationen und Subrelationen und der Selektivität der Prädikate ab. Wie die kostengünstigste Variante zu bestimmen ist, wird in Kapitel 6 diskutiert.

An diesem Beispiel sollten erst einmal nur das Grundprinzip, wie Anfragen ausgewertet werden können, und die verschiedenen Möglichkeiten, dabei Indexe einzusetzen, vorgestellt werden. Für den allgemeinen Fall kann festgehalten werden, daß in unserem Vorschlag jede Teilanfrage zweistufig ausgewertet wird:

1. Die Variablen in der Teilanfrage werden so an Elemente gebunden, daß alle Prädikate in der Teilanfrage erfüllt sind (jeweils Schritt 1 und 2). Dies kann entweder durch sequentielle Suche oder durch Einsatz von Indexen geschehen.

2. Die von der Teilanfrage auszugebenden Werte werden bereitgestellt, und die innerhalb der Teilanfrage formulierten weiteren Teilanfragen werden ausgeführt (Schritt 3).

Bei diesem Top-Down-Vorgehen kann jede Teilanfrage einzeln betrachtet werden, da vor Ausführung einer Teilanfrage stets alle global auftretenden Variablen gebunden sind. Dies gilt unabhängig davon, ob in der Stufe 1 die Variablenbindung durch eine sequentielle Suche, durch eine Indexanfrage mit anschließender direkter Bindung der Variablen oder durch eine Mischform zwischen beiden Varianten (wenn mehrere Prädikate auszuwerten sind) realisiert wird. Im folgenden werden wir allgemeingültig zeigen, wie in den verschiedenen Situationen (mehrere Variablen und mehrere Prädikate in einer Teilanfrage) Indexe eingesetzt werden können. Dazu wird in dem Rest dieses Kapitels diskutiert, wie die Teilanfragen transformiert werden können. In Kapitel 5 wird dann skizziert, wie sich diese Transformationen implementieren lassen.

4.4.2 Auswertung von Selektionsprädikaten

In einem Selektionsprädikat wird ein Datenbankwert mit einer Konstanten verglichen. Allgemein kann ein solches Prädikat als p (*Datenbankwert, Konstante*) formuliert werden. Dabei können sowohl atomare als auch strukturierte Werte (wie z. B. geschachtelte Tupel) miteinander in Beziehung gesetzt werden. Stellvertretend betrachten wir hier die wohl typischste Form eines Selektionsprädikats (*Datenbankwert op Konstante*) mit *op* einer der Vergleichsoperationen $<$, $\leq$, $=$, $\geq$ oder $>$. Bei der Transformation eines solchen Prädikats sind zwei Arten von Variablenbindung zu unterscheiden:

- unabhängige Variablenbindung

- abhängige Variablenbindung.

$$\{ \, x \mid \exists \; a_0, \, ..., \, a_n, \hspace{7cm} [1]$$

$$b_r, \, ..., \, b_s: \hspace{9cm} [2]$$

$$(a_0 \text{ in Relation} \hspace{3cm} \text{and} \hspace{3cm} [3]$$

$$a_i \text{ in } a_{i-1}.Attr_i \; (i: 1 \, .. \, n) \hspace{2cm} \text{and} \hspace{3cm} [4]$$

$$b_r \text{ in } ... \text{ and } ... \text{ and } b_s \text{ in } ... \hspace{1.5cm} \text{and} \hspace{3cm} [5]$$

$$a_n.A \text{ op Konstante} \hspace{3cm} \text{and} \hspace{3cm} [6]$$

$$p \, (a_0, \, ..., \, a_n, \, b_q, \, ..., \, b_r, \, ..., \, b_s) \hspace{1cm} \text{and} \hspace{3cm} [7]$$

$$x.Attr'_k = p_k \, (a_0, \, ..., \, a_n, \, b_q, \, ..., \, b_r, \, ..., \, b_s) \; (k: 1 \, .. \, m) \,) \} \hspace{1cm} [8]$$

Abb. 4.19.a: Teilanfrage mit unabhängiger Bindung der Variablen a_0 bis a_n

$$\{ \, x \mid \exists \; a_t, \, ..., \, a_n, \hspace{7cm} [1]$$

$$b_r, \, ..., \, b_s: \hspace{9cm} [2]$$

$$\hspace{12cm} [3]$$

$$(a_i \text{ in } a_{i-1}.Attr_i \; (i: t \, .. \, n) \hspace{2cm} \text{and} \hspace{3cm} [4]$$

$$b_r \text{ in } ... \text{ and } ... \text{ and } b_s \text{ in } ... \hspace{1.5cm} \text{and} \hspace{3cm} [5]$$

$$a_n.A \text{ op Konstante} \hspace{3cm} \text{and} \hspace{3cm} [6]$$

$$p \, (a_0, \, ..., \, a_n, \, b_q, \, ..., \, b_r, \, ..., \, b_s) \hspace{1cm} \text{and} \hspace{3cm} [7]$$

$$x.Attr'_k = p_k \, (a_0, \, ..., \, a_n, \, b_q, \, ..., \, b_r, \, ..., \, b_s) \; (k: 1 \, .. \, m) \,) \} \hspace{1cm} [8]$$

Abb. 4.19.b: Teilanfrage mit abhängiger Bindung der Variablen a_t bis a_n

Abb. 4.19: Kanonische Darstellung einer allgemeinen Teilanfrage

Diese Unterscheidung geht auf unsere Arbeiten [Keß90] und [KD91] zurück, in denen wir zwischen unabhängigen und abhängigen Teilanfragen mit jeweils einer Variable unterschieden haben. Hier untersuchen wir die Erweiterung, bei der beliebig viele Variablen in jeder Teilanfrage auftreten können. Dazu betrachten wir die zwei kanonischen Formen einer Teilanfrage, wie sie in Abb. 4.19 angegeben sind. In beiden Fällen seien dabei die Variablen b_q bis b_{r-1} außerhalb der jeweiligen Teilanfrage gebunden. Im Fall der abhängigen Variablenbindung sind zusätzlich die Variablen a_0 bis a_{t-1} außerhalb der Teilanfrage gebunden, wobei durch a_0 bis a_{t-1} wie bei der unabhängigen Variablenbindung ein Pfad in *Relation* spezifiziert werden soll.

Beide Teilanfragen genügen der in Abschnitt 2.2.2 geforderten Form. Sie sind wie folgt zu lesen: In den Zeilen 1 und 2 werden die in der Anfrage lokal verwendeten Variablen definiert. Diese werden in den Zeilen 3 bis 5 an Mengen gebunden, wobei *Relation* die Relation aus Abb. 4.9 sei. Zeile 6 enthält das betrachtete Selektionsprädikat. In Zeile 7 werden weitere Prädikate spezifiziert, die sich sowohl auf lokal gebundene Variablen als auch auf solche, die außerhalb der Teilanfrage gebunden werden, beziehen können. In Zeile 8 wird schließlich angegeben, welche Werte auszugeben sind. Außerdem repräsentiert diese Zeile auch alle Teilanfragen, die innerhalb der betrachteten Anfrage ausgeführt werden.

4.4.2.1 Indexeinsatz bei unabhängiger Variablenbindung

Bei Auswertung einer Teilanfrage, in der die Variablen a_0 bis a_n unabhängig gebunden sind, müssen die Variablen so an Elemente von *Relation* und deren Subrelationen gebunden werden, daß gilt:

1. $a_0 \in$ Relation

2. $a_i \in a_{i-1}.\text{Attr}_i$, $\forall\, i = 1 .. \text{n}$

3. $a_n.\text{A}$ op Konstante ist wahr.

Um diese Variablenbindung zu realisieren, kann entweder sequentiell gesucht oder der *A_Index* (Abb. 4.11) auf dem Attribut *a* angefragt und die Variablen a_0 bis a_n direkt gebunden werden. Bei der sequentiellen Suche werden die Variablen a_0 bis a_n nacheinander an alle Elemente von *Relation* und deren Subrelationen gebunden und das Prädikat $a_n.A$ *op Konstante* überprüft. Eine Transformation der Anfrage ist nicht erforderlich.

Im zweiten Fall wird die Anfrage in vier Schritten transformiert:

1. Das Prädikat $a_n.A$ *op Konstante* wird entfernt.

2. Eine Indexanfrage an den *A_Index* wird eingefügt. Als Prädikat wird *A op Konstante* verwendet. Ein Adreßprädikat wird nicht angegeben, da alle Variablen a_0 bis a_n gesetzt werden müssen. Die gesamte Adreßinformation wird ausgegeben. Der Parameter *associative_access* wird auf *no* gesetzt.

3. Zum Zugriff auf die Indexergebnisrelation werden neue Variablen c_0 bis c_n deklariert. Sie repräsentieren die hierarchischen Zeiger, mit denen die Indexergebnisrelation und deren Subrelationen sequentiell gelesen werden.

4. Es werden Konstrukte in die Anfrage aufgenommen, die aussagen, daß die Variablen a_0 bis a_n jeweils direkt an die durch die Variablen c_0 bis c_n bezeichneten Elemente gebunden werden.

Formal läßt sich eine so transformierte Anfrage wie in Abb. 4.20 schreiben. Die Zeilen 1, 2 bis 5, 7 und 8 werden darin unverändert aus der Originalanfrage übernommen. Die Zeile 6 mit dem Selektionsprädikat wird entfernt. Dafür werden die Zeilen 6a bis 6e mit der Indexanfrage neu eingefügt. Das Schema der entsprechenden Indexergebnisrelation ist in Abb. 4.21.a gegeben. Die Variablen c_0 bis c_n werden in den Zeilen 1a deklariert und in 6a und 6f an Elemente der Indexergebnisrelation und deren Subrelationen gebunden. In Zeile 6h wird durch die neuen Prädikate $a_i.ID_i = c_i.ID_i$ implizit ausgedrückt, daß die Variablen a_0 bis a_n jeweils direkt unter Verwendung der Identifier in der Indexergebnisrelation an Elemente von *Relation* und deren Subrelationen gebunden werden.

$\{\ x\ |\ \exists\ a_0,\ ...,\ a_n,$ [1]
$\qquad c_0,\ ...,\ c_n,$ [1a]
$\qquad b_r,\ ...,\ b_s:$ [2]
$\qquad a_0$ in Relation   and   [3]
$\qquad a_i$ in $a_{i-1}.\text{Attr}_i$ (i: 1 .. n)   and   [4]
$\qquad b_r$ in ... and ... and b_s in ...   and   [5]
$\qquad c_0$ in **index_access** (**index:**   **A_Index,**   [6a]
$\qquad\qquad\qquad\qquad$ **predicate:**   **A op Konstante,**   [6b]
$\qquad\qquad\qquad\qquad$ **address_predicate:** (),   [6c]
$\qquad\qquad\qquad\qquad$ **path_projection:** $\text{ID}_0,\ ...,\ \text{ID}_n$), [6d]
$\qquad\qquad\qquad\qquad$ **associative_access: no)**   and   [6e]
$\qquad c_i$ in $c_{i-1}.\textbf{IDs}_i$ (i: 1 .. n)   and   [6f]
$\qquad a_i.\textbf{ID}_i = c_i.\textbf{ID}_i$ (i: 0 .. n)   and   [6h]
$\qquad$ p $(a_0,\ ...,\ a_n,\ b_q,\ ...,\ b_r,\ ...,\ b_s)$ and   [7]
$\qquad x.\text{Attr}'_k = p_k\ (a_0,\ ...,\ a_n,\ b_q,\ ...,\ b_r,\ ...,\ b_s)$ (k: 1 .. m) $\}$ [8]

Abb. 4.20: Transformierte Anfrage bei unabhängiger Variablenbindung

Daß die transformierte und die Originalanfrage äquivalent sind, kann formal bewiesen
werden:

Schritt 1: Mittels einer zusätzlichen Variablen c (Zeile 1a) wird die Indexergebnisrelation entnestet (Zeile 6g), so daß man die Relation in Abb. 4.21.b
erhält. Die Variablen a_0 bis a_n werden über die Identifier in der entne-
steten Indexergebnisrelation gebunden (Zeile 6h). Diese Umformung ist
äquivalent, weil wir bei der formalen Definition der Funktion *index_access*
in Abschnitt 4.3.2 die genestete Indexergebnisrelation durch vollständige
Nestung aus der ungenesteten Indexergebnisrelation gewinnen.

$\{\ x\ |\ \exists\ a_0,\ ...,\ a_n,$ [1]
$\qquad c,\ c_0,\ ...,\ c_n,$ [1a]
$\qquad b_r,\ ...,\ b_s:$ [2]
$\qquad a_0$ in Relation   and   [3]
$\qquad a_i$ in $a_{i-1}.\text{Attr}_i$ (i: 1 .. n)   and   [4]
$\qquad b_r$ in ... and ... and b_s in ...   and   [5]
$\qquad c_0$ in index_access (index: A_Index,   [6a]
$\qquad\qquad\qquad\qquad$ predicate: A op Konstante,   [6b]
$\qquad\qquad\qquad\qquad$ address_predicate: (),   [6c]
$\qquad\qquad\qquad\qquad$ path_projection: $(\text{ID}_0,\ ...,\ \text{ID}_n)$,   [6d]
$\qquad\qquad\qquad\qquad$ associative_access: no)   and   [6e]
$\qquad c_i$ in $c_{i-1}.\text{IDs}_i$ (i: 1 .. n)   and   [6f]
$\qquad \textbf{c.ID}_i = c_i.\textbf{ID}_i$ (i: 0 .. n)   and   [6g]
$\qquad a_i.\textbf{ID}_i = \textbf{c.ID}_i$ (i: 0 .. n)   and   [6h]
$\qquad$ p $(a_0,\ ...,\ a_n,\ b_q,\ ...,\ b_r,\ ...,\ b_s)$ and   [7]
$\qquad x.\text{Attr}'_k = p_k\ (a_0,\ ...,\ a_n,\ b_q,\ ...,\ b_r,\ ...,\ b_s)$ (k: 1 .. m) $\}$ [8]

{index_access_result}		
ID_0	{IDs_1}	
	ID_1	{IDs_2}
		...
		ID_{n-1} {IDs_n}
		ID_n

Abb. 4.21.a: NF^2-Darstellung

{index_access_result}				
ID_0	ID_1	...	ID_{n-1}	ID_n

Abb. 4.21.b: 1NF-Darstellung

Abb. 4.21: In der transformierten Anfrage verwendete Indexergebnisrelation

Schritt 2: Die formale Definition der Funktion *index_access* aus Abb. 4.14.b wird eingesetzt (Zeilen 1a, 6a, 6b, 6c):

$$\{ \ x \mid \exists \ a_0, ..., a_n, \hspace{6cm} [1\ ]$$

$$\mathbf{c, d,} \hspace{8cm} [1a]$$

$$b_r, ..., b_s: \hspace{7cm} [2\ ]$$

$$a_0 \text{ in Relation} \hspace{4cm} \text{and} \quad [3\ ]$$

$$a_i \text{ in } a_{i-1}.\text{Attr}_i \quad (i: 1 .. n) \hspace{2cm} \text{and} \quad [4\ ]$$

$$b_r \text{ in ... and ... and } b_s \text{ in ...} \hspace{2cm} \text{and} \quad [5\ ]$$

$$\mathbf{d \text{ in } A\_Index} \hspace{4cm} \mathbf{and} \quad [6a]$$

$$\mathbf{d.A \text{ op Konstante}} \hspace{3.5cm} \mathbf{and} \quad [6b]$$

$$\mathbf{c.ID_i = d.ID_i} \quad (i: 0 .. n) \hspace{2cm} \mathbf{and} \quad [6c]$$

$$a_i.ID_i = c.ID_i \hspace{0.5cm} (i: 0 .. n) \hspace{2cm} \text{and} \quad [6h]$$

$$p \ (a_0, ..., a_n, b_q, ..., b_r, ..., b_s) \hspace{2cm} \text{and} \quad [7\ ]$$

$$x.\text{Attr'}_k = p_k \ (a_0, ..., a_n, b_q, ..., b_r, ..., b_s) \ (k: 1 .. m) \ \} \hspace{1cm} [8\ ]$$

Schritt 3: Die Variable c wird eliminiert, und die formale Definition des Index aus Abb. 4.10 wird eingefügt (Zeilen 1a, 1b, 6a bis 6d, 6h):

$$\{ \ x \mid \exists \ a_0, ..., a_n, \hspace{6cm} [1\ ]$$

$$\mathbf{d,} \hspace{8cm} [1a]$$

$$\mathbf{e_0, ..., e_n,} \hspace{7cm} [1b]$$

$$b_r, ..., b_s: \hspace{7cm} [2\ ]$$

$$a_0 \text{ in Relation} \hspace{4cm} \text{and} \quad [3\ ]$$

$$a_i \text{ in } a_{i-1}.\text{Attr}_i \quad (i: 1 .. n) \hspace{2cm} \text{and} \quad [4\ ]$$

$$b_r \text{ in ... and ... and } b_s \text{ in ...} \hspace{2cm} \text{and} \quad [5\ ]$$

$$\mathbf{e_0 \text{ in Relation}} \hspace{4cm} \mathbf{and} \quad [6a]$$

$$\mathbf{e_i \text{ in } e_{i-1}.Attr_i} \quad (i: 1 .. n) \hspace{2cm} \mathbf{and} \quad [6b]$$

$$\mathbf{d.A = e_n.A} \hspace{5cm} \mathbf{and} \quad [6c]$$

$$\mathbf{d.ID_i = e_i.ID_i} \quad (i: 0 .. n) \hspace{2cm} \mathbf{and} \quad [6d]$$

$$d.A \text{ op Konstante} \hspace{3.5cm} \text{and} \quad [6e]$$

$$\mathbf{a_i.ID_i = d.ID_i} \quad (i: 0 .. n) \hspace{2cm} \mathbf{and} \quad [6h]$$

$$p \ (a_0, ..., a_n, b_q, ..., b_r, ..., b_s) \hspace{2cm} \text{and} \quad [7\ ]$$

$$x.\text{Attr'}_k = p_k \ (a_0, ..., a_n, b_q, ..., b_r, ..., b_s) \ (k: 1 .. m) \ \} \hspace{1cm} [8\ ]$$

Schritt 4: Die Variable d wird eliminiert (Zeilen 6c, 6h):

$$
\begin{array}{lll}
\{\ x \mid \exists\ a_0,\ ...,\ a_n, & & [1\ ] \\
\quad e_0,\ ...,\ e_n, & & [1b] \\
\quad b_r,\ ...,\ b_s: & & [2\ ] \\
\quad a_0\ \text{in Relation} & \text{and} & [3\ ] \\
\quad a_i\ \text{in}\ a_{i-1}.\text{Attr}_i \quad (i{:}\ 1\ ..\ n) & \text{and} & [4\ ] \\
\quad b_r\ \text{in ... and ... and}\ b_s\ \text{in ...} & \text{and} & [5\ ] \\
\quad e_0\ \text{in Relation} & \text{and} & [6a] \\
\quad e_i\ \text{in}\ e_{i-1}.\text{Attr}_i \quad (i{:}\ 1\ ..\ n) & \text{and} & [6b] \\
\quad \mathbf{e_n.A\ op\ Konstante} & \mathbf{and} & [6c] \\
\quad \mathbf{a_i.ID_i\ =\ e_i.ID_i} \quad (i{:}\ 0\ ..\ n) & \mathbf{and} & [6h] \\
\quad p\ (a_0,\ ...,\ a_n,\ b_q,\ ...,\ b_r,\ ...,\ b_s) & \text{and} & [7\ ] \\
\quad x.\text{Attr}'_k\ =\ p_k\ (a_0,\ ...,\ a_n,\ b_q,\ ...,\ b_r,\ ...,\ b_s)\ (k{:}\ 1\ ..\ m)\ \} & & [8\ ]
\end{array}
$$

Als letzter Schritt wird die Zeile 6c in die Zeile 6 "$a_n.A\ op\ Konstante$" der Originalanfrage umgeformt. Dies ist zulässig, da durch die Zeile 6h die Variablen e_i stets an die gleichen Elemente wie die Variablen a_i gebunden werden (s. a. Definition der Identifier in Abschnitt 4.3.1). Nach Elimination der Variablen e_i ergibt sich die Originalanfrage, womit die Äquivalenz der Anfragetransformation bewiesen ist.

Mit diesen Transformationsregeln können die äußere Teilanfrage der Beispielanfrage 4.1 und die Beispielanfrage 4.2 so umgeformt werden, daß sie mit dem *Flächen_Index* bzw. dem *Noten_Index* ausgewertet werden.

Beispieltransformation 4.1: Die umgeformte äußere Teilanfrage der Anfrage 4.1

```
{ x | ∃ f, g: (f in Filialen                                      and
             g in index_access (index:          Flächen_Index,
                                predicate:       Fläche = 10000,
                                address_predicate: (),
                                path_projection: (F_ID),
                                associative_access: no)           and
             f.F_ID = g.F_ID                                      and
             x.F_Nr = f.F_Nr                                      and
             x.Abteilungen = {...}}}
```

Die äußere Teilanfrage wird jetzt ausgewertet, wie in Abschnitt 4.4.1 in der Variante "Indexunterstützte Auswertung der äußeren Teilanfrage" (Seite 115) beschrieben.

Beispieltransformation 4.2: Die umgeformte Beispielanfrage 4.2

$\{\,$ y $\mid$ $\exists$ f, g, a, b: (f in Filialen   and
a in f.Abteilungen   and
g in index_access (index: Noten_Index,
predicate: Note = 4,
address_predicate: (),
path_projection: (F_ID, A_ID),
associative_access: no)   and
b in g.A_IDs   and
f.F_ID = g.F_ID   and
a.A_ID = b.A_ID   and
y.A_Nr = a.A_Nr and y.A_Name = a.A_Name)$\}$.

Diese Anfrage wird jetzt ausgewertet, indem beide Variablen f und a direkt an Elemente von *Filialen* und *Abteilungen* gebunden werden, die das Prädikat erfüllen.

4.4.2.2 Indexeinsatz bei abhängiger Variablenbindung

Im vorigen Abschnitt wurde der Fall, daß alle Variablen a_0 bis a_n innerhalb der zu transformierenden Teilanfrage gebunden werden, untersucht. Jetzt wird dargestellt, wie zu verfahren ist, wenn die Variablen a_0 bis a_{t-1} bereits außerhalb der Teilanfrage gebunden wurden, so daß es sich um eine Teilanfrage mit *abhängiger* Bindung der Variablen a_t bis a_n handelt. In diesem Fall müssen bei Auswertung der Teilanfrage nur die Variablen a_t bis a_n gesetzt werden.

In Abschnitt 4.4.1 wurden beispielhaft drei Varianten vorgestellt, um die Variablenbindung in diesem Fall mit und ohne Indexeinsatz zu realisieren. Die erste ist die sequentielle Suche. Hierbei werden die Variablen a_t bis a_n nacheinander gebunden und die Prädikate überprüft. Eine Transformation der Anfrage ist nicht erforderlich.

Die zweite Variante ist, einen Index mit normalen und Adreßprädikaten anzufragen. Die allgemeine Teilanfrage in Abb. 4.19.b muß dazu in vier Schritten transformiert werden:

1. Das Prädikat $a_n.A$ *op Konstante* wird entfernt.

2. Eine Indexanfrage an den *A_Index* wird eingefügt. Das Prädikat ist *A op Konstante* (s. Abb. 4.22, Zeile 6b). Da die Variablen a_0 bis a_{t-1} außerhalb der Teilanfrage gebunden werden, werden Adreßprädikate verwendet (Zeile 6c). Diese stellen sicher, daß die Indexergebnisrelation nur Identifier von Subtupeln enthält, die in der durch die Variablen a_0 bis a_{t-1} bezeichneten Subrelationsausprägung von *Attr$_t$* liegen. In der *path_projection* (Zeile 6d) werden die Identifier-Attribute ID_t bis ID_n angegeben, da diese die Identifier der Subrelationen *Attr$_t$* bis *Attr$_n$* enthalten. Der Zugriff erfolgt sequentiell, deshalb wird *associative_access* auf *no* gesetzt.

3. Zum Zugriff der Indexergebnisrelation werden die Variablen c_t bis c_n deklariert (Zeile 1a).

4. Als letztes werden Prädikate in die Anfrage aufgenommen, die beschreiben, daß die Variablen a_t bis a_n direkt gebunden werden (Zeile 6h).

Formal lautet die transformierte Anfrage wie in Abb. 4.22 gezeigt. Der Beweis, daß die transformierte und die Originalanfrage äquivalent sind, verwendet die gleichen Schritte wie der Beweis im vorigen Abschnitt. Deshalb wird er hier nicht wiedergegeben.

Mit diesen Methoden kann zum Beispiel die innere Teilanfrage der Beispielanfrage 4.1 transformiert werden.

Beispieltransformation 4.3: Die umgeformte innere Teilanfrage der Anfrage 4.1

```
{ x | ∃ f: (f in Filialen          and
           f.Fläche = 10000    and
           x.F_Nr = f.F_Nr     and
           x.Abteilungen =
              { y | ∃ a, b: (a in f.Abteilungen                          and
                            b in index_access (index:          Noten_Index,
                                                predicate:      Note = 2,
                                                address_predicate: (F_ID = f.F_ID),
                                                path_projection:   (A_ID),
                                                associative_access: no)   and
                      a.A_ID = b.A_ID                          and
                      y.A_Nr = a.A_Nr                          and
                      y.A_Name = a.A_Name )})}
```

Die innere Teilanfrage wird jetzt ausgewertet, wie in Abschnitt 4.4.1 im Punkt "Indexunterstützte Auswertung der inneren Teilanfrage mit Adreßprädikaten" (Seite 116) beschrieben. Dabei wird die Indexanfrage für jede gültige Variablenbindung von f bzw. im allgemeinen Fall von a_0 bis a_{t-1} einmal ausgeführt. Bei jedem Aufruf haben die Variablen $f.F\_ID$ bzw. $a_0.ID_0$ bis $a_{t-1}.ID_{t-1}$ einen anderen Wert, so daß sich die Indexergebnisrelation jeweils ändert.

Die dritte Variante, ein Selektionsprädikat bei abhängiger Variablenbindung auszuwerten, verwendet ebenfalls einen Index. Im Gegensatz zur vorigen werden aber ein Teil oder alle Adreßprädikate durch assoziative Suche in der Indexergebnisrelation ausgewertet. Im Extremfall werden dazu alle Adreßprädikate in der Indexanfrage weggelassen und statt dessen die vollständige Pfadinformation aus dem Index in die Indexergebnisrelation übertragen. Bei Auswertung der Anfrage werden dann Zeiger innerhalb der Indexergebnisrelation entsprechend der aktuellen Variablenbindung von $a_0.ID_0$ bis $a_{t-1}.ID_{t-1}$ assoziativ gesetzt und so die Adreßprädikate implizit ausgewertet.

$\{ x \mid \exists\ a_t, ..., a_n,$ [1]

         $c_t, ..., c_n,$ [1a]

         $b_r, ..., b_s:$ [2]

         [3]

$(a_i$ in $a_{i-1}.\text{Attr}_i$ (i: t .. n)	and	[4]
b_r in ... and ... and b_s in ...	and	[5]
c_t in **index_access** (**index:** **A_Index,**		[6a]
predicate: **A op Konstante,**		[6b]
address_predicate: $(\text{ID}_j = a_j.\text{ID}_j)$ $(j{:}\ 0 .. \ t\text{-}1)$,		[6c]
path_projection: $(\text{ID}_t, ..., \text{ID}_n)$,		[6d]
associative_access: no)	and	[6e]
c_i in $c_{i-1}.\textbf{IDs}_i$ (i: t+1 .. n)	and	[6f]
$a_i.\textbf{ID}_i = c_i.\textbf{ID}_i$ (i: t .. n)	and	[6h]
p $(a_0, ..., a_n, b_q, ..., b_r, ..., b_s)$	and	[7]
$x.\text{Attr'}_k = p_k\ (a_0, ..., a_n, b_q, ..., b_r, ..., b_s)\ (k{:}\ 1 .. \ m)\ )\}$		[8]

Abb. 4.22: Transformierte Anfrage bei abhängiger Variablenbindung

Im allgemeinen Fall, wenn die Variablen a_0 bis a_{t-1} außerhalb der zu transformierenden Teilanfrage gebunden werden, können für ein beliebiges u ($0 \leq u \leq t\text{-}1$) die Adreßprädikate $ID_j = a_j.ID_j$ ($j{:}\ 0 .. \ u$) in der Indexanfrage formuliert und die übrigen Adreßprädikate $ID_l = a_l.ID_l$ ($l : u+1 .. \ t\text{-}1$) durch assoziative Suche in der Indexergebnisrelation ausgewertet werden. Um eine solche Auswertstrategie zu erzeugen, wird eine Anfrage, die bereits entsprechend Abb. 4.22 transformiert wurde, ein zweites Mal in vier Schritten umgeformt:

1. Ein u mit $0 \leq u \leq t\text{-}1$ wird gewählt.

2. Aus der Indexanfrage werden die Adreßprädikate $ID_{u+1} = a_{u+1}.ID_{u+1}$ bis $ID_{t-1} = a_{t-1}.ID_{t-1}$ entfernt. Dafür wird die *path_projection* um ID_{u+1} bis ID_{t-1} verlängert. Der Parameter *associative_access* wird auf *yes* gesetzt.

3. Es werden Zeiger erzeugt, die assoziativ in der Indexergebnisrelation gesetzt werden können.

4. Es werden Anweisungen erzeugt, die bei Auswertung der Anfrage die Zeiger entsprechend den aktuellen Belegungen von $a_{u+1}.ID_{u+1}$ bis $a_{t-1}.ID_{t-1}$ in der Indexanfrage positionieren.

Formal lautet die so transformierte Anfrage jetzt wie in Abb. 4.23 gezeigt. Dabei gelte $0 \leq u \leq t-1$. Die Umformung der Indexanfrage in Schritt 2 spiegelt sich hierin in den Zeilen 6c bis 6e wider. Die Laufvariable j läuft nur noch bis u, dafür beginnt die *path_projection* jetzt bei $u+1$. Die in Schritt 3 eingefügten Zeiger werden durch die zusätzlichen Variablen c_{u+1} bis c_{t-1} (Zeilen 1a, 6a, 6f) repräsentiert. Die in Schritt 4 generierten Anweisungen zur assoziativen Positionierung der Zeiger werden in Zeile 6g durch die zusätzlichen Prädikate dargestellt.

Ausgehend von dieser formalen Darstellung kann wieder bewiesen werden, daß auch diese Transformation korrekt ist. In dem Beweis wird zuerst die Indexergebnisrelation entnestet. Danach wird die formale Definition der Indexanfrage und des Index eingesetzt. Die sich daraus ergebende Anfrage kann dann so umgeformt werden, daß man die Ursprungsanfrage in Abb. 4.19.b erhält.

Wendet man diese Transformationsregeln auf die in der Beispieltransformation 4.3 umgeformte innere Teilanfrage der Beispielanfrage 4.1 an, so erhält man die nachfolgende Transformation.

Beispieltransformation 4.4: Die zweimal umgeformte innere Teilanfrage der Anfrage 4.1

```
{ x | ∃ f: (f in Filialen              and
           f.Fläche = 10000    and
           x.F_Nr = f.F_Nr     and
           x.Abteilungen =
             { y | ∃ a, g, b: (a in f.Abteilungen                        and
                             g in index_access (index:          Noten_Index,
                                                predicate:       Note = 2,
                                                address_predicate: (),
                                                path_projection:   (F_ID, A_ID),
                                                associative_access: yes)    and
                             g.F_ID = f.F_ID                              and
                             a.A_ID = b.A_ID                              and
                             y.A_Nr = a.A_Nr                              and
                             y.A_Name = a.A_Name )})}
```

Bei dieser Transformation hat u den Wert 0, so daß die Indexanfrage kein Adreßprädikat enthält. Statt dessen wird die vollständige Adreßinformation ausgegeben. Die neue Variable g repräsentiert den Zeiger, um auf die Indexergebnisrelation assoziativ zuzugreifen. Das Prädikat $g.F\_ID = f.F\_ID$ steht für die Anweisung, die Variable g assoziativ zu positionieren. Damit würde in diesem Fall die innere Teilanfrage entsprechend der in Abschnitt 4.4.1 im Punkt "Indexunterstützte Auswertung der inneren Teilanfrage mit assoziativem Zugriff auf die Indexergebnisrelation" (Seite 117) beschriebenen Variante drei ausgewertet werden. Dabei würde die Indexergebnisrelation in Abb. 4.18 verwendet werden.

Bei der Ausführung der inneren Teilanfrage ist zu beachten, daß die Indexanfrage nicht von der äußeren Anfrage abhängt. Die Indexanfrage muß deshalb nur einmal und nicht jedesmal, wenn die innere Teilanfrage ausgewertet wird, ausgeführt werden. Implementieren läßt sich dies entweder, indem vor Ausführung einer Indexanfrage geprüft wird, ob sich die Adreßprädikate geändert haben, oder indem die Indexanfrage an eine Position verschoben wird, an der sie nur einmal aufgerufen wird.

```
{ x | ∃ a_t, ..., a_n,                                                      [1 ]
      c_{u+1}, ... c_{t-1}, c_t, ..., c_n,                                   [1a]
      b_r, ..., b_s:                                                         [2 ]
                                                                            [3 ]
      (a_i in a_{i-1}.Attr_i          (i: t .. n)                and        [4 ]
       b_r in ... and ... and b_s in ...                         and        [5 ]
       c_{u+1} in index_access (index:            A_Index,                  [6a]
                                predicate:        A op Konstante,           [6b]
                                address_predicate: (ID_j = a_j.ID_j) (j: 0 .. u),  [6c]
                                path_projection:  (ID_{u+1}, ..., ID_n),    [6d]
                                associative_access: yes)          and       [6e]
       c_i in c_{i-1}.IDs_i       (i: u+2 .. n)                   and       [6f ]
       c_l.ID_l = a_l.ID_l        (l: u+1 .. t-1)                 and       [6g]
       a_i.ID_i = c_i.ID_i        (i: t .. n)                     and       [6h]
       p (a_0, ..., a_n, b_q, ..., b_r, ..., b_s)                and        [7 ]
       x.Attr'_k = p_k (a_0, ..., a_n, b_q, ..., b_r, ..., b_s) (k: 1 .. m) )}  [8 ]
```

Abb. 4.23: Transformierte Anfrage bei assoziativem Zugriff der Indexergebnisrelation

4.4.3　Auswertung von Existenzprädikaten

Im vorigen Abschnitt wurden Selektionsprädikate ausführlich diskutiert. Hier wird nun dargestellt, wie geschachtelte Existenzprädikate berechnet werden können. Da die grundlegenden Prinzipien in beiden Fällen die gleichen sind, führen wir die Auswertung von Existenz- auf die Auswertung von Selektionsprädikaten zurück.

Ein typisches Beispiel eines Existenzprädikats tritt in der Beispielanfrage 4.3 auf, die hier noch einmal wiedergegeben sei:

```
{ x | ∃ f: (f in Filialen and
            ∃ a: (a in f.Abteilungen and a.Note = 4) and
            x.F_Nr = f.F_Nr and x.Fläche = f.Fläche)}
```

Bei Auswertung dieser Anfrage muß die Variable f an solche Filialen gebunden werden, in denen es mindestens eine Abteilung mit der Note 4 gibt. Dies kann entweder durch sequentielle Suche oder durch Anwendung des *Noten_Index* geschehen.

Im ersten Fall wird die Variable f sequentiell an alle Filialen gebunden. Für jede Bindung von f wird die Existenzbedingung überprüft. Dazu wird in einer Schleife die Variable a an Abteilungen der aktuellen Filialen f gebunden, bis die erste Abteilung mit einer *Note = 4* gefunden wird. Wird keine entsprechende Abteilung gefunden, ist das Existenzprädikat nicht erfüllt.

Im zweiten Fall wird die Anfrage in zwei Stufen transformiert.

Stufe 1: Das Prädikat $a.Note = 4$ in der Existenzbedingung wird durch eine Index-anfrage ersetzt. Hierbei wird analog zu den vier Transformationsschritten in Abschnitt 4.4.2.1 vorgegangen. Der Unterschied ist nur, daß die Variable a in einem Existenzprädikat und nicht direkt in der Anfrage gebunden ist. Das Ergebnis ist die

Beispieltransformation 4.5: Transformation des $\exists$-Prädikats in Anfrage 4.3 (1. Stufe)

```
{ x | ∃ f, g: (f in Filialen                                      and
              g in index_access (index:           Noten'_Index,
                                 predicate:        Note = 4,
                                 address_predicate: (),
                                 path_projection:  (F_ID, A_ID),
                                 associative_access: no)           and
              f.F_ID = g.F_ID                                      and
              ∃ a, b: (a in f.Abteilungen and
                       b in g.A_IDs        and
                       a.A_ID = b.A_ID)                            and
              x.F_Nr = f.F_Nr and x.Fläche = f.Fläche)}
```

Daß diese Transformation korrekt ist, kann wie folgt gezeigt werden. Die Beispielanfrage 4.3 ist äquivalent zu:

```
{ x | ∃ f, a: (f in Filialen and
              a in f.Abteilungen and
              a.Note = 4 and
              x.F_Nr = f.F_Nr and x.Fläche = f.Fläche)}
```

Transformiert man diese Anfrage entsprechend Abschnitt 4.4.2.1, so erhält man:

```
{ x | ∃ f, g, a, b: (f in Filialen                               and
                    a in f.Abteilungen                           and
                    g in index_access (index:        Noten_Index,
                                       predicate:     Note = 4,
                                       address_predicate: (),
                                       path_projection: (F_ID, A_ID),
                                       associative_access: no)     and
                    b in g.A_IDs                                   and
                    f.F_ID = g.F_ID                               and
                    a.A_ID = b.A_ID                               and
                    x.F_Nr = f.F_Nr and x.Fläche = f.Fläche)}
```

Diese Anfrage ist wiederum äquivalent zu der transformierten Beispielanfrage.

Stufe 2: Das Existenzprädikat wird entfernt und die Pfadprojektion in der Indexanfrage auf F_ID verkürzt. Man erhält die

Beispieltransformation 4.6: Transformation des $\exists$-Prädikats in Anfrage 4.3 (2. Stufe)

```
{ x | ∃ f, g: (f in Filialen                                    and
            g in index_access (index:         Noten_Index,
                               predicate:      Note = 4,
                               address_predicate: (),
                               path_projection: (F_ID),
                               associative_access: no)          and
       f.F_ID = g.F_ID                                          and
       x.F_Nr = f.F_Nr and x.Fläche = f.Fläche)}
```

Diese Transformation ist zulässig, da das Existenzprädikat

$$\exists\ a, b:\ (a \text{ in } f.\text{Abteilungen and } b \text{ in } g.A\_IDs \text{ and } a.A\_ID = b.A\_ID)$$

immer erfüllt ist, wenn $f.F\_ID = g.F\_ID$ gilt. Dann enthält die Subrelation $g.A\_IDs$ nur Identifier von Objekten aus $f.Abteilungen$. Da außerdem die Subrelation $g.A\_IDs$ mindestens ein Element enthalten muß (leere Subrelationen kann es in Indexergebnisrelationen nicht geben), gibt es immer ein a und b, die das Existenzprädikat erfüllen.

Nach diesen Transformationen wird die Anfrage ausgewertet, indem zuerst der Index angefragt und dann die Variable f direkt an solche Filialen, die das ursprüngliche Existenzprädikat erfüllen, gebunden wird.

Diese für ein einfaches Existenzprädikat beispielhaft durchgeführte Transformation kann auch im allgemeinen Fall eines geschachtelten Existenzprädikats so ausgeführt werden. Dazu betrachte man die allgemeine Teilanfrage mit einem rekursiv definierten Existenzprädikat in Abb. 4.24. In dieser Anfrage wird durch die Variablen a_0 bis a_w wieder ein Pfad in *Relation* definiert. Die Variablen b_q bis b_s (von denen nur die Variablen b_r bis b_s direkt in der Anfrage deklariert werden) seien wieder weitere, hier nicht betrachtete Variablen. Das *exists_predicate* bestehe dabei aus den angegebenen rekursiv geschachtelten Einzelprädikaten.

Im Fall, daß in dem *exists_predicate* nur die Variablen a_{w+1} bis a_n und keine Variablen d_j deklariert werden, hat die Anfrage die Form:

```
{ x | ∃ a₀, ..., a_w, (w < n)
      b_r, ..., b_s:
      (a₀ in Relation                                           and
       aᵢ in a_{i-1}.Attrᵢ (i: 1 .. w)                          and
       b_r in ... and ... and b_s in ...                        and
       ∃ a_{w+1}: (a_{w+1} in a_w.Attr_{w+1} and
           ...
           ∃ a_n: (a_n in a_{n-1}.Attr_n and a_n.A op Konstante
                               and p"_n) ... and p"_{w+1})      and
       p (a₀, ..., a_w, b_q, ..., b_r, ..., b_s)                and
       x.Attr'_k = p_k (a₀, ..., a_w, b_q, ..., b_r, ..., b_s) (k: 1 .. m))}
```

$\{ \, x \mid \exists \, a_0, \, ..., \, a_w, \, (w < n)$ [1]
$\quad\quad b_r, \, ..., \, b_s:$ [2]
$\quad\quad (a_0$ in Relation   and   [3]
$\quad\quad\quad a_i$ in $a_{i-1}.\text{Attr}_i$ (i: 1 .. w)   and   [4]
$\quad\quad\quad b_r$ in ... and ... and b_s in ...   and   [5]
$\quad\quad\quad$ *exists_predicate*   and   [6]
$\quad\quad\quad p \, (a_0, \, ..., \, a_w, \, b_q, \, ..., \, b_r, \, ..., \, b_s)$ and   [7]
$\quad\quad\quad x.\text{Attr}'_k = p_k \, (a_0, \, ..., \, a_w, \, b_q, \, ..., \, b_r, \, ..., \, b_s) \, (k: 1 .. m))\}$ [8]

exists_predicate $=$
$\quad \exists \, d_j: \, (d_j$ in ...   (j: 1 .. v)   and *exists_predicate*   and p'_j) $\mid$
$\quad \exists \, a_i: \, (a_i$ in $a_{i-1}.\text{Attr}_i$ (i: w+1 .. n) and *exists_predicate*   and p''_i) $\mid$
$\quad \exists \, a_n: \, (a_n$ in $a_{n-1}.\text{Attr}_n$ and $a_n.A$ op Konstante and p''_n)

Abb. 4.24: Allgemeine Teilanfrage mit Existenzprädikat

In diesem Fall und auch im Fall, daß Variablen d_j deklariert werden, kann die Anfrage in vier analog zu Abschnitt 4.4.2.1 ausgeführten Schritten umgeformt werden:

1. Das Prädikat $a_n.A$ *op Konstante* wird aus dem Existenzprädikat entfernt.

2. Eine Indexanfrage an den *A_Index* wird eingefügt. Als Prädikat wird *A op Konstante* verwendet. Ein Adreßprädikat wird nicht angegeben, da alle Variablen a_0 bis a_n gesetzt werden müssen. Die gesamte Adreßinformation wird ausgegeben. Der Parameter *associative_access* wird auf *no* gesetzt.

3. Zum Zugriff der Indexergebnisrelation werden in die Anfrage die Variablen c_0 bis c_w und in die Existenzprädikate die Variablen c_{w+1} bis c_n eingefügt.

4. In die Anfrage und Existenzprädikate werden Konstrukte aufgenommen, die aussagen, daß die Variablen a_0 bis a_n jeweils direkt an die durch die Variablen c_0 bis c_n bezeichneten Elemente zu binden sind.

Das Ergebnis ist in Abb. 4.25 gegeben. Daß diese in vier Schritten ausgeführte Transformation korrekt ist, kann – analog dem Vorgehen im obigen Beispiel – bewiesen werden, indem man sie auf eine Transformation entsprechend Abschnitt 4.4.2.1 zurückführt. Dazu werden sowohl in der nicht transformierten als auch in der transformierten Anfrage die Variablen aus den geschachtelten Existenzprädikaten durch syntaktische Umformungen in die Anfragen vorgezogen. Die nicht transformierte Anfrage wird dadurch in eine allgemeine Teilanfrage mit unabhängiger Variablenbindung, wie sie in Abb. 4.19.a eingeführt wurde, überführt. Die transformierte Anfrage wird in die Anfrage in Abb. 4.20 umgeformt, die sich auch ergibt, wenn die Anfrage in Abb. 4.19.a entsprechend Abschnitt 4.4.2.1 transformiert wird. Aus den gleichen Überlegungen dürfen die obigen vier Optimierungsschritte auch in dem allgemeinen Fall angewandt werden, wenn in dem Existenzprädikat neben den Variablen a_0 bis a_w

$\{$ x $\mid \exists$ a_0, ..., a_w, (w < n)
$\qquad c_0$, ..., c_w,
$\qquad b_r$, ..., b_s:
$\qquad$ (a_0 in Relation   and
$\qquad\quad a_i$ in a_{i-1}.Attr$_i$ (i: 1 .. w)   and
$\qquad\quad b_r$ in ... and ... and b_s in ...   and
$\qquad\quad c_0$ in index_access (index: A_Index,
$\qquad\qquad\qquad\qquad\qquad\qquad$ predicate: A op Konstante,
$\qquad\qquad\qquad\qquad\qquad\qquad$ address_predicate: (),
$\qquad\qquad\qquad\qquad\qquad\qquad$ path_projection: (ID_0, ..., ID_n),
$\qquad\qquad\qquad\qquad\qquad\qquad$ associative_access: no)   and
$\qquad\quad c_i$ in c_{i-1}.IDs$_i$ (i: 1 .. w)   and
$\qquad\quad a_i$.ID$_i$ = c_i.ID$_i$ (i: 0 .. w)   and
$\qquad\quad \exists$ a_{w+1}, c_{w+1}: (a_{w+1} in a_w.Attr$_{w+1}$ and
$\qquad\qquad\qquad\qquad\qquad c_{w+1}$ in c_w.IDs$_{w+1}$ and a_{w+1}.ID$_{w+1}$ = c_{w+1}.ID$_{w+1}$ and

$\qquad\qquad\quad$ ...

$\qquad\qquad\quad \exists$ a_n, c_n: (a_n in a_{n-1}.Attr$_n$ and
$\qquad\qquad\qquad\qquad\qquad c_n$ in c_{n-1}.IDs$_n$ and a_n.ID$_n$ = c_n.ID$_n$
$\qquad\qquad\qquad\qquad\qquad\qquad\qquad$ and p"$_n$) ... and p"$_{w+1}$)   and
$\qquad\quad$ p (a_0, ..., a_w, b_q, ..., b_r, ..., b_s)   and
$\qquad\quad$ x.Attr'$_k$ = p_k (a_0, ..., a_w, b_q, ..., b_r, ..., b_s) (k: 1 .. m))$\}$

Abb. 4.25: Transformierte Teilanfrage bei Vorliegen eines Existenzprädikats

auch Variablen d_j in weiteren Einzelprädikaten deklariert werden. Genauso können sie durchgeführt werden, wenn in der Ausgangsanfrage nur die Variablen a_t bis a_w abhängig gebunden werden. Dann ist analog zu Abschnitt 4.4.2.2 vorzugehen.

Wurde eine Anfrage entsprechend den vier Schritten umgeformt, können in einem fünften Schritt Existenzprädikate der Form

$\qquad \exists$ a_i, c_i: (a_i in a_{i-1}.Attr$_i$ and c_i in c_{i-1}.IDs$_i$ and a_i.ID$_i$ = c_i.ID$_i$)

entfernt werden. Die Argumentation für die Zulässigkeit ist die gleiche wie oben. In dem jeweils nächstäußeren Existenzprädikat wird stets $a_{i-1}.ID_{i-1} = c_{i-1}.ID_{i-1}$ zugesichert. Damit enthält die Subrelation $c_{i-1}.IDs_i$ nur Identifier von Elmenten der Subrelation $a_{i-1}.Attr_i$. Da die Subrelation $c_{i-1}.IDs_i$ außerdem immer mindestens ein Element enthält, ist das Existenzprädikat wahr und kann gelöscht werden.

Ein Beispiel für eine Anfrage mit einem geschachtelten Existenzprädikat ist die Beispielanfrage 4.4:

$\qquad \{$ x $\mid \exists$ f: (f in Filialen and
$\qquad\qquad\qquad \exists$ a: (a in f.Abteilungen and a.A_Name = 'Haushalt' and
$\qquad\qquad\qquad\quad \exists$ p: (p in a.Produktgruppen and p.Bestand $\leq$ 300))
$\qquad\qquad\quad$ x.F_Nr = f.F_Nr and x.Fläche = f.Fläche)$\}$

Das Prädikat $p.Bestand \leq 300$ kann mit dem *Bestands_Index* ausgewertet werden. Entsprechend obigen fünf Optimierungsschritten erhält man dann die Anfrage in der

Beispieltransformation 4.7: Das umgeformte, geschachtelte $\exists$-Prädikat der Anfrage 4.4

```
{ x | ∃ f, g: (f in Filialen and
            g in index_access (index:              Bestands_Index,
                               predicate:           Bestand ≤ 300,
                               address_predicate:   (),
                               path_projection:     (F_ID, A_ID),
                               associative_access:  no)              and
         f.F_ID = g.F_ID                                             and
         ∃ a, b: (a in f.Abteilungen and
                  b in g.A_IDs       and
                  a.A_ID = b.A_ID    and
                  a.A_Name = 'Haushalt')                             and
         x.F_Nr = f.F_Nr and x.Fläche = f.Fläche)}
```

Diese Anfrage wird ausgewertet, indem zuerst der *Bestands_Index* angefragt wird. Danach wird die Variable f direkt an solche Filialen gebunden, die Abteilungen mit Produktgruppen mit einem Bestand kleiner / gleich 300 besitzen. Nach einer solchen Variablenbindung wird auch auf die jeweiligen Abteilungen direkt zugegriffen. Von diesen wird durch Zugriff auf die Daten geprüft, ob es Haushaltsabteilungen sind.

4.4.4 Einsatz mehrerer Indexzugriffe in einer Teilanfrage

Bis hierhin wurde stets ein Prädikat in einer Teilanfrage mit einem Index ausgewertet. Nun wird gezeigt, inwieweit die gleichen Transformationen eingesetzt werden können, wenn in einer Teilanfrage mehrere Prädikate auftreten, die alle mit Indexen ausgewertet werden können. Dazu betrachte man die allgemein formulierte Teilanfrage in Abb. 4.26. Sie enthält zwei Prädikate. Die Variablen a_0 bis a_{t-1} und b_q bis b_{r-1} seien dabei wie in der kanonischen Teilanfrage in Abb. 4.19.b wieder außerhalb der Teilanfrage gebunden[11].

In dieser Anfrage treten die zwei Prädikate $a_{n_1}.A$ *op Konstante* (Zeile 6) und $a'_{n_2}.A'$ *op Konstante'* (Zeile 7) auf. In diesen Prädikaten ist die Variable a_{n_1} über den Variablenpfad $a_t, ..., a_u, a_{v_1}, ..., a_{n_1}$ und die Variable a_{n_2} über den Variablenpfad $a_t, ..., a_u, a'_{v_2}, ..., a'_{n_2}$ gebunden. Das gemeinsame Präfix beider Pfade ist $a_t, ..., a_u$. Bei Auswertung der Anfrage müssen also die Variablen a_t bis a_u jeweils so gesetzt werden, daß beide Prädikate erfüllt sind. Eine Lösung ist, die Variablen sequentiell zu setzen oder ein Prädikat mit einem Index auszuwerten. In beiden Fällen entspricht die Lösung dem Vorgehen in Abschnitt 4.4.2.

---

[11] Es handelt sich also um eine Teilanfrage mit abhängiger Variablenbindung. Die folgenden Ausführungen gelten aber genauso für eine Teilanfrage mit unabhängiger Variablenbindung.

$$
\begin{aligned}
&\{\ x\ |\ \exists\ a_t,\ ...,\ a_u,\ a_{v_1},\ ...,\ a_{n_1},\ a'_{v_2},\ ...,\ a'_{n_2},\ b_r,\ ...,\ b_s: && [1]\\
&\quad (a_i \text{ in } a_{i-1}.\text{Attr}_i\ (i\colon t\ ..\ u) && \text{and} && [2]\\
&\quad a_{v_1} \text{ in } a_u.\text{Attr}_{v_1} \text{ and } a_{i_1} \text{ in } a_{i_1-1}.\text{Attr}_{i_1}\ (i_1\colon v_1+1\ ..\ n_1) && \text{and} && [3]\\
&\quad a'_{v_2} \text{ in } a_u.\text{Attr}'_{v_2} \text{ and } a'_{i_2} \text{ in } a'_{i_2-1}.\text{Attr}'_{i_2}\ (i_2\colon v_2+1\ ..\ n_2) && \text{and} && [4]\\
&\quad b_r \text{ in } ... \text{ and } ... \text{ and } b_s \text{ in } ... && \text{and} && [5]\\
&\quad a_{n_1}.A \text{ op Konstante} && \text{and} && [6]\\
&\quad a'_{n_2}.A' \text{ op Konstante}' && \text{and} && [7]\\
&\quad p\ (a_0,\ ...,\ a_u,\ a_{v_1},\ ...,\ a_{n_1},\ a'_{v_2},\ ...,\ a'_{n_2},\ b_q,\ ...,\ b_r,\ ...,\ b_s) && \text{and} && [8]\\
&\quad x.\text{Attr}^*_k = p_k(a_0,...,\ a_u,\ a_{v_1},...,\ a_{n_1},\ a'_{v_2},...,\ a'_{n_2},\ b_q,...,\ b_r,...,\ b_s)\ (k\colon 1..p)\ )\} && && [9]
\end{aligned}
$$

Abb. 4.26: Allgemeine Teilanfrage mit mehreren Prädikaten

Eine zweite Lösung ist, beide Prädikate mit Indexen auszuwerten. Im ersten Schritt wird dazu jedes Prädikat für sich entsprechend den Regeln in Abschnitt 4.4.2 durch eine Indexanfrage ersetzt[12]. Dadurch erhält man die Teilanfrage in Abb. 4.27. Die Zeilen 1, 2 bis 5, 8 und 9 sind darin unverändert aus der Originalanfrage übernommen. Die Zeile 1a enthält die zusätzlichen Variablen, mit denen auf die Indexergebnisrelationen zugegriffen wird. Die Zeilen 6 a-i und 7 a-i repräsentieren den Einsatz der Indexe.

Die direkte Bindung der Variablen $a_t,\ ...,\ a_u,\ a_{v_1},\ ...,\ a_{n_1},\ a'_{v_2},\ ...,\ a'_{n_2}$ und damit der direkte Zugriff auf die Subtupel wird in den Zeilen 6h, 7h, 6i und 7i ausgedrückt. Die Prädikate

$$
\begin{aligned}
a_i.\text{ID}_i &= c_i.\text{ID}_i\ (i\colon t\ ..\ u)\\
a_i.\text{ID}_i &= c'_i.\text{ID}_i\,(i\colon t\ ..\ u)
\end{aligned}
$$

in den Zeilen 6h und 7h spiegeln dabei wider, daß die Variablen $a_t\ ...\ a_u$ von beiden Prädikaten der Originalanfrage abhängen. Die Variablen müssen so gesetzt werden, daß ihre Identifier in beiden Indexergebnisrelationen auftreten.

Eine Möglichkeit, die benötigte Schnittmenge zwischen den beiden Indexergebnisrelationen zu implementieren, ist, eine der beiden Indexergebnisrelationen sequentiell zu lesen und durch assoziativen Zugriff auf die zweite zu testen, ob der aktuell gelesene Identifier auch in dieser auftritt. Wenn ja, wird die jeweilige Variable a_i direkt gebunden. Eine solche Implementation entspricht der Schnittbildung zwischen zwei Mengen mittels einer Hash-Funktion. Rein formal läßt sich diese Implementation durch Umformung der Prädikate in Zeile 6h und 7h in

$$
\begin{aligned}
c'_i.\text{ID}_i &= c_i.\text{ID}_i\ (i\colon t\ ..\ u)\\
a_i.\text{ID}_i &= c'_i.\text{ID}_i\ (i\colon t\ ..\ u)
\end{aligned}
$$

beschreiben[13]. Bei dieser Schreibweise wird auf die zweite Indexergebnisrelation as-

---

[12] Dazu gäbe es für das Attribut A' einen analog zu dem A_Index definierten A'_Index.

[13] Diese Zeile soll ausdrücken, daß die Variablen c'_i entsprechend den aktuellen Werten von $c_i.ID_i$ assoziativ in der Indexergebnisrelation positioniert werden.

$\{\ x\ |\ \exists\ a_t,\ ...,\ a_u,\ a_{v_1},\ ...,\ a_{n_1},\ a'_{v_2},\ ...,\ a'_{n_2},\ b_r,\ ...,\ b_s,$ [1]

$c_t,\ ...,\ c_u,\ c_{v_1},\ ...,\ c_{n_1},\ c'_t,\ ...,\ c'_u,\ c'_{v_2},\ ...,\ c'_{n_2}:$ [1a]

$(a_i$ in $a_{i-1}.\text{Attr}_i$ (i: t .. u)   and   [2]

a_{v_1} in $a_u.\text{Attr}_{v_1}$ and a_{i_1} in $a_{i_1-1}.\text{Attr}_{i_1}$ (i_1: v_1+1 .. n_1)   and   [3]

a'_{v_2} in $a_u.\text{Attr}'_{v_2}$ and a'_{i_2} in $a'_{i_2-1}.\text{Attr}'_{i_2}$ (i_2: v_2+1 .. n_2)   and   [4]

b_r in ... and ... and b_s in ...   and   [5]

c_t in index_access (index: A_Index,   [6a]

         predicate: A op Konstante,   [6b]

         address_predicate: ($ID_j = a_j.ID_j$) (j: 0 .. t-1),   [6c]

         path_projection: (ID_t, ..., ID_u, ID_{v_1}, ..., ID_{n_1}),   [6d]

         associative_access: no)   and   [6e]

c_i in $c_{i-1}.\text{IDs}_i$ (i: t+1 .. u)   and   [6f]

c_{v_1} in $c_u.\text{IDs}_{v_1}$ and c_{i_1} in $c_{i_1-1}.\text{IDs}_{i_1}$ (i_1: v_1+1 .. n_1)   and   [6g]

c'_t in index_access (index: A'_Index,   [7a]

         predicate: A' op Konstante',   [7b]

         address_predicate: ($ID_j = a_j.ID_j$) (j: 0 .. t-1),   [7c]

         path_projection: (ID_t, ..., ID_u, ID'_{v_2}, ..., ID'_{n_2}),   [7d]

         associative_access: no)   and   [7e]

c'_i in $c'_{i-1}.\text{IDs}_i$ (i: t+1 .. u)   and   [7f]

c'_{v_2} in $c'_u.\text{IDs}_{v_2}$ and c'_{i_2} in $c'_{i_2-1}.\text{IDs}_{i_2}$ (i_2: v_2+1 .. n_2)   and   [7g]

$\mathbf{a_i.ID_i = c_i.ID_i}$ (i: t .. u)   and   [6h]

$\mathbf{a_i.ID_i = c'_i.ID_i}$ (i: t .. u)   and   [7h]

$a_{i_1}.ID_{i_1} = c_{i_1}.ID_{i_1}$ (i_1: v_1 .. n_1)   and   [6i]

$a'_{i_2}.ID'_{i_2} = c'_{i_2}.ID'_{i_2}$ (i_2: v_2 .. n_2)   and   [7i]

p (a_0, ..., a_u, a_{v_1}, ..., a_{n_1}, a'_{v_2}, ..., a'_{n_2}, b_q, ..., b_r, ..., b_s)   and   [8]

x.Attr$^*_k$ = p_k(a_0,..., a_u, a_{v_1},..., a_{n_1}, a'_{v_2},..., a'_{n_2}, b_q,..., b_r,..., b_s) (k: 1..p))$\}$ [9]

Abb. 4.27: Transformierte Teilanfrage bei Vorliegen mehrerer Prädikate

soziativ zugegriffen. Damit dies zulässig ist, muß in der zweiten Indexanfrage der Parameter *associative_access* auf *yes* gesetzt werden. Selbstverständlich könnte umgekehrt auch die erste Indexergebnisrelation assoziativ und die zweite sequentiell gelesen werden.

Mit dieser Methode können in einer Teilanfrage nicht nur zwei, sondern beliebig viele (durch *und* verknüpfte) Selektions- und Existenzprädikate mit Indexanfragen ausgewertet werden. Das Vorgehen ist stets:

1. Die Prädikate werden entsprechend den Abschnitten 4.4.2 oder 4.4.3 (wenn es sich um ein Existenzprädikat handelt) transformiert.

2. Sofern die Schnittmenge zwischen zwei oder mehr Identifiermengen gebildet werden muß, wird diese berechnet, indem auf die beteiligten Indexergebnisrelationen (bis auf eine, die sequentiell gelesen wird) assoziativ zugegriffen wird.

Das Elegante dieser Strategie ist, daß sie keinen zusätzlichen Implementationsaufwand erfordert, da der assoziative Zugriff auf Indexergebnisrelationen ohnehin vorgesehen ist.

Ein konkretes Beispiel wäre die Beispielanfrage 4.5:

> { z | ∃ f, a, p: (f in Filialen and a in f.Abteilungen and p in a.Produktgruppen
>   a.Note = 2 and
>   p.Bestand = 300 and
>   z.P_Gruppe = p.P_Gruppe)}

Diese könnte mit dem *Noten_Index* und dem *Bestands_Index* ausgewertet werden. Dazu wäre sie wie folgt zu transformieren:

Beispieltransformation 4.8: Auswertung beider Prädikate in Anfrage 4.5 mit Indexen

```
{ z | ∃ f, g, h, a, b, c, p, q:
            (f in Filialen and a in f.Abteilungen and p in a.Produktgruppen and
         g in index_access (index:             Noten_Index,
                             predicate:         Note = 2,
                             address_predicate: (),
                             path_projection:   (F_ID, A_ID),
                             associative_access: no)                      and
         b in g.A_IDs                                                     and
         h in index_access (index:             Bestands_Index,
                             predicate:         Bestand = 300,
                             address_predicate: (),
                             path_projection:   (F_ID, A_ID, P_ID),
                             associative_access: yes)                     and
         c in h.A_IDs and q in c.P_IDs                                    and
         h.F_ID = g.F_ID and c.A_ID = b.A_ID                             and
         f.F_ID = h.F_ID and a.A_ID = c.A_ID and p.P_ID = q.P_ID   and
         z.P_Gruppe = p.P_Gruppe)}
```

Die Prädikate $h.F\_ID = g.F\_ID$ und $c.A\_ID = b.A\_ID$ drücken dabei die Schnittmengenbildung zwischen den beiden Indexergebnisrelationen aus. Durch die Prädikate $f.F\_ID = h.F\_ID$, $a.A\_ID = c.A\_ID$ und $p.P\_ID = q.P\_ID$ wird der direkte Zugriff auf die Filialtabelle ausgedrückt.

4.4.5 Zugriff auf eNF^2-Relationen

Bei der vorangegangenen Diskussion unserer Auswertstrategien haben wir stets unterstellt, daß auf NF^2-Relationen zugegriffen wird. Dies geschah, weil die Schemata einer "allgemeinen" NF^2-Relation (Abb. 4.9) und eines "allgemeinen" Pfadindex (Abb. 4.11) anschaulich dargestellt werden können. An diesen Schemata konnten die möglichen Transformationen einer Anfrage einfach gezeigt und ihre Korrektheit bewiesen werden.

Wird auf eNF^2-Relationen, wie sie in Abschnitt 2.2.2 vorgestellt wurden, zugegriffen, so ändern sich in den kanonischen Darstellungen der Anfragen (s. Abbildungen 4.19, 4.24 und 4.26) erst einmal nur die Prädikate und die Variablendefinitionen. Ein Prädikat hat die Form

$$a_n.A_1.A_2.\ \dots\ .A_n' \text{ op Konstante.}$$

Diese Darstellung subsumiert sowohl den Fall, daß sich das Prädikat auf einen Wert in einem (gegebenenfalls geschachtelten) Tupel bezieht, als auch, daß die Variable a_n an eine Menge atomarer Werte gebunden ist und das Prädikat a_n *op Konstante* lautet. Die Variablen a_i werden durch Terme der Form

$$a_i \text{ in } a_{i-1}.\text{Attr}_{i_1}.\ \dots\ .\text{Attr}_{i_{n_i}}$$

definiert, wobei der Fall a_i *in* a_{i-1} mit eingeschlossen ist. Die kanonische Darstellung einer Teilanfrage an eine eNF^2-Relation lautet im Fall, daß die Variablen a_t bis a_n abhängig gebunden werden, damit wie in Abb. 4.28. Die Variablen b_q bis b_{r-1} und a_0 bis a_{t-1} seien wieder außerhalb gebunden und durch a_0 bis a_{t-1} werde analog wie in Abschnitt 4.4.2 ein Pfad in einer eNF^2-Tabelle spezifiziert.

$$
\begin{aligned}
&\{\ x \mid \exists\ a_t, \dots, a_n, b_r, \dots, b_s: && \text{[1]}\\
&\qquad a_i \text{ in } a_{i-1}.\text{Attr}_{i_1}.\ \dots\ .\text{Attr}_{i_{n_i}}\ (i{:}\ t\ ..\ n) \quad \text{and} && \text{[2]}\\
&\qquad b_r \text{ in } \dots \text{ and } \dots \text{ and } b_s \text{ in } \dots \quad \text{and} && \text{[3]}\\
&\qquad a_n.A_1.A_2.\ \dots\ .A_{n'} \text{ op Konstante} \quad \text{and} && \text{[4]}\\
&\qquad p\ (a_0, \dots, a_n, b_q, \dots, b_r, \dots, b_s) \quad \text{and} && \text{[5]}\\
&\qquad x.\text{Attr'}_{k_1}.\ \dots\ .\text{Attr'}_{k_{m_k}} = p_k\ (a_0, \dots, a_n, b_q, \dots, b_r, \dots, b_s)\ (k{:}\ 1\ ..\ m)\ \} && \text{[6]}
\end{aligned}
$$

Abb. 4.28: Allgemeine Teilanfrage an eine eNF^2-Tabelle

Eine solche Anfrage an eine beliebige eNF^2-Tabelle wird wie eine Anfrage an eine NF^2-Relation ausgewertet. Zuerst werden die lokal definierten Variablen a_t bis a_n und b_r bis b_s so an Elemente der jeweiligen Mengen und Listen gebunden, daß die Prädikate erfüllt sind. Danach werden die gesuchten Werte bereitgestellt und die inneren Teilanfragen ausgewertet.

Sofern das Ergebnis einer solchen Anfrage eine Menge und keine Liste ist, kann diese wie eine Anfrage an eine NF^2-Relation entweder durch sequentielle Suche oder mit einem Index berechnet werden. Dabei können die in den Abschnitten 4.4.2 bis 4.4.4 beschriebenen Transformationsregeln und Auswertstrategien angewendet werden. Die Unterschiede sind rein syntaktischer Art. Beispielsweise könnte die

Beispielanfrage 4.6:

$$
\begin{aligned}
&\{\ x \mid \exists\ f{:}\ (f \text{ in Filialen and}\\
&\qquad\quad f.\text{Adresse.Stadt} = \text{Ulm and}\\
&\qquad\quad x.\text{F\_Nr} = f.\text{F\_Nr})\}
\end{aligned}
$$

an die eNF^2-Filialtabelle in Abb. A.25 im Anhang mit dem *Stadt_Index* in Abb. 4.13.a
ausgewertet werden. Die transformierte Anfrage würde lauten:

Beispieltransformation 4.9: Die umgeformte Beispielanfrage 4.6

```
{ x | ∃ f, g: (f in Filialen and
              g in index_access (index:           Stadt_Index,
                                 predicate:        Stadt = Ulm,
                                 address_predicate: (),
                                 path_projection:   (F_ID),
                                 associative_access: no) and
       f.F_ID = g.F_ID and
       x.F_Nr = f.F_Nr )}
```

Anders ist die Situation, wenn das Ergebnis der betrachteten Teilanfrage eine Liste
ist. Die dann auftretende Problematik sei an einem Beispiel verdeutlicht.

Beispielanfrage 4.7:

```
{ x | ∃ f: (f in Filialen                                          and   [1]
           x.F_Nr = f.F_Nr                                         and   [2]
           x.Etagen =                                                    [3]
             < y | ∃ e: (e in f.Etagen                             and   [4]
                        ∃ a, b: (a in e.Aufteilung and b in a and b = 'Sp')  and   [5]
                        y.E_Name = e.E_Name)>)}                          [6]
```

Diese Anfrage gibt zu jeder Filiale in einer Liste die Namen aller Etagen aus, in denen
Spielzeug verkauft wird. Transformiert man das Existenzprädikat der inneren Teilanfrage (Zeile 5) entsprechend Abschnitt 4.4.3, so daß dieses mit dem *Aufteilungs_Index*
aus Abb. 4.13.b ausgewertet wird, so erhält man die

Beispieltransformation 4.10: Die umgeformte Beispielanfrage 4.7

```
{ x | ∃ f: (f in Filialen                                          and   [1 ]
           x.F_Nr = f.F_Nr                                         and   [2 ]
           x.Etagen =                                                    [3 ]
             < y | ∃ e, g: (e in f.Etagen                          and   [4 ]
                        g in index_access (index:           Aufteilungs_Index,  [5a]
                                           predicate:        Value = 'Sp',      [5b]
                                           address_predicate: (F_ID = f.F_ID),  [5c]
                                           path_projection:   (E_ID),           [5d]
                                           associative_access: yes)       and   [5e]
                        e.E_ID = g.E_ID                            and   [5g]
                        y.E_Name = e.E_Name)>)}                          [6 ]
```

Wertet man diese Anfrage (wie in den Abschnitten 4.4.2 bis 4.4.4 stets angenommen)
aus, indem man sequentiell einen Identifier nach dem anderen aus der Indexergebnis-

relation liest und die Variable *e* jeweils direkt an das entsprechende Etagen-Element bindet, so enthält das Ergebnis korrekt für jede Filiale die Namen der gesuchten Etagen. Die Reihenfolge der Namen in der jeweiligen Ergebnisliste wird dabei aber durch die Reihenfolge der Identifier in der Indexergebnisrelation bestimmt. Diese von der Implementation des Index abhängende Reihenfolge[14] entspricht im allgemeinen aber nicht der vom Benutzer definierten Reihenfolge der Elemente in der Ausgangsliste. Das heißt, ein Index kann zwar eingesetzt werden, um auch auf die Elemente einer Liste und nicht nur auf die einer Menge zuzugreifen, die Reihenfolge in der Ergebnisliste stimmt aber a priori nicht. Hierzu ist eine Auswertstrategie nötig, welche die Elemente in der Ergebnisliste in der vom Benutzer festgelegten Reihenfolge zurückliefert.

Drei mögliche Lösungen sind:

1. In einem Index über eine Liste werden neben den Identifiern auch die Positionsnummern der Elemente gespeichert.

2. Bei Zugriff einer Liste werden zuerst alle Elemente, die sich qualifizieren, unter Verwendung des Index gelesen und anschließend in die Listenreihenfolge sortiert.

3. Alle Elemente der Liste werden sequentiell gelesen. Durch assoziativen Zugriff auf die Indexergebnisrelation wird getestet, ob das Element der Ergebnisliste angehört oder nicht.

Der Vorteil der Lösung 1 ist, daß eine Variable direkt in der Sortierreihenfolge der Liste an die Elemente, die sich qualifizieren, gebunden werden kann. Die Ergebnisliste ist damit automatisch korrekt sortiert. Ein Nachteil dieser Lösung ist, daß zwischen Indexen für Mengen und Listen unterschieden werden muß. Ein zweiter, schwerwiegenderer Nachteil ist, daß jedes Element eine Positionsnummer benötigt, die redundant in Indexen gespeichert werden muß. Ändern sich die Positionsnummern eines oder gar aller Elemente, wenn ein weiteres Element eingefügt oder gelöscht wird, so führt dieses zu einem hohen Reorganisationsaufwand in den Indexen. Die Notwendigkeit der Reorganisation ist dabei auch nicht vollkommen auszuschließen, wenn bei Aufbau der Liste zwischen jeweils zwei Elementen Positionsnummern "freigelassen" werden.

Der Vorteil der Lösung 2 ist, daß nicht zwischen Indexen für Mengen und Listen unterschieden werden muß. Der Nachteil ist, daß die Sortierung der Ergebniselemente in die Listenreihenfolge nicht ohne weiteres zu realisieren ist. Ist eine Liste beispielsweise durch lineare Verkettung der Elemente realisiert, kann von je zwei Elementen, die nicht benachbart sind, nicht direkt entschieden werden, in welcher Reihenfolge sie zueinander in der Liste angeordnet sind. Entweder werden dazu wieder zusätzliche Positionsnummern in den Elementen benötigt oder die Liste muß sequentiell

---

[14] Ein B*-Baum liefert beispielsweise die Identifier in der Sortierreihenfolge der indexierten Werte.

durchlaufen werden. Der möglicherweise noch größere Nachteil ist, daß die günstigste Methode, mit der die Elemente sortiert werden können, von der Implementation der Liste abhängt. Soll dies bei Generierung der Auswertstrategien berücksichtigt werden, verkompliziert dies den Optimierungsprozeß.

Der Vorteil der Lösung 3 ist, daß sie ohne zusätzlichen Implementationsaufwand implementiert werden kann, da der assoziative Zugriff auf eine Indexergebnisrelation ohnehin vorgesehen ist. In der obigen Anfrage könnte diese Strategie ausgedrückt werden, indem der Parameter *associative_access* auf *yes* gesetzt und die Zeile $e.E\_ID = g.E\_ID$ in $g.E\_ID = e.E\_ID$ umgewandelt wird. Bei Auswertung der Anfrage würde dann die Variable e sequentiell an alle Etagen-Elemente gebunden und über das Prädikat $g.E\_ID = e.E\_ID$ getestet werden, ob der Identifier $e.E\_ID$ in der Indexergebnisrelation auftritt. Die Ergebnisliste wäre damit korrekt sortiert.

Auf den ersten Blick könnte man meinen, daß diese Lösung keinerlei Vorteil gegenüber einer sequentiellen Strategie bietet. Dies stimmt aber nur, wenn bei der sequentiellen Bindung einer Variablen an die Listenelemente die Prädikate ohne weiteren Aufwand ausgewertet werden können. Müssen hingegen zur Berechnung der Prädikate Daten von der Platte gelesen werden, auf die bei Einsatz des Index nicht zugegriffen wird, ist auch diese Methode sinnvoll.

Welche der drei Methoden in einer realen Implementation letztendlich die beste ist, kann nicht allgemeingültig entschieden werden. Wir bevorzugen in diesem Buch die Lösung 3, da sie am harmonischsten in unser Gesamtkonzept integriert werden kann und im allgemeinen sehr gute Ergebnisse liefert. Bei dieser Lösung können die Transformationsregeln aus den Abschnitten 4.4.2 bis 4.4.4 auch auf Listen angewendet werden. Dies erlaubt, einen schlanken und orthogonalen Optimierer zu implementieren.

4.4.6 Ausführung von Verbundoperationen

In den vorangegangenen Abschnitten wurde ausführlich dargestellt, wie ein oder mehrere Selektions- und Existenzprädikate in einer Anfrage mit einem oder mehreren Pfadindexen ausgewertet werden können. Die in dieser Diskussion verwendeten kanonischen Darstellungen der Teilanfragen enthielten stets zusätzliche, von den Transformationen nicht betroffene lokale Variablen b_r bis b_s. Durch diese Variablen wird implizit ausgedrückt, daß die Transformationsregeln und Auswertstrategien nicht nur auf reine Selektions/Projektionsanfragen, sondern auf beliebige Anfragen angewendet werden können. Insbesondere können auch Selektions- und Existenzprädikate in Join-Anfragen transformiert werden. Wie diese Anfragen dann ausgewertet und wie auch Join-Prädikate mit Pfadindexen berechnet werden können, ist Inhalt dieses Abschnitts. Das Anliegen ist dabei jedoch nicht, ausführlich alternative Join-Strategien zu diskutieren, sondern zu zeigen, daß unsere Methoden mit den Standard-Join-Verfahren verträglich sind.

$$\{ \ x \mid \exists \ a_t, \ ..., \ a_n, \ b_r, \ ..., \ b_s: \hspace{8cm} [1]$$

$$a_i \ \text{in} \ a_{i-1}.\text{Attr}_i \ (i: t \ .. \ n) \hspace{4cm} \text{and} \hspace{2cm} [2]$$

$$b_j \ \text{in} \ b_{j-1}.\text{Attr'}_j \ (j: r \ .. \ s) \hspace{4cm} \text{and} \hspace{2cm} [3]$$

$$a_n.\text{A'} \ \text{op} \ b_s.\text{B'} \hspace{6cm} \text{and} \hspace{2cm} [4]$$

$$a_n.\text{A} \ \text{op} \ \text{Konstante} \hspace{5.5cm} \text{and} \hspace{2cm} [5]$$

$$x.\text{Attr'}_k = p_k \ (a_0, \ ..., \ a_n, \ b_0, \ ..., \ b_s) \ (k: 1 \ .. \ m) \ \} \hspace{3cm} [6]$$

Abb. 4.29: Allgemeine Teilanfrage mit einem Join-Prädikat

Als Diskussionsgrundlage diene die Teilanfrage in Abb. 4.29. Die Variablen a_0 bis a_{t-1} und b_0 bis b_{r-1} seien wieder außerhalb, jeweils in Form eines hierarchischen Pfades in einer allgemeinen NF^2-Relation gebunden. Diese Anfrage repräsentiert allgemeingültig einen typischen Join[15] innerhalb oder zwischen zwei NF^2-Relationen. Bei Auswertung der Anfrage sind die Variablen a_t bis a_n und b_r bis b_s so zu binden, daß das Join- (Zeile 4) und das Selektions-Prädikat (Zeile 5) erfüllt sind. Dazu kann prinzipiell jede der drei in Abschnitt 4.2.1 für 1NF-Relationen vorgestellten Join-Strategien eingesetzt werden:

1. Nested-Loop-Verfahren

2. Nested-Loop-Verfahren mit Indexunterstützung

3. Sort-Merge-Verfahren.

Das Selektionsprädikat in Zeile 5 kann dabei in allen drei Fällen entsprechend Abschnitt 4.4.2.2 transformiert und so mit dem *A_Index* (Abb. 4.11) ausgewertet werden.

Um das Nested-Loop-Verfahren einzusetzen, ist die Anfrage nicht weiter zu transformieren. Sie kann direkt durch in sich geschachtelte Schleifen ausgeführt werden. In diesen Schleifen werden die Variablen a_t bis a_n und b_r bis b_s entsprechend ihrer hierarchischen Abhängigkeit sequentiell an Elemente der jeweiligen Subrelation gebunden und beide Prädikate überprüft. Ist eine Variablenbindung gefunden, die beide Prädikate erfüllt, werden die entsprechenden Ausgaben erzeugt und die innere Teilanfrage ausgeführt (Zeile 6).

Um das Selektionsprädikat in Zeile 5 mit einem Index auszuwerten, kann die Anfrage entsprechend Abschnitt 4.4.2.2 umgeformt werden. Die transformierte Anfrage entspricht dann einer der Anfragen in den Abbildungen 4.22 oder 4.23. Die umgeformte Anfrage wird danach ausgeführt, indem die Variablen a_t bis a_n in den für diese Variablen generierten Schleifen direkt an solche Elemente gebunden werden, die das Selektionsprädikat erfüllen. Ansonsten ändert sich die Auswertstrategie nicht.

Soll das Nested-Loop-Verfahren mit Indexunterstützung eingesetzt werden, so ist das Join-Prädikat in Zeile 4 durch eine Indexanfrage zu ersetzen. Dabei kann sowohl

---

[15] Die Variablen a_t bis a_n und b_r bis b_s sind hier abhängig gebunden. Die folgenden Ausführungen gelten aber genauso, wenn ein oder beide Variablenpfade unabhängig gebunden sind.

```
{ x | ∃ aₜ, ..., aₙ, cₜ, ..., cₙ, bᵣ, ..., bₛ:                              [1 ]
      aᵢ in aᵢ₋₁.Attrᵢ (i: t .. n)                            and            [2 ]
      bⱼ in bⱼ₋₁.Attr'ⱼ (j: r .. s)                           and            [3 ]
      cₜ in index_access (index:           A'_Index,                         [4a]
                          predicate:       A' op bₛ.B',                      [4b]
                          address_predicate: (IDⱼ = aⱼ.IDⱼ) (j: 0 .. t-1),   [4c]
                          path_projection:  (IDₜ, ..., IDₙ),                 [4d]
                          associative_access: no)             and           [4e]
      cᵢ in cᵢ₋₁.IDsᵢ    (i: t+1 .. n)                        and            [4f]
      aᵢ.IDᵢ = cᵢ.IDᵢ    (i: t .. n)                          and            [4g]
      aₙ.A op Konstante                                      and            [5 ]
      x.Attr'ₖ = pₖ (a₀, ..., aₙ, b₀, ..., bₛ) (k: 1 .. m) }                [6 ]
```

Abb. 4.30: Transformierte Anfrage mit indexunterstütztem Nested-Loop-Verfahren

ein Index auf dem Attribut A' als auch ein Index auf dem Attribut B' verwendet werden. Die anzuwendenden Transformationsregeln entsprechen weitestgehend den Regeln für Selektions- und Existenzprädikate. Der Unterschied ist nur, daß in der Indexanfrage in dem Parameter *predicate* nicht mehr eine Konstante, sondern der Wert einer Variablen übergeben wird. Wird das obige Prädikat mit einem Index auf dem Attribut A' ausgewertet, so ergibt sich die transformierte Anfrage in Abb. 4.30.

Diese Anfrage wird berechnet, indem die Variablen b_r bis b_s sequentiell gebunden werden. Für jede Variablenbindung von b_s wird die Indexanfrage einmal ausgeführt. Danach werden die Variablen a_t bis a_n direkt gesetzt und das Selektionsprädikat ausgewertet. Zu beachten ist, daß durch die Adreßprädikate in der Indexanfrage wie bei Auswertung eines Selektions- oder Existenzprädikates berücksichtigt wird, daß die Variablen a_0 bis a_{t-1} außerhalb der Teilanfrage gebunden werden. Das Selektionsprädikat in der Zeile 5 kann auch bei dieser Strategie mit einem Index ausgewertet werden. Dazu ist entsprechend Abschnitt 4.4.4 eine zweite Indexanfrage einzufügen. Die notwendige Schnittmengenbildung zwischen den beiden Indexergebnisrelationen wird, wie in Abschnitt 4.4.4, durch assoziativen Zugriff auf eine der beiden Indexergebnisrelationen realisiert.

Die dritte Variante, die Anfrage auszuwerten, ist, ein Sort-Merge-Verfahren einzusetzen. Diese von 1NF-Relationen her bekannte Strategie kann dazu auf verschiedene Weisen für eNF^2-Tabellen adaptiert werden. Eine Lösung ist, zuerst die beteiligten Relationen und Subrelationen in neugenerierten Teilanfragen zu lesen und in temporären Relationen zwischenzuspeichern. Danach werden die temporären Relationen bezüglich der Join-Attribute sortiert und das Join-Prädikat durch einen sequentiellen Vergleich der beiden Zwischenergebnisse ausgewertet. Hierbei müssen allerdings auch solche Tupel und Subtupel gelesen und entnestet werden (die Variablenpfade a_t bis a_n bzw. b_r bis b_s drücken Entnestungen aus), die sich in dem Join-Prädikat nicht qualifizieren. Alternativ können im ersten Schritt auch nur die Identifier der Objekte

$$
\begin{array}{lll}
\{\ x\mid \exists\ a,\ a_t,\ ...,\ a_n,\ b,\ b_r,\ ...,\ b_s: & & [1\ ] \\
\quad (a_i\ \text{in}\ a_{i-1}.\text{Attr}_i\ (i:\ t\ ..\ n) & \text{and} & [2\ ] \\
\quad\ \ b_j\ \text{in}\ b_{j-1}.\text{Attr'}_j\ (j:\ r\ ..\ s) & \text{and} & [3\ ] \\
\quad\ \ a\ \text{in}\ \{\ y\mid \exists\ d_t,\ ...,\ d_n:\ (d_t\ \text{in}\ a_{t-1}.\text{Attr}_t \quad\text{and} & & [4a] \\
\qquad\qquad\qquad\qquad d_i\ \text{in}\ d_{i-1}.\text{Attr}_i\ (i:\ t+1\ ..\ n)\quad\text{and} & & [4b] \\
\qquad\qquad\qquad\qquad d_n.\text{A}\ \text{op}\ \text{Konstante}\qquad\qquad\ \text{and} & & [4c] \\
\qquad\qquad\qquad\qquad y.\text{A'} = d_n.\text{A'}\ \text{and}\ y.\text{ID}_i = d_i.\text{ID}_i\ (i:\ t\ ..\ n))\ \} & \text{and} & [4d] \\
\quad\ \ b\ \text{in}\ \{\ z\mid \exists\ e_r,\ ...,\ e_s:\ (e_r\ \text{in}\ b_{r-1}.\text{Attr'}_r \qquad\qquad\text{and} & & [4e] \\
\qquad\qquad\qquad\qquad e_j\ \text{in}\ e_{j-1}.\text{Attr'}_j\ (j:\ r+1\ ..\ s)\qquad\text{and} & & [4f\,] \\
\qquad\qquad\qquad\qquad z.\text{B'} = e_s.\text{B'}\ \text{and}\ z.\text{ID'}_j = e_j.\text{ID'}_j\ (j:\ r\ ..\ s))\ \} & \text{and} & [4g] \\
\quad\ \ a.\text{A'}\ \text{op}\ b.\text{B'} & \text{and} & [4\ ] \\
\quad\ \ a_i.\text{ID}_i = a.\text{ID}_i\ (i:\ t\ ..\ n) & \text{and} & [4h] \\
\quad\ \ b_j.\text{ID'}_j = b.\text{ID'}_j\ (j:\ r\ ..\ s) & \text{and} & [4i\,] \\
\quad\ \ x.\text{Attr'}_k = p_k\ (a_0,\ ...,\ a_n,\ b_0,\ ...,\ b_s)\ (k:\ 1\ ..\ m))\ \} & & [6\ ]
\end{array}
$$

Abb. 4.31: Transformierte Teilanfrage mit einem Sort-Merge-Verfahren

und Subobjekte der beteiligten Relationen und Subrelationen und die Join-Attribute gelesen werden. Diese Lösung ist in Abb. 4.31 dargestellt.

In dieser Variante werden zuerst die Join-Attribute und die Identifier der Objekte und Subobjekte, an welche die Variablen a_t bis a_n und b_r bis b_s gebunden werden können, gelesen. Ausgedrückt wird dies durch die beiden neugenerierten Teilanfragen in den Zeilen 4a bis 4d und 4e bis 4g. Das Ergebnis sind zwei entnestete 1NF-Relationen mit den Join-Attributen A' und B' und den Identifier-Attributen ID_t bis ID_n und ID'_r bis ID'_s. Diese beiden Relationen können nun bezüglich der Join-Attribute A' und B' sortiert werden, so daß das umgeformte Join-Prädikat in Zeile 4 durch einen Sort-Merge ausgewertet werden kann. Jedes Tupelpaar, das sich hierbei qualifiziert, enthält die Identifier von Objekten und Subobjekten, welche das Join-Prädikat der Originalanfrage erfüllen. An diese Objekte und Subobjekte werden die Variablen a_t bis a_n und b_r bis b_s in Zeile 4i und 4h direkt gebunden.

Welche der beiden Sort-Merge-Lösungen die günstigere ist, hängt von verschiedenen Faktoren ab. Die dazu notwendige Diskussion und weitere Vorschläge zur Adaptation des Sort-Merge-Verfahrens sind Gegenstand der Arbeit [Ric94] und werden hier nicht wiedergegeben. Für die hier geführte Diskussion ist es wichtig, daß das Selektionsprädikat $a_n.A$ op *Konstante* in Zeile 5 der Originalanfrage in beiden Adaptationen, wie in Abschnitt 4.4.2.2 beschrieben, mit einem Pfadindex ausgewertet werden kann. Besonders deutlich wird dies in der entsprechend der zweiten Lösung transformierten Anfrage. Das Selektionsprädikat (jetzt Zeile 4c) wird bei Erzeugung des ersten Zwischenergebnisses (Zeilen 4a bis 4d) ausgewertet. Gebildet wird das Zwischenergebnis durch eine ganz normale Teilanfrage. Damit kann das Selektionsprädikat, wie in Abschnitt 4.4.2.2 beschrieben, mit dem *A_Index* ausgewertet werden.

In der Verallgemeinerung heißt das, daß die in den Abschnitten 4.4.2 bis 4.4.5 beschriebenen Transformationen auch auf Selektions- und Existenzprädikate in Teilan-

Ergebnis zweite Teilanfrage		
Bestand	A_ID	P_ID
300	0	0
600	0	1
800	1	0
550	1	1

Abb. 4.32: Ergebnis zweite Teilanfrage (Zeilen 4e bis 4g) in Abb. 4.31 für $F\_ID = 0$

fragen zur Bildung von Zwischenergebnissen angewendet werden können. Damit
können die von uns entwickelten Methoden sowohl mit verschiedenen Sort-Merge-
Algorithmen als auch anderen Verfahren, die Zwischenergebnisse bilden, kombiniert
werden.

In relationalen Systemen werden, wie in Abschnitt 4.2.1 ausgeführt, Indexe nicht
nur eingesetzt, um Selektionsprädikate auszuwerten, sondern auch um Relationen
sortiert zu lesen und so das Sort-Merge-Verfahren zu unterstützen. Ähnliches gilt
auch für Pfadindexe. Die in ihnen vorhandene Sortierung der Adreßinformation kann
prinzipiell ebenfalls ausgenutzt werden, um Sort-Merge-Algorithmen zu unterstützen.
Wie dies möglich ist und was dabei zu beachten ist, soll hier kurz gezeigt werden.
Man betrachte dazu in Abb. 4.31 die zweite Teilanfrage (Zeilen 4e bis 4g) in der
transformierten Join-Anfrage. In einer konkreten Anfrage könnte diese lauten:

b in { z | ∃ a, p: (a in f.Abteilungen   and   [4e]
        p in a.Produktgruppen   and   [4f]
        z.Bestand=p.Bestand and z.A_ID=a.A_ID und z.P_ID=p.P_ID },   [4g]

wobei die Variable *f* außerhalb der transformierten Join-Anfrage an die Filialtabelle in
Abb. 4.8 gebunden sein soll. In dieser Teilanfrage werden abhängig von der aktuellen
Bindung der Variablen *f* das Join-Attribut (hier *Bestand*) und die Identifier der an
dem Join beteiligten Subrelationen (hier *Abteilungen* und *Produktgruppen*) gelesen.
Ist *f* beispielsweise an die Filiale 1 ($F\_ID = 0$) gebunden, so entspricht das Ergeb-
nis der Tabelle in Abb. 4.32. Dieses Zwischenergebnis muß danach noch bezüglich
Bestand sortiert werden, um einen Sort-Merge durchführen zu können.

Die gleiche Information kann auch aus dem *Bestands_Index* (Abb. 4.12.b) entnommen werden. Dazu müßte dieser Index mit einem Adreßprädikat (hier $F\_ID = 0$),
aber ohne Werteprädikat angefragt werden. Der Indexmanager würde dann alle Indexeinträge, die sich auf die Filiale 1 ($F\_ID = 0$) beziehen, in dem Index suchen
und bezüglich des Indexattributs sortiert zurückliefern[16]. An dieser Stelle liegt nun
der entscheidende Unterschied zum relationalen Fall. Dort werden stets alle Einträge
eines Index, wenn er zur Unterstützung der Sortierung beim Sort-Merge verwendet
wird, benötigt. Im Fall von eNF^2-Tabellen hingegen werden nur die Indexeinträge bestimmter Subrelationsausprägungen benötigt. Dies wäre an sich kein Problem, wenn

---

[16] Um eine solche Indexanfrage formulieren zu können, müßte entweder die Funktion *index_access*
erweitert oder eine zweite spezielle Funktion definiert werden.

diese Einträge im Pfadindex benachbart gespeichert wären. Da aber das erste Ordnungskriterium in einem Pfadindex die Werte des indexierten Attributs sind, sind die Indexeinträge der verschiedenen Subrelationsausprägungen stets untereinander vermischt in dem Index abgelegt. Deshalb muß der gesamte Index auch dann durchsucht werden, wenn nur Indexeinträge bestimmter Subrelationen benötigt werden. Ob unter diesen Umständen ein Pfadindex zur Unterstützung eines Sort-Merge-Verfahrens herangezogen werden sollte oder ob spezielle Join-Strategien für komplexe Objekte, wie in [RRS93] beschrieben, sinnvoller sind, ist daher fraglich und kann hier nicht entschieden werden.

4.4.7 Komplexes Beispiel

In den vorigen Abschnitten wurden Strategien eingeführt, um in unterschiedlichen Situationen Selektions-, Existenz- und Join-Prädikate mit Pfadindexen auszuwerten. Abschließend seien am Beispiel einer komplexen Selektions- und Projektionsanfrage noch einmal die wesentlichen Prinzipien zusammengefaßt. Dazu diene die folgende (etwas konstruierte) Anfrage an die eNF^2-Filialtabelle in Abb. A.25.

Beispielanfrage 4.8:

```
{ x | ∃ f: (f in Filialen                                          and   [1 ]
        f.Adresse.Stadt = Ulm                                      and   [2 ]
        x.F_Nr         = f.F_Nr                                     and   [3 ]
        x.Abteilungen  = { y | ∃ a, p: (a in f.Abteilungen         and   [4a]
                                 p in a.Produktgruppen             and   [4b]
                                 a.Note  = 3                       and   [4c]
                                 p.Bestand= 300                    and   [4d]
                                 y.A_Name = a.A_Name               and   [4e]
                                 y.P_Gruppe= p.P_Gruppe )}         and   [4f]
        x.Etagen       = [ z | ∃ e:  (e in f.Etagen                and   [5a]
                                 ∃ a1, a2: (a1 in e.Aufteilung     and   [5b]
                                            a2 in a1               and   [5c]
                                            a2 = Sp)               and   [5d]
                                 z.E_Name = e.E_Name) ]                )} [5e]
```

In dieser Anfrage werden mit einer äußeren und zwei inneren Teilanfragen Elemente aus Mengen und Listen selektiert. Alle hierbei verwendeten Prädikate (Zeilen 2, 4c, 4d und 5d) können mit Indexen[17] ausgewertet werden.

Das Prädikat *f.Adresse.Stadt = Ulm* (Zeile 2) ist ein typisches Selektionsprädikat auf einem geschachtelten Attribut. Da die Variable *f* unabhängig gebunden ist, kann die-

---

[17] Es wird angenommen, daß analog dem *Noten_Index* (Abb. 4.12.a) und dem *Bestands_Index* (Abb. 4.12.b) für die NF^2-Filialrelation in Abb. 4.8 auch ein *Noten_Index* und ein *Bestands_Index* für die eNF^2-Filialtabelle in Abb. A.25 existieren.

ses Prädikat mit dem *Stadt_Index* (Abb. 4.13.a) entsprechend den Abschnitten 4.4.2.1 und 4.4.5 ausgewertet werden.

Die Prädikate *a.Note = 3* (Zeile 4c) und *p.Bestand = 300* (Zeile 4d) sind ebenfalls Selektionsprädikate; dieses Mal mit abhängig gebundenen Variablen *a* und *p*, da die Variable *f* außerhalb der Teilanfrage gebunden ist. Beide Prädikate können entsprechend Abschnitt 4.4.2.2 transformiert werden. Dabei kann für jedes Prädikat einzeln entschieden werden, ob das jeweils benötigte Adreßprädikat $F\_ID = f.F\_ID$ direkt in der Indexanfrage oder durch assoziative Suche in der jeweiligen Indexergebnisrelation ausgewertet wird. Sollen beide Prädikate mit Indexen ausgewertet werden, so wird die Schnittmenge zwischen den beiden Indexergebnisrelationen entsprechend Abschnitt 4.4.4 durch assoziative Suche in einer der beiden Indexergebnisrelationen gebildet.

Das Prädikat *a2 = Sp* (Zeile 5d) schließlich ist Teil eines Existenzprädikats (Zeilen 5b bis 5d). Dieses kann entsprechend Abschnitt 4.4.3 transformiert werden[18]. Hierbei ist zu beachten, daß die Variable *e* an eine Liste gebunden ist und daß die Listenreihenfolge auch in der Ausgabe erhalten bleiben soll. Deshalb wird der Index entsprechend Abschnitt 4.4.5 verwendet, um für jedes *e* ohne Zugriff auf die Daten zu prüfen, ob es das Existenzprädikat erfüllt.

Ein mögliches Resultat der Anfragetransformationen ist im Anhang in Abb. A.6 gegeben. Dort werden alle vier Prädikate mit Indexen ausgewertet. Für das Prädikat *a.Note = 3* wurde dabei die Version gewählt, bei der das Adreßprädikat $F\_ID = f.F\_ID$ in der Indexanfrage ausgewertet wird. Für das Prädikat *p.Bestand = 300* wird das Adreßprädikat alternativ durch assoziative Suche berechnet.

Auch wenn die Beispielanfrage kein Join-Prädikat enthält, macht sie deutlich, daß die von uns entwickelten Strategien geeignet sind, Prädikate in komplex strukturierten Anfragen zu transformieren und mit Indexen auszuwerten. Zusammen mit den Überlegungen in Abschnitt 4.4.6 ist es damit möglich, Anfragen an eNF^2-Tabellen zu optimieren.

4.5 Zusammenfassung

In diesem Kapitel haben wir diskutiert, wie komplexe Anfragen, die gleichzeitig Elemente aus eNF^2-Tabellen und deren Subtabellen selektieren, mit Indexen ausgewertet werden können. Zuerst wurden die für komplexe Objekte in der Literatur vorgeschlagenen Indextypen betrachtet (s. Abschnitt 4.2). Dies sind vor allem Nested-Indexe, Multi-Indexe, Zugriffsrelationen und Pfadindexe. Von diesen wurden die Vor- und Nachteile diskutiert. Das Ergebnis dieses Vergleichs ist, daß das Prinzip der Pfadindexe das geeignetste ist, um eNF^2-Tabellen zu invertieren. Es bietet im Zusammenhang mit eNF^2-Tabellen die größte Flexibilität. Um ein effizientes System zu realisieren,

---

[18] Da die Variable *e* abhängig gebunden ist, kann auch in diesem Fall das Adreßprädikat $F\_ID = f.F\_ID$ in der Indexanfrage oder durch assoziative Suche ausgewertet werden.

reicht es allerdings nicht aus, nur zu "beschließen", Pfadindexe zu verwenden. Es muß auch erarbeitet werden, wie sie genutzt werden können. Zwei wichtige Fragen waren, welche Operationen auf einem Pfadindex zulässig sein sollen und wie komplexe Anfragen zu transformieren sind. Auf beide Fragen gab es – zumindest im Zusammenhang mit eNF^2-Tabellen – bisher keine befriedigenden Antworten. In Smalltalk- und C++ basierten Systemen sowie in GOM werden nur Anfragen unterstützt (s. Abschnitte 2.4.1, 2.4.3, 2.4.5), die aus einer einzelnen Menge oder Klasse Objekte selektieren. Entsprechend wird der Indexeinsatz nur für solche Anfragen diskutiert. Anders ist es in O$_2$, COCOON und DASDBS (s. Abschnitte 2.4.2, 2.4.4, 2.5). In diesen Systemen sind auch komplexe Anfragen möglich; jedoch wird nur ansatzweise diskutiert, wie diese mit Indexen auszuwerten sind.

In Abschnitt 4.3.1 wurden deshalb zur Beantwortung der ersten Frage Pfadindexe näher eingeführt. Es wurde diskutiert, welchen Gültigkeitsbereich die Identifier haben müssen und wie Pfadindexe im allgemeinen Fall formal definiert werden können (Abb. 4.10). Darauf aufbauend wurde in Abschnitt 4.3.2 die notwendige Funktionalität eines Indexmanagers hergeleitet. Das Ergebnis dieser Diskussion war, daß der Indexmanager neben Selektionsprädikaten auch Adreßprädikate unterstützen muß. Außerdem muß er die gefundene Pfadinformation gruppieren und bei Bedarf assoziativ zugreifbar machen. Die insgesamt notwendige Funktionalität wurde durch Angabe von Funktionen, mit denen Indexanfragen (Abb. 4.14.a) formuliert und die Resultate verarbeitet werden können, beschrieben. Die Semantik einer Indexanfrage wurde dabei nicht nur verbal, sondern auch formal (Abb. 4.14.b) definiert.

Auf der Grundlage dieses Indexmanagers wurde in Abschnitt 4.4 diskutiert, wie komplexe Anfragen mit Pfadindexen ausgewertet werden können und wie sie hierzu zu transformieren sind. Dazu wurde ein Konzept entwickelt, in dem die Prädikate der einzelnen Teilanfragen unabhängig voneinander durch Indexzugriffe ersetzt werden. In den Substitutionsprozeß fließen der Prädikattyp (Selektions-, Existenz- oder Join-Prädikat) und die Art der Bindung der beteiligten Variablen (unabhängige oder abhängige Variablenbindung) ein. Insbesondere für den Fall abhängig gebundener Variablen haben wir dazu neue Methoden des Indexeinsatzes entwickelt. Durch zusätzliche Adreßprädikate in den Indexanfragen oder durch den assoziativen Zugriff auf Indexergebnisrelationen wird in diesen die aktuelle Bindung von Variablen, die außerhalb der jeweiligen Teilanfrage gesetzt werden, berücksichtigt.

Mit den entwickelten Anfragetransformationen, die wiederum nicht nur verbal, sondern auch formal beschrieben wurden, können komplexe Anfragen optimiert werden. Für ihre Anwendung ist es dabei nicht notwendig, die Struktur einer Anfrage vollständig zu analysieren und in aufwendigen Fallunterscheidungen zu berücksichtigen. Dennoch schließen sie die Fälle ein, daß mehrere Prädikate in einer Teilanfrage mit Indexen ausgewertet werden und daß außer auf Mengen auch auf Listen und geschachtelte Tupel (= vollständiges eNF^2-Datenmodell) zugegriffen wird. Außerdem subsumieren sie, soweit übertragbar, die Methoden der indexunterstützten Prädikatauswertung, wie sie im Rahmen anderer Projekte beschrieben wurden.

Kapitel 5

Systemintegration

5.1 Einführung

In den vorangegangenen Kapiteln haben wir aufgezeigt, wie flexible Speicherungsstrukturen definiert und wie Pfadindexe zur Auswertung von Prädikaten eingesetzt
werden können. Will man diese Konzepte in einem DBMS realisieren, muß man sie
in Programmcode umsetzen. Zwei wichtige Fragen sind dabei:

1. Wie kann die Indexauswahl in den Prozeß der Anfrageoptimierung integriert
   werden?

2. Wie können die flexiblen Speicherungsstrukturen bei der Generierung eines
   Anfrageplans berücksichtigt werden?

Für beide Fragen wollen wir in diesem Kapitel Lösungen aufzeigen. Dazu wird zuerst die generelle Architektur eines Anfrageübersetzers und -optimierers, wie sie in
der Literatur insbesondere für 1NF-Systeme schon mehrfach beschrieben wurde, kurz
skizziert. Danach zeigen wir, wie diese Architektur auf Systeme, in denen komplexe
Daten verwaltet werden, übertragen und wie hierbei unsere Konzepte umgesetzt werden können. Dieses Vorgehen hat den Vorteil, daß an dieser Stelle kein vollständiger
Anfrageoptimierer entworfen werden muß. Außerdem zeigt es deutlich, wie unsere
Ergebnisse in bestehende Architekturen integriert werden können.

5.2 Architektur eines Anfrageübersetzers und Optimierers

Die Grundkonzepte des Entwurfs und der Implementierung von Anfrageübersetzern
und -optimierern (im folgenden kurz *Optimierer* genannt) entstanden bei der Entwicklung und Weiterentwicklung von relationalen Systemen. Ein Überblick ist beispielsweise in [SAC+79], [RR82], [JK84] oder [FG89] gegeben. Eine deskriptive, z. B.

in SQL formulierte Anfrage wird entsprechend diesen Arbeiten in mehreren, nicht unbedingt sequentiell ablaufenden Einzelschritten in einen Ausführungsplan übersetzt. Typische Schritte sind:

1. *Lexikalische und semantische Analyse*: Die Anfrage wird von einem Parser auf lexikalische und semantische Korrektheit hin überprüft und in eine interne Repräsentation übersetzt. Das Ergebnis wird häufig als Baum, einem sogenannten *Operatorbaum*, dargestellt. Die Funktionen in so einem Baum ähneln den Operatoren der relationalen Algebra. Die Anfrage

   ```
   select *
   from Filialen f, Abteilungen a
   where f.F_Nr = a.F_Nr and f.Stadt = Ulm,
   ```

   die sich auf die Relationen in den Abbildungen 2.1 und 2.2 bezieht, könnte beispielsweise durch den Baum in Abb. 5.1.a dargestellt werden.

2. *Transformation in eine kanonische Form*: Die Anfrage wird in eine semantisch äquivalente, standardisierte Form (z. B. in eine disjunktive oder konjunktive Normalform) überführt.

3. *Algebraische Optimierung*: Die Anfrage wird (wenn möglich) durch algebraische Umformungen vereinfacht. Zwei Arbeiten, die mögliche Transformationen diskutieren, sind [SE79] und [SO87]. Ein Ziel ist, Zwischenergebnisse möglichst klein zu halten. Dazu werden z. B. Selektionsprädikate möglichst frühzeitig ausgewertet. Prädikate, die direkt beim Zugriff auf eine Relation ausgewertet werden können (in [SAC+79] als *sargable predicates* bezeichnet), werden teilweise gleich in die *table_access* Operationen integriert. So könnte beispielsweise der Baum in Abb. 5.1.a in den in Abb. 5.1.b transformiert werden.

4. *Auswahl von Join-Strategien*: Für die in einer Anfrage auftretenden Verbundoperationen werden Ausführungsstrategien und -reihenfolge festgelegt. Entsprechend Abschnitt 4.2.1 könnte der Join beispielsweise durch ein Nested-Loop (Abb. 5.1.c) oder einen Sort-Merge (Abb. 5.1.d) ausgeführt werden. Da Verbundoperationen relativ hohe Kosten verursachen und in relationalen Systemen häufig auftreten, wurden außer den bereits diskutierten Strategien viele weitere Alternativen entwickelt. Zwei Arbeiten, die die unterschiedlichsten Strategien und ihre Anwendung untersuchen, sind [ME92] und [OL88].

5. *Auswahl der Zugriffspfade*: Für jede Relation wird ein Zugriffspfad ausgewählt. Dazu wird für jeden *table_access* Knoten getestet, ob ein oder mehrere Prädikate mit einem oder mehreren Indexen ausgewertet werden können. Außerdem

wird geprüft, ob eine benötigte Sortierung durch Verwendung eines Index erreicht werden kann. In Abb. 5.1.e ist beispielhaft der Fall dargestellt, daß beide Prädikate aus Abb. 5.1.c mit Indexen ausgewertet werden[1].

6. *Generierung von Ausführungsplänen*: Als letzter Schritt wird der Operatorbaum, der den kostengünstigsten Plan repräsentiert, in ein ausführbares Programm oder in einen von einem Anfrageinterpreter ausführbaren Plan umgesetzt. High-Level-Operatoren, wie die Funktion *table_access*, werden dazu in die in Abschnitt 4.2.1 bereits kurz angesprochenen Low-Level-Operatoren aufgelöst. Hierbei werden insbesondere auch die Details der Speicherungsstrukturen berücksichtigt.

Um diesen Transformationsprozeß zu implementieren, wurden verschiedene Lösungen realisiert. Im System R ([SAC+79], [CAK+81]) wird der Operatorbaum von einem konventionellen Programm, in dem die Transformationsregeln fest codiert sind, umgeformt. In neueren Arbeiten, wie [Fre87], [FG89] und [Loh88], wird vorgeschlagen, den Optimierer als regelbasiertes System zu implementieren. In diesem Fall werden jede zulässige Transformation und ihre Vorbedingungen in Form von ein oder mehreren Regeln beschrieben. Der eigentliche Optimierer ist ein Regelinterpreter, welcher die verschiedenen Regeln nacheinander auf den Operatorbaum anwendet und so ein ausführbares Programm erzeugt. In Exodus [GD87] ist aus Gründen der Effizienz wiederum eine Lösung implementiert, in der die Transformationsregeln in den Optimierer hineincodiert sind. Allerdings wird dieser Optimierer nicht "von Hand" programmiert, sondern von einem im Rahmen des Exodus-Projektes entwickelten Generator erzeugt. Dieser übersetzt die Transformationsregeln in ausführbaren Code und generiert so den Optimierer. Gemeinsam ist diesen Lösungen, daß stets aus einem internen Operatorbaum mit mehr oder minder explizit formulierten und codierten Regeln ein ausführbarer Plan erzeugt wird.

Ein bisher noch nicht vollständig bzw. teilweise unlösbares und aus dem Bereich der künstlichen Intelligenz bestens bekanntes Problem (siehe z. B. [Nil82] oder [Win84]) ist der Entwurf einer geeigneten Suchstrategie, mit der ein kostengünstiger Plan möglichst zielgerichtet gefunden werden kann. Der Grund ist, daß im allgemeinen zwar für jede Regel einzeln geprüft werden kann, ob sie anwendbar ist oder nicht, daß aber die Entscheidung, ob ihre Anwendung zu einem kostengünstigen Plan führt, nicht immer lokal getroffen werden kann. Häufig müssen erst weitere Umformungen durchgeführt oder der ganze Zugriffsplan erzeugt werden, um die Auswirkung einer Regelanwendung bewerten zu können. Zur Lösung dieses Problems wurden bereits viele datenbankspezifische Vorschläge gemacht. Eines der Hauptthemen (siehe z. B. [GD87], [Loh88], [OL88]) ist die Auswahl der Join-Strategien und -Reihenfolge. Hier ist es besonders schwer, wenn nicht unmöglich, eine lokale Entscheidung zu treffen. Dies zeigt sich auch an den in Abb. 5.1 dargestellten Transformationen. Die Entscheidung, ob der Baum in Abb. 5.1.b in den Baum in Abb. 5.1.c oder in den in Abb. 5.1.d

---

[1] In dieser Darstellung werden die benötigten Cursor, wie schon in Kapitel 4, durch die Variablennamen aus der Anfrage und zusätzlich generierte Namen (*g* und *b*) symbolisiert.

umgeformt werden soll, hängt davon ab, ob die Prädikate, wie in Abb. 5.1.e dargestellt, mit Indexen ausgewertet werden können oder nicht. Etwas einfacher ist die
Auswahl der Indexe. Hier gibt es Heuristiken, die besagen, ob ein Prädikat mit einem Index ausgewertet werden sollte. Eine ist, einen Index immer einzusetzen, wenn
sein Zugriff und der Direktzugriff auf die Relation geringere Kosten verursachen als
die sequentielle Suche. Bei der Auswahl einer geeigneten Suchstrategie handelt es sich

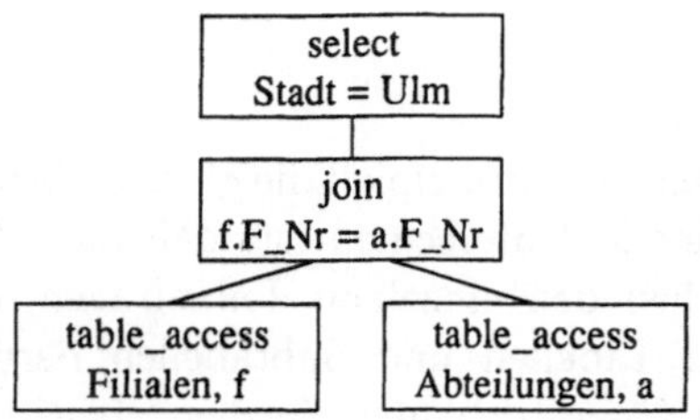

Abb. 5.1.a: Einfacher Operatorbaum

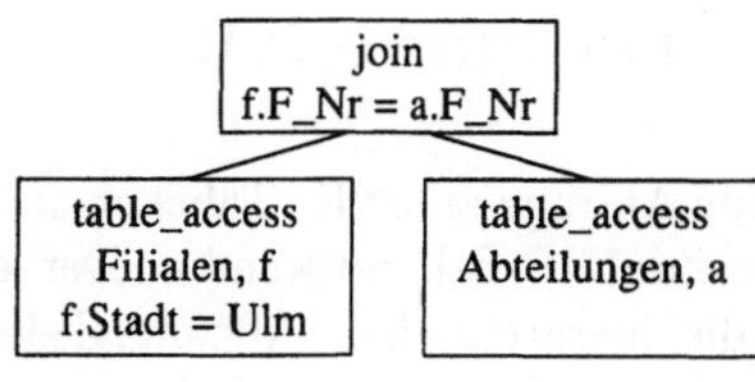

Abb. 5.1.b: Operatorbaum nach
algebraischer Transformation

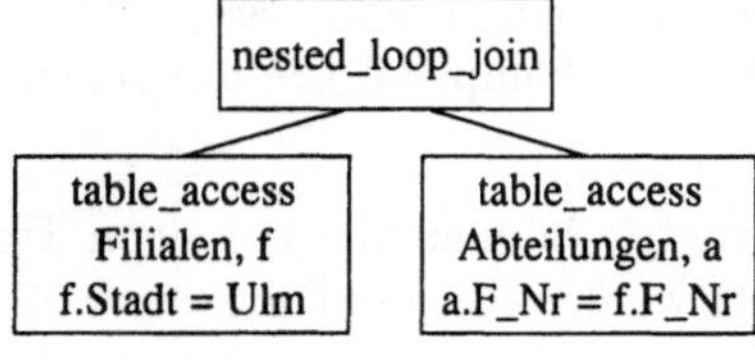

Abb. 5.1.c: Auswertung der
Anfrage mit Nested-Loop

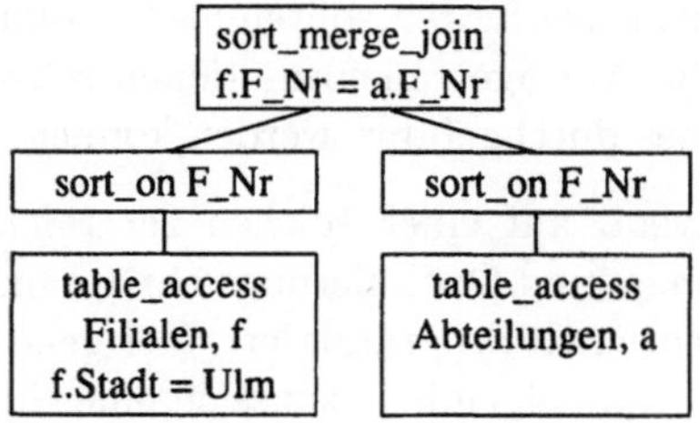

Abb. 5.1.d: Auswertung der
Anfrage mit Sort-Merge

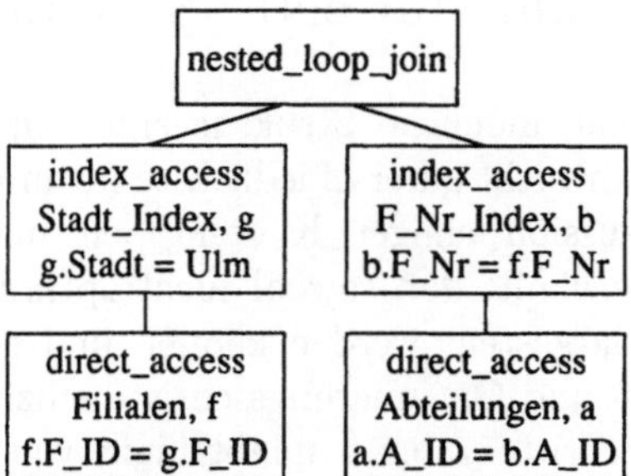

Abb. 5.1.e: Auswertung beider Prädikate in Abb. 5.1.c mit Indexen

Abb. 5.1: Darstellung relationaler Anfragen durch einen Operatorbaum

letztendlich aber um eine eigenständige Problematik, nämlich die Optimierung des
Optimierungsprozesses. Das Ergebnis der Anfrageoptimierung sollte weitestgehend
unabhängig von der Suchstrategie sein und nur von den zulässigen Transformationsregeln abhängen.

5.3   Architektur eines Optimierers für das eNF^2-Datenmodell

Um eine Anfrage an eNF^2-Tabellen zu übersetzen, sind prinzipiell die gleichen Schritte wie im 1NF-Fall notwendig. Der entscheidende Unterschied ist, daß nun stets
noch die hierarchischen Abhängigkeiten zwischen den einzelnen Teilanfragen, den
verwendeten Variablen und den zugegriffenen Tabellen und Subtabellen berücksichtigt werden müssen. Dazu bedarf es eines Operatorbaums, in dem eben diese
Zusammenhänge dargestellt werden können. Dieser sollte so geartet sein, daß die
einzelnen Übersetzungs- und Optimierungsschritte möglichst effizient durchzuführen
sind. Anfragestrukturen, die eine Optimierung – in unserem Fall den Einsatz von
Pfadindexen – erlauben, sollten möglichst leicht erkannt werden können. Aufwendige
Baumsuchverfahren sollten nach Möglichkeit nicht erforderlich sein. Desgleichen sollten die Anfragetransformationen selbst ebenfalls ohne komplexe Umformungen des
Baumes durchgeführt werden können.

Basierend auf einer solchen zentralen Datenstruktur können die einzelnen Über-
setzungs- und Optimierungsschritte implementiert werden. Ob der Optimierer hierzu
konventionell programmiert oder generiert wird oder regelbasiert arbeitet, spielt dabei für die folgende Diskussion eine eher untergeordnete Rolle. Wichtig ist, daß deutlich wird, daß die einzelnen Schritte der Optimierung, insbesondere die Auswahl der
Indexe und die Generierung der Anfragepläne, effizient durchgeführt werden können.

5.3.1   Ein Operatorbaum für eNF^2-Systeme

Im folgenden stellen wir eine mögliche Struktur eines Operatorbaums für eNF^2-
Systeme vor. Dabei wollen wir nicht unterschiedlichste Lösungen ausführlich erörtern,
sondern uns auf die Diskussion einiger Knotentypen und ihrer Parameter beschränken. Diese sind so gewählt, daß sowohl nicht-optimierte als auch optimierte Anfragepläne kompakt dargestellt werden können und daß die in Abschnitt 5.2
genannten Transformations- und Optimierungsschritte effizient durchzuführen sind.
Insbesondere können die Schritte 1 bis 5 unabhängig von den zugrundeliegenden
Speicherungsstrukturen ausgeführt werden. Diese müssen erst bei der Generierung
der Anfragepläne und bei der Kostenschätzung berücksichtigt werden. Da es in dieser
Diskussion nicht vorrangig um die Feinheiten eines solchen Baumes geht, wird wieder
eine sehr einfache, von Details abstrahierende Syntax verwendet.

Basis des Operatorbaums sind fünf rekursiv anwendbare *create_object* Knoten

```
create_object =
    put_const      (const) |
    put_db_object  (db_object) |
    create_tuple   (   (attribute_name{.attribute_name}* , create_object)
                   {, (attribute_name{.attribute_name}* , create_object)}*) |
    create_set     (op_list, create_object) |
    create_list    (op_list, create_object)
```

und High-Level-Operationen zur Bildung von Mengen und Listen. Mit ihnen können jede entsprechend Abschnitt 2.2.2 zulässige Anfrage und jede in Abschnitt 4.4 diskutierte Optimierung dargestellt werden. Dabei spielt es für die Diskussion keine Rolle, ob das Ergebnis in eine Datei geschrieben (vgl. [KDG87]), über ein Netz transferiert (vgl. [GM91]) oder direkt auf einem Bildschirm ausgegeben wird. Die Semantik der einzelnen Knoten ist die folgende:

Der Knoten *put_const* schreibt eine Konstante, die in der Anfrage angegeben wurde, in das Ergebnis.

Der Knoten *put_db_object* kopiert das im Parameter *db_object* bezeichnete Objekt oder Subobjekt aus der Datenbank in das Ergebnis der Anfrage. In Korrespondenz mit dem von uns verwendeten Kalkül (vgl. Atome zur Definition von Variablen in Abschnitt 2.2.2) wird ein Top-Level-Datenbankobjekt durch seinen Namen bezeichnet. Ein Subobjekt wird, wenn es ein Attribut eines (unter Umständen mehrfach geschachtelten) tupelwertigen Top-Level-Datenbankobjektes ist, durch den Namen des Top-Level-Objektes und einer Liste von einem oder mehreren Attributnamen bezeichnet. Ist das Subobjekt hingegen ein Element einer Menge oder Liste (s. z. B. Zeile 5d in der Beispielanfrage 4.8) oder ein Attribut eines (unter Umständen mehrfach geschachtelten) tupelwertigen Elementes einer Menge oder Liste (s. z. B. Zeilen 2 und 3 in der Beispielanfrage 4.8), wird es durch eine Variable und null, einen oder mehrere Attributnamen bezeichnet. Die Variable muß dazu zuvor mit der (noch zu diskutierenden) Operation *table_access* an das jeweilige Element gebunden worden sein. Die vollständige Syntax des Parameters *db_object* lautet damit:

```
db_object      = db_object_name{.attribute_name}* | variable{.attribute_name}*
db_object_name = string
attribute_name = string
variable       = string
```

Der Knoten *create_tuple* erzeugt ein neues Tupel mit beliebig vielen Attributen. Sein Parameter besteht aus einer Liste mit einem Eintrag für jedes Attribut. Jeder Eintrag enthält einen oder bei geschachtelten Tupeln mehrere Attributnamen und einen *create_object* Knoten. Der von diesem *create_object* Knoten ausgehende Teilbaum beschreibt, wie der Attributwert – ein beliebiges eNF^2-Subobjekt – zu bilden ist.

Die Knoten *create_set* und *create_list* erzeugen jeweils eine neue Menge oder Liste.
Sie haben zwei Parameter. Der erste Parameter

op_list = () | (operation {, operation}*)

ist eine (unter Umständen leere) Liste von Operationen, die explizit beschreiben, wie
die neue Menge oder Liste zu berechnen ist. In ihnen wird angegeben, wie nacheinander Variablen an diejenigen Datenbankobjekte zu binden sind, die für die neue Menge
oder Liste benötigt werden. Der zweite Parameter ist ein *create_object* Knoten, der
beschreibt, wie aus jeder gültigen Variablenbindung ein Element der Ergebnismenge
oder Liste zu erzeugen ist.

Um die in Abschnitt 4.4 vorgestellten sequentiellen und indexunterstützten Auswertstrategien darstellen zu können, haben wir die folgenden Operationen vorgesehen:

```
operation =
   table_access          (db_object, variable, simple_pred_list, complex_pred, address_list)|
   index_access          (index:               index_name,
                           predicate:           index_predicate,
                           address_predicate:   address_pred_list,
                           path_projection:     identifier_attr_list,
                           associative_access:  yes | no,
                           index_access_result: index_access_result) |
   set_associative       (address_info) |
   create_temp_object    (temp_object_name, create_object) |
   merge_objects         (temp_object, variable, temp_object, variable, merge_pred)
```

Von diesen sei als erstes die High-Level-Operation *table_access* betrachtet. Mit ihr
können bereits alle Pläne, die nur die sequentielle Suche verwenden, dargestellt werden. Sie bindet eine Variable an die Elemente einer Menge oder Liste und macht sie
so (z. B. für den Knoten *put_db_object* oder andere *table_access* Operationen) zugreifbar. Dabei wertet sie die Prädikate, welche die Elemente erfüllen müssen, aus und
berücksichtigt, sofern angegeben, Indexergebnisrelationen, die beim Zugriff verwendet werden sollen. Sie hat fünf Parameter:

Im Parameter *db_object* wird in der gleichen Syntax und Semantik wie in dem Knoten
put_db_object die Menge oder Liste, auf die zugegriffen werden soll, bestimmt.

Im Parameter *variable* wird die Variable, die gebunden werden soll, genannt. Ge-
naugenommen handelt es sich um einen *Zeiger* oder *Cursor*, der sequentiell oder
direkt auf Elemente von Mengen oder Listen gesetzt werden kann. Zugunsten einer
einheitlichen Terminologie wird aber an dem bereits eingeführten Begriff *Variable*
festgehalten.

Im dritten Parameter kann eine Liste einfacher *"und"* verknüpfter Prädikate angegeben werden:

simple_pred_list = () | (simple_pred {**and** simple_pred}*)
simple_pred   = db_object op const | const op db_object |
                  db_object op db_object | const op const
op   = < | ≤ | = | ≥ | > | <>
const   = integer | real | string

Diese Prädikate können, ähnlich wie die *sargable predicates* im System R, direkt beim Zugriff auf ein Element ausgewertet werden. Außerdem sind es die Prädikate, die potentiell mit einem Index berechnet werden.

Der vierte Parameter enthält ein komplexes Prädikat, das ebenfalls von jedem qualifizierten Element erfüllt werden muß:

complex_pred =
    () |
    (simple_pred) |
    (complex_pred **and** complex_pred) |
    (complex_pred **or**   complex_pred) |
    (**not** complex_pred) |
    (**exists** (db_object, variable, simple_pred_list, complex_pred, address_list)) |
    (**forall** (db_object, variable, complex_pred))

In diesem Parameter kann jedes Prädikat, das in dem von uns verwendeten Kalkül ausdrückbar ist (vgl. Abschnitt 2.2.2), angegeben werden. Wie es auszuwerten und wie die Parameter eines Exists- oder Forall-Prädikats zu interpretieren sind, wird an späterer Stelle noch gezeigt.

Der fünfte Parameter entscheidet schließlich darüber, ob die Variable sequentiell oder durch direkten Zugriff an die Elemente gebunden wird. Dazu können in ihm null, eine oder mehrere Indexergebnisrelationen oder Indexergebnissubrelationen angegeben werden, die bei Ausführung der Operation *table_access* verwendet werden sollen. Er besteht aus einer Liste sogenannter *Adreßinformationen*:

address_list   = () | (address_info {, address_info}*)
address_info   = (index_object, index_variable, direct_pred)
index_object   = index_access_result | index_variable.index_attribute
index_variable = string
direct_pred   = variable.identifier_attr = index_variable.identifier_attr

Eine Adreßinformation *address_info* enthält drei Angaben. In *index_object* wird eine Indexergebnisrelation oder -subrelation genannt. Diese enthält die Identifier der Elemente, an die *variable* (zweiter Parameter der Operation *table_access*) gebunden werden soll. In *index_variable* wird eine Variable deklariert, mit der die Identifier in dem Indexobjekt gelesen werden. Außerdem werden über diese Variable gegebenenfalls die Subrelationen in dem Indexobjekt referenziert. In der *direct_pred* Angabe wird schließlich explizit ausgedrückt, daß *variable* auf die über *index_variable* zugreifbaren Identifier zu setzen ist[2].

Die Art, wie eine *table_access* Operation später in ausführbare Low-Level-Operationen umgesetzt wird (s. a. Abschnitt 5.3.4), hängt von drei Faktoren ab:

- Enthält die Operation eine oder mehrere Adreßinformationen?

- Ist das zugegriffene *db_object* eine Menge oder eine Liste?

- Ist die Operation Element eines *create_set* oder *create_list* Knotens?

Durch sie wird eine der drei Auswertstrategien bestimmt:

1. Die *table_access* Operation enthält keine Adreßinformation. Dann wird sie durch eine Schleife implementiert. In dieser wird *variable* sequentiell an alle Elemente von *db_object* gebunden.

2. Die Operation enthält eine oder mehrere Adreßinformationen, und *db_object* ist eine Menge. Dann wird das *index_object* in der ersten Adreßinformation in einer Schleife gelesen. Für jeden Identifier in diesem Indexobjekt wird getestet, ob er auch in den Indexobjekten der übrigen Adreßinformationen auftritt. Dazu wird auf diese entsprechend Abschnitt 4.4.4 assoziativ zugegriffen. Als letztes wird *variable* direkt an die Elemente gebunden, deren Identifier in allen Indexobjekten genannt sind.

   Diese Implementation wird auch gewählt, wenn *db_object* eine Liste und die *table_access* Operation Element eines *create_set* Knotens sind. In diesem Fall kann *variable* in der von den Indexobjekten bestimmten Reihenfolge gebunden werden.

3. Die *table_access* Operation enthält eine oder mehrere Adreßinformationen, ist Element eines *create_list* Knotens, und *db_object* ist eine Liste. Dann wird *variable* entsprechend der Diskussion in Abschnitt 4.4.5 sequentiell an alle Elemente von *db_object* gebunden. Die Adreßinformationen werden ausgewertet, indem für jede Variablenbindung durch assoziativen Zugriff auf die Indexobjekte getestet wird, ob der aktuelle Identifier in ihnen enthalten ist.

In jedem Falle werden, nachdem *variable* an ein Element gebunden wurde, die einfachen und komplexen Prädikate der *table_access* Operation durch Zugriff auf die Daten unter Beachtung der Operatoren ausgewertet. Ein Forall-Prädikat[3] mit seinen drei

---

[2] In dem Fall (siehe auch Fußnote 4, Seite 162), daß die *index_variable* außerhalb der *table_access* Operation an ein temporäres Objekt und nicht an ein Indexobjekt gebunden wird, dürfen die ersten beiden Parameter weggelassen werden. Dann wird *variable* direkt an das durch *index_variable* bezeichnete Objekt gebunden.

[3] Ein Forall-Prädikat der Form ∀ *v: (not (v in ...) or pred)* wird im Schritt 1 in *(forall (..., v, pred))* übersetzt.

Parametern *db_object*, *variable*, *complex_pred* wird hierbei stets durch eine Schleife implementiert. In dieser wird *variable* sequentiell an alle Elemente von *db_object* gebunden und für jedes Element getestet, ob das *complex_pred* erfüllt ist. Ist dies der Fall, so ist das Forall-Prädikat wahr.

Etwas anders ist die Situation im Fall von Exists-Prädikaten. Entsprechend Abschnitt 4.4.3 kann die in einem Existenzprädikat $\exists$ *v: (v in ... and pred)* verwendete Variable nicht nur sequentiell, sondern auch direkt gesetzt werden (vgl. transformierte Teilanfrage in Abb. 4.25 in Abschnitt 4.4.3). Um diese unterschiedlichen Strategien auszudrücken, haben wir für ein Exists-Prädikat die gleichen fünf Parameter *db_object*, *variable*, *simple_pred_list*, *complex_pred* und *address_list* wie für eine *table_access* Operation vorgesehen. Der Unterschied zur *table_access* Operation ist nur, daß die Auswertung eines Exists-Prädikats abbricht, wenn das erste Element gefunden wurde, welches die Prädikate erfüllt.

Allein mit den *create_object* Knoten und der *table_access* Operation können bereits alle Pläne, die nur die sequentielle Suche verwenden, dargestellt werden. Als erstes Beispiel betrachte man den Plan der Beispielanfrage 4.1.

Beispielplan 5.1: High-Level-Plan der Beispielanfrage 4.1

```
create_set (
 (table_access (Filialen, f, (f.Fläche = 10000), (),())),
 create_tuple (('F_Nr',         put_db_object (f.F_Nr))
              ('Abteilungen', create_set (
                        (table_access (f.Abteilungen, a, (a.Note = 2), (),())),
                        create_tuple (('A_Nr',    put_db_object(a.A_Nr)),
                                      ('A_Name', put_db_object(a.A_Name)))))))
```

Bei diesem Ausführungsplan wird die Anfrage, wie in Abschnitt 4.4.1 beschrieben, sequentiell ausgewertet. Die Variable *f* wird durch die erste *table_access* Operation sequentiell an Filialobjekte mit einer Fläche von 10000 gebunden. Für jede gültige Bindung wird dann durch den äußeren *create_tuple* Knoten ein Tupel mit der aktuellen Filialnummer und einer Submenge mit den Abteilungen, die die Note 2 haben, erzeugt. Ähnliches gilt für den Plan der Beispielanfrage 4.2.

Beispielplan 5.2: High-Level-Plan der Beispielanfrage 4.2

```
create_set ((table_access (Filialen,     f, (), (), ()),
            table_access (f.Abteilungen, a, (a.Note = 4), (), ())),
            create_tuple (('A_Nr',   put_db_object (a.A_Nr)),
                          ('A_Name', put_db_object (a.A_Name))))
```

Allgemein gilt, daß jede Anfrage und jede Teilanfrage $\{t \mid F(t)\}$ bzw. $< t \mid F(t) >$,
die der in Abschnitt 2.2.2 geforderten Form genügen, in einen Plan der Form

```
create_set ((table_access (..., v0, (), (), ()),
             ...
             table_access (..., vn, (), (complex_pred), ())),
         create_object (...))
```

oder

```
create_list ((table_access (..., v0, (), (), ()),
              ...
              table_access (..., vn, (), (complex_pred), ())),
          create_object (...))
```

übersetzt werden können. Der *complex_pred* Parameter steht darin stellvertretend für
das Prädikat $p\ (v_0, ..., v_n, w_0, ..., w_s)$ und der *create_object* Knoten für die Ausgabe
der Anfrage. Damit ist es grundsätzlich möglich, jede in dem in Abschnitt 2.2.2
eingeführten Kalkül zu formulierende Anfrage mit den *create_object* Knoten und der
Operation *table_access* intern darzustellen.

Damit eine Indexergebnisrelation oder -subrelation in einer Adreßinformation verwendet werden kann, muß sie mit der in Abschnitt 4.3.2 ausführlich diskutierten
Operation *index_access* erzeugt werden. In der für den Operatorbaum verwendeten
einfachen Syntax haben ihre Parameter die folgende Form: Der zugegriffene Index
wird durch Angabe seines Namens "*index_name = string*" spezifiziert. Das auszu-
wertende Prädikat hat eine der beiden Formen

```
index_predicate = attribute op const | attribute op db_object
```

wobei *op* eine vom Index unterstützte Vergleichsoperation sein muß. Die zu berück-
sichtigenden Adreßprädikate werden als Liste formuliert:

```
address_pred_list = () | (adress_pred {, adress_pred}*)
address_pred     = identifier_attr = variable.identifier_attr
identifier_attr  = string
```

Auf der linken Seite eines Adreßprädikats wird das auf seiten des Index beteiligte
Identifierattribut genannt. Rechts wird indirekt durch Angabe einer Variablen und
eines Identifierattributs der Identifier eines Elementes einer Menge oder Liste angegeben. Der Parameter *path_projection* enthält in einer Liste

```
identifier_attr_list = () | (identifier_attr {, identifier_attr}*)
```

die Identifierattribute, die in das Indexergebnis zu übertragen sind. Der Parameter
"*associative_access = yes | no*" gibt an, ob auf die Indexergebnisrelation nur se-
quentiell oder auch assoziativ zugegriffen wird. Der Parameter "*index_access_result*

$= string$" spezifiziert schließlich einen Namen, über den die Indexergebnisrelation zugreifbar sein soll.

Mit dieser Operation können nun auch solche Anfragepläne formuliert werden, die Indexergebnisrelationen erzeugen. Ein Beispiel ist der Plan des Ergebnisses der Beispieltransformation 4.1.

Beispielplan 5.3: High-Level-Plan der Beispieltransformation 4.1

```
create_set (
  (index_access (index:             Flächen_Index,
                 predicate:         Fläche = 10000,
                 address_predicate: (),
                 path_projection:   (F_ID),
                 associative_access: no,
                 index_access_result: index_result),
    table_access (Filialen, f, (), (), ((index_result, g, f.F_ID = g.F_ID)))),
    create_tuple  (('F_Nr',        put_db_object (f.F_Nr))
                   ('Abteilungen', create_set (
                          (table_access (f.Abteilungen, a, (a.Note = 2), (),())),
                          create_tuple  (('A_Nr',    put_db_object(a.A_Nr)),
                                         ('A_Name', put_db_object(a.A_Name)))))))))
```

Die äußere Teilanfrage wird jetzt ausgewertet, indem zuerst die Indexergebnisrelation *index_result* logisch erzeugt wird. Danach wird die Variable f durch die Operation *table_access* direkt auf die Filialobjekte, deren Identifier in *index_result* enthalten sind, gesetzt. Für jede dieser Variablenbindungen wird dann wie zuvor wieder ein Tupel erzeugt. Dieser Plan ist ein typisches Beispiel dafür, daß die Berechnungsstrategie für eine *table_access* Operation davon abhängt, ob im fünften Parameter ein Indexobjekt angegeben wird oder nicht.

Ähnliches gilt für die Beispieltransformation 4.2 in Abschnitt 4.4.2.1. In ihr wurde die Beispielanfrage 4.2 umgeformt. Der zugehörige Plan lautet:

Beispielplan 5.4: Interne Darstellung der Beispieltransformation 4.2

```
create_set (
  (index_access (index:             Noten_Index,
                 predicate:         Note = 4,
                 address_predicate: (),
                 path_projection:   (F_ID, A_ID),
                 associative_access: no,
                 index_access_result: index_result),
    table_access (Filialen,      f, (), (), ((index_result, g, f.F_ID = g.F_ID))),
    table_access (f.Abteilungen, a, (), (), ((g.A_IDs,  b, a.A_ID = b.A_ID)))),
    create_tuple (('A_Nr',   put_db_object (a.A_Nr)),
                  ('A_Name', put_db_object (a.A_Name))))
```

Dieses Beispiel zeigt, wie auf die Indexergebnisrelation über die Variablen g und *b* zugegriffen wird und wie die Variablen *f* und *a* entsprechend der Struktur der Filialtabelle und der Indexergebnisrelation hierarchisch absteigend gesetzt werden.

Ein Beispiel für die Auswertung eines geschachtelten Exists-Prädikats, das mit einem Index berechnet wird, ist die optimierte Beispielanfrage 4.4 aus Abschnitt 4.4.3. Der Plan der Beispieltransformation 4.7 lautet:

Beispielplan 5.5: Interne Darstellung der Beispieltransformation 4.7

```
create_set (
  (index_access (index:             Bestands_Index,
                 predicate:         Bestand ≤ 300,
                 address_predicate: (),
                 path_projection:   (F_ID, A_ID),
                 associative_access: no,
                 index_access_result: index_result),
   table_access (Filialen, f, (),
                 (exists ((f.Abteilungen, a, (a.A_Name = 'Haushalt'), (),
                          ((g.A_IDs, b, a.A_ID = b.A_ID))))),
                 ((index_result, g, f.F_ID = g.F_ID)))),
   create_tuple (('F_Nr',   put_db_object (f.F_Nr)),
                 ('Fläche', put_db_object (f.Fläche))))
```

Ebenfalls formulierbar sind Pläne, in denen mehrere Prädikate mit Indexen ausgewertet werden. Ein Beispiel ist der Plan der Beispieltransformation 4.8 aus Abschnitt 4.4.4.

Beispielplan 5.6: Interne Darstellung der Beispieltransformation 4.8

```
create_set (
  (index_access (index:             Noten_Index,
                 predicate:         Note = 2,
                 address_predicate: (),
                 path_projection:   (F_ID, A_ID),
                 associative_access: no,
                 index_access_result: index_result_1),
   index_access (index:             Bestands_Index,
                 predicate:         Bestand = 300,
                 address_predicate: (),
                 path_projection:   (F_ID, A_ID, P_ID),
                 associative_access: yes,
                 index_access_result: index_result_2),
   table_access (Filialen,          f, (), (), ((index_result_1, g, f.F_ID = g.F_ID),
                                              (index_result_2, h, f.F_ID = h.F_ID))),
   table_access (f.Abteilungen,     a, (), (), ((g.A_IDs,       b, a.A_ID = b.A_ID),
                                              (h.A_IDs,       c, a.A_ID = c.A_ID))),
   table_access (a.Produktgruppen, p, (), (), ((c.P_IDs,       q, p.P_ID = q.P_ID)))),
   create_tuple (('P_Gruppe', put_db_object (p.P_Gruppe))))
```

Diese Anfrage wird ausgewertet, indem zuerst die beiden Indexanfragen abgesetzt werden. Danach wird auf die Filialtabelle hierarchisch absteigend mit den Variablen *f*, *a* und *p* direkt zugegriffen. Dabei wird die Schnittmenge zwischen den beiden Indexergebnisrelationen durch assoziativen Zugriff von *index_result_2* gebildet. Ausgedrückt ist dies in dem Plan durch die jeweils zwei Adreßinformationen in den ersten beiden *table_access* Operationen.

Um auch den in Abschnitt 4.4.2.2 eingeführten assoziativen Zugriff auf Indexergebnisrelationen ausdrücken zu können, wird eine weitere Operation benötigt. Wir haben sie *set_associative* genannt. Ihr Parameter ist eine einzelne Adreßinformation. Die erste Angabe dieser Adreßinformation bestimmt eine Indexergebnisrelation oder -subrelation. In diesem *index_object* wird die in der zweiten Angabe deklarierte *index_variable* assoziativ gesetzt. Das Prädikat *direct_pred* in der dritten Angabe nennt dazu explizit die Variable, deren aktueller Identifier in dem Indexobjekt zu suchen ist. Mit dieser können nun auch Adreßprädikate durch assoziative Suche in einer Indexergebnisrelation oder -subrelation ausgewertet werden. Ein Beispiel ist der Plan der Beispieltransformation 4.4 aus Abschnitt 4.4.2.2.

Beispielplan 5.7: Interne Darstellung der Beispieltransformation 4.4

```
create_set (
 (table_access (Filialen, f, (f.Fläche = 10000), (),())),
  create_tuple (('F_Nr',        put_db_object (f.F_Nr)),
               ('Abteilungen', create_set (
                (index_access  (index:             Noten_Index,
                                predicate:         Note = 2,
                                address_predicate: (),
                                path_projection:   (F_ID, A_ID),
                                associative_access: yes,
                                index_access_result: index_result),
              set_associative ((index_result, g, g.F_ID = f.F_ID)),
              table_access    (f.Abteilungen, a, (), (), ((g.A_IDs, b, a.A_ID=b.A_ID)))),
              create_tuple    (('A_Nr',    put_db_object (a.A_Nr)),
                              ('A_Name', put_db_object (a.A_Name)))))))))
```

In Abschnitt 4.4.6 wurde ausgeführt, daß die von uns entwickelten Methoden des Indexeinsatzes auch eingesetzt werden können, wenn Joins zu berechnen sind. Um dies zu belegen, wurde für die drei Methoden *Nested-Loop*, *Nested-Loop mit Indexunterstützung* und *Sort-Merge* gezeigt, wie bei ihrer Verwendung Prädikate mit Indexen ausgewertet werden können. Die Anfragepläne, die sich bei Einsatz der beiden erstgenannten Methoden ergeben, können bereits mit den bis hierhin eingeführten Operationen repräsentiert werden. Der Grund ist, daß in den beiden Operationen *table_access* und *index_access* stets auch Join-Prädikate zugelassen sind. Um auch Sort-Merge-Pläne formulieren zu können, sind zwei weitere Operationen nötig. Die erste erzeugt temporäre eNF^2-Objekte, die danach entsprechend dem Sort-Merge-Verfahren durchlaufen werden können. Wir haben sie *create_temp_object* genannt. Sie hat zwei Parameter. Der erste "*temp_object_name = string*" spezifiziert den Namen

des temporären Objektes. Der zweite ist ein *create_object* Knoten. Der von diesem
Knoten ausgehende Teilbaum beschreibt, wie das Objekt zu bilden ist.

Die zweite Operation wird hier mit *merge_objects* bezeichnet. Sie benötigt fünf Parameter. Im ersten und dritten werden je ein temporäres Objekt oder Subobjekt
spezifiziert. Die Syntax und Semantik dieser beiden Parameter *temp_object* entsprechen denen eines *db_object* Knotens:

$$\text{temp\_object} = \text{temp\_object\_name}\{.\text{attribut\_name}\}^* \mid$$
$$\text{variable}\{.\text{attribut\_name}\}^*$$

In diesen beiden Objekten oder Subobjekten werden die im zweiten und vierten Parameter genannten Variablen entsprechend dem Sort-Merge-Verfahren gesetzt. Das
Prädikat, das dabei auszuwerten ist, wird im fünften Parameter *merge_pred* angegeben:

$$\text{merge\_pred} = \text{variable}\{.\text{attribut\_name}\}^* \text{ op variable}\{.\text{attribut\_name}\}^*$$

Diese beiden zusätzlichen Operationen reichen aus, um auch Anfragepläne zu formulieren, die Sort-Merge-Algorithmen, soweit sie in diesem Buch besprochen wurden,
verwenden. Der Plan der allgemeinen, mit einem Sort-Merge ausgewerteten Teilanfrage aus Abb. 4.31 ist in Abb. 5.2 gegeben. Durch die Zeilen 2 bis 9 und 10 bis
17 werden die beiden temporären Objekte erzeugt. In Zeile 18 ist der *Merge* dieser
beiden Objekte ausgedrückt. Die Zeilen 19 bis 24 beschreiben schließlich, daß auf die
Datenbankobjekte, wie in Abschnitt 4.4.6 beschrieben, direkt zugegriffen wird[4].

Mit Einführung der letzten zwei Operationen ist der Operatorbaum, soweit wir ihn
benötigen, vollständig beschrieben. Auf diesem können nun die beschriebenen Optimierungen durchgeführt werden.

5.3.2 Anfrageübersetzung

Entsprechend Abschnitt 5.2 wird eine deskriptiv formulierte Anfrage zuerst auf lexikalische und semantische Korrektheit hin überprüft und in einen ersten Operatorbaum übersetzt. In unserem Fall besteht dieser Baum nur aus *create_object* Knoten
und der Operation *table_access*. Jede Teilanfrage wird darin durch einen Teilbaum
mit folgender Form (s. a. Abschnitt 5.3.1) repräsentiert[5]:

$$\text{create\_set}\,((\text{table\_access}\,(...,v_0,(),(),())), \qquad\qquad [1]$$
$$... \qquad\qquad [2]$$
$$\text{table\_access}\,(...,v_n,(),(p\,(v_0,...,v_n,w_0,...,w_s)),()))), \qquad [3]$$
$$\text{create\_object}\,(...)) \qquad\qquad [4]$$

---

[4] Um die Syntax der Operation *table_access* nicht mit einer weiteren Option zu belasten, werden diese Direktzugriffe durch Adreßinformationen, in denen die Angaben *index_object* und *index_variable*
weggelassen werden, formuliert (s. a. Fußnote 2, Seite 156).

[5] Die Variablen v_0 bis v_n müssen nicht notwendigerweise hierarchisch voneinander abhängen.

```
create_set (                                                                    [ 1]
  (create_temp_object (temp_object_1,                                           [ 2]
        create_set ((table_access (a_{t-1}.Attr_t, d_t, (), (),()),             [ 3]
                      ...                                                        [ 4]
                    table_access (d_{n-1}.Attr_n, d_n, (d_n.A op Konstante), (),())),  [ 5]
                    create_tuple  ((A',   put_db_object (d_n.A')),               [ 6]
                                   (ID_t,  put_db_object (d_t.ID_t)),            [ 7]
                                   ...                                          [ 8]
                                   (ID_n, put_db_object (d_n.ID_n)))))),         [ 9]
  create_temp_object (temp_object_2,                                            [10]
        create_set ((table_access (b_{r-1}.Attr'_r, e_r, (), (),()),            [11]
                      ...                                                        [12]
                    table_access (e_{s-1}.Attr'_s, e_s, (), (),())),            [13]
                    create_tuple  ((B',   put_db_object (e_s.B')),              [14]
                                   (ID_r, put_db_object (e_r.ID_r)),            [15]
                                   ...                                          [16]
                                   (ID_s, put_db_object (e_s.ID_s))))),         [17]
  merge_objects (temp_object_1, a, temp_object_2, b, (a.A' op b.B')),           [18]
  table_access (a_{t-1}.Attr_t,  a_t, (), (), ((- , - , a_t.ID_t  = a.ID_t))),  [19]
  ...                                                                          [20]
  table_access (a_{n-1}.Attr_n, a_n, (), (), ((- , - , a_n.ID_n = a.ID_n))),    [21]
  table_access (b_{r-1}.Attr_r, b_r, (), (), ((- , - , b_r.ID_r = b.ID_r))),    [22]
  ...                                                                          [23]
  table_access (b_{s-1}.Attr_s, b_s, (), (), ((- , - , b_s.ID_s = b.ID_s))))   [24]
  create_object (...))                                                         [25]
```

Abb. 5.2: Plan des Sort-Merge-Verfahrens aus Abb. 4.31

oder

```
    create_list ((table_access (..., v_0, (), (), ()),                  [1]
                    ...                                                  [2]
                  table_access (..., v_n, (), ( p (v_0, ... , v_n, w_0, ... , w_s), ()))),  [3]
                  create_object (...)).                                  [4]
```

In den nächsten beiden Schritten wird jede Teilanfrage in eine kanonische Form überführt und algebraisch optimiert. Zur Vorbereitung der Integration von Indexanfragen wird dabei das Prädikat $p(v_0, \ldots, v_n, w_0, \ldots, w_s)$[6] in eine konjunktive Normalform umgeformt. Jeder Konjunktor wird danach in die *table_access* Operation verschoben, in der er ausgewertet werden kann. Dazu werden in jedem Konjunktor die freien Variablen v_i bestimmt. Danach wird er in die *table_access* Operation eingefügt, in der die Variable v mit dem "größten" i deklariert wird. Prädikate, welche

---

[6] Die Variablen w_0 bis w_s seien außerhalb der Teilanfrage deklariert.

der Form eines *simple_pred* genügen, werden in die Liste der *simple_preds* eingefügt. Nach diesen und weiteren, hier nicht ausgeführten algebraischen Optimierungen hat jede Teilanfrage die Form

$$\text{create\_set } ((\text{table\_access } (..., v_0, (p_{0_0} \text{ and } ... \text{ and } p_{0_{m_0}}), (p_0), ()), \qquad [1]$$
$$... \qquad [2]$$
$$\text{table\_access } (..., v_n, (p_{n_0} \text{ and } ... \text{ and } p_{n_{m_n}}), (p_n), ())), \qquad [3]$$
$$\text{create\_object } (...)) \qquad [4]$$

oder

$$\text{create\_list } ((\text{table\_access } (..., v_0, (p_{0_0} \text{ and } ... \text{ and } p_{0_{m_0}}), (p_0), ()), \qquad [1]$$
$$... \qquad [2]$$
$$\text{table\_access } (..., v_n, (p_{n_0} \text{ and } ... \text{ and } p_{n_{m_n}}), (p_n), ())), \qquad [3]$$
$$\text{create\_object } (...)). \qquad [4]$$

Treten in diesen Teilanfragen Joins auf, können für diese nun Auswertstrategien ausgewählt werden[7]. Soll ein Join mit dem Nested-Loop-Verfahren ausgewertet werden, kann durch Umsortieren der zugehörigen *table_access* Operationen festgelegt werden, welches die äußeren und welches die inneren Tabellen bzw. Subtabellen sind. Das Join-Prädikat ist dabei in die letzte dieser *table_access* Operationen zu verschieben. Das gleiche gilt, wenn das *Nested-Loop-Verfahren mit Indexunterstützung* eingesetzt werden soll. Durch Umsortieren der *table_access* Operationen wird erreicht, daß die Tabelle, deren Index verwendet werden soll, die innerste der beteiligten Tabellen wird.

Soll ein Join mit dem Prädikat $v_n.A'$ *op* $v_s.B'$ durch ein Sort-Merge-Verfahren ausgewertet werden, sind entsprechend Abschnitt 4.4.6 zuerst die beiden an dem Join beteiligten Variablenpfade $a_t, ..., a_n$ und $b_r, ..., b_s$ unter den Variablen v_i zu identifizieren. Dies geschieht, indem die hierarchischen Bindungen der Variablen v_n und v_s verfolgt werden. Danach werden die zwei *create_temp_object* Operationen und die *merge_objects* Operation (s. Abb. 5.2) generiert und in die Liste der Operationen eingefügt. Zuletzt werden in die *table_access* Operationen, in denen die Variablen a_t bis a_n und b_r bis b_s gesetzt werden, die zusätzlichen Adreßinformationen eingesetzt.

---

[7] Zu beachten ist, daß zwei *table_access* Operationen nur dann einen Join ausdrücken, wenn die in ihnen gesetzten Variablen v_i und v_j in keinem direkten oder indirekten hierarchischen Abhängigkeitsverhältnis stehen. Andernfalls beschreiben sie den hierarchischen Abstieg in einer eNF^2-Tabelle.

5.3.3 Implementation der Integration von Pfadindexen

Nach Ausführung der im vorigen Abschnitt bewußt etwas vage formulierten Übersetzungs- und Optimierungsschritte (ihre Diskussion ist nicht unmittelbarer Gegenstand dieses Buchs) liegt ein Operatorbaum vor, in dem

$$\text{create\_set } ((\text{table\_access } (..., v_0, (p_{0_0} \text{ and } ... \text{ and } p_{0_{m_0}}), (p_0), ()), \qquad [1]$$
$$... \qquad [2]$$
$$\text{table\_access } (..., v_n, (p_{n_0} \text{ and } ... \text{ and } p_{n_{m_n}}), (p_n), ()))), \qquad [3]$$
$$\text{create\_object } (...)) \qquad [4]$$

und

$$\text{create\_list } ((\text{table\_access } (..., v_0, (p_{0_0} \text{ and } ... \text{ and } p_{0_{m_0}}), (p_0), ()), \qquad [1]$$
$$... \qquad [2]$$
$$\text{table\_access } (..., v_n, (p_{n_0} \text{ and } ... \text{ and } p_{n_{m_n}}), (p_n), ()))), \qquad [3]$$
$$\text{create\_object } (...)) \qquad [4]$$

Knoten auftreten. Jeder dieser Knoten steht für eine Teilanfrage der auszuführenden Anfrage oder für eine Anfrage, die ein temporäres Objekt erzeugt. In diesen *create_set* und *create_list* Knoten können nun Prädikate, die durch Indexe ausgewertet werden sollen, ausgewählt und ersetzt werden.

Eine Prozedur – hier *transform_create_set_or_list_knoten* genannt –, die diese Transformation ausführt, ist in Pseudocode in Abb. A.7 im Anhang gegeben. In ihr sind die Transformationsregeln für Selektions- und Join-Prädikate aus Abschnitt 4.4 direkt in Programmcode umgesetzt. Dies sei exemplarisch an dem Selektionsprädikat der allgemeinen Teilanfrage mit abhängiger Variablenbindung in Abb. 4.19.b gezeigt. Eine solche Teilanfrage wird durch den Knoten

$$\text{create\_set } (\qquad [1]$$
$$(\text{table\_access } (a_{t-1}.\text{Attr}_t , a_t , (p_{t_0} \text{ and} ... \text{and } p_{t_{m_t}}), (p_t), ()), \qquad [2]$$
$$... \qquad [3]$$
$$\text{table\_access } (a_{n-1}.\text{Attr}_n, a_n, (p_{n_0} \text{ and} ... \text{and } p_{n_{m_n}} \text{ and } a_n.\text{A op Konstante}), (p_n), ()), \qquad [4]$$
$$\text{table\_access } (\quad ... \quad , b_r , (p_{r_0} \text{ and} ... \text{and } p_{r_{m_r}}), (p_r), ()), \qquad [5]$$
$$... \qquad [6]$$
$$\text{table\_access } (\quad ... \quad , b_s , (p_{s_0} \text{ and} ... \text{and } p_{s_{m_s}}), (p_s), ()))), \qquad [7]$$
$$\text{create\_object } (...)) \qquad [8]$$

repräsentiert. Wird die Prozedur *transform_create_set_or_list_knoten* auf diesen Knoten angewendet und wählt diese im Schritt 1 "$a_n.A$ *op Konstante*" als das zu transformierende Prädikat aus, erhält man nach Schritt 4 der Prozedur den Knoten in Abb. 5.3. Die Teilanfrage wird jetzt, wie in Abschnitt 4.4.2.2 beschrieben, mit einer Indexanfrage, in der Adreßprädikate verwendet werden, ausgewertet. Der Baum repräsentiert exakt die transformierte Anfrage in Abb. 4.22.

```
create_set (                                                                  [1 ]
  (index_access (index:            A_Index,                                    [1a]
                 predicate:        A op Konstante,                             [1b]
                 address_predicate: (ID₀ = a₀.ID₀, ..., IDₜ₋₁ = aₜ₋₁.IDₜ₋₁),  [1c]
                 path_projection:  (IDₜ, ..., IDₙ),                            [1d]
                 associative_access: no,                                       [1e]
                 index_access_result: index_result),                          [1f]
   table_access  (aₜ₋₁.Attrₜ , aₜ , (pₜ₀ and ... and pₜ_{mₜ} ), (pₜ),          [2 ]
                               ((index_result, cₜ, aₜ.IDₜ = cₜ.IDₜ))),         [2a]
   ...                                                                        [3 ]
   table_access  (aₙ₋₁.Attrₙ, aₙ, (pₙ₀ and ... and pₙ_{mₙ} ), (pₙ),           [4 ]
                               ((cₙ₋₁.IDsₙ, cₙ, aₙ.IDₙ = cₙ.IDₙ))),           [4a]
   table_access  (    ...    , bᵣ, (pᵣ₀ and ... and pᵣ_{mᵣ} ), (pᵣ), ()),     [5 ]
   ...                                                                        [6 ]
   table_access  (    ...    , bₛ, (pₛ₀ and ... and pₛ_{mₛ} ), (pₛ), ()))),   [7 ]
create_object (...)).                                                         [8 ]
```

Abb. 5.3: Plan einer transformierten Anfrage bei abhängiger Variablenbindung

Nach dieser Transformation können, wie in Abschnitt 4.4.2.2 diskutiert, Adreßprädikate

$$ID_{u+1} = a_{u+1}.ID_{u+1} \text{ bis } ID_{t-1} = a_{t-1}.ID_{t-1}$$

gewählt werden, die durch assoziative Suche in der Indexergebnisrelation ausgewertet werden sollen. Die hierzu notwendigen Transformationen sind im Schritt 5 der Prozedur aufgeführt. Nach Ausführung dieser Umformungen ergibt sich der Knoten in Abb. 5.4. Er repräsentiert die transformierte Teilanfrage in Abb. 4.23.

Die Prozedur *transform_create_set_or_list_knoten* transformiert aber nicht nur Selektionsprädikate, die in Teilanfragen mit abhängiger Variablenbindung auftreten, sondern Selektions- und Join-Prädikate in beliebigen Teilanfragen. Wenn eine Teilanfrage mit unabhängiger Variablenbindung vorliegt, gibt es in der hierarchischen Bindung der Variablen des transformierten Prädikats keine außerhalb des Knotens gesetzten Variablen. Dann werden in Schritt 2 der Prozedur auch keine Variablen a_0 bis a_{t-1} ermittelt und in der Folge in Schritt 3 keine Adreßprädikate erzeugt und der Schritt 5 nicht ausgeführt. Wird in der Anfrage ein Join- statt eines Selektionsprädikats ersetzt, ergibt sich ein Plan, in dem der Join durch ein *Nested-Loop mit Indexunterstützung* ausgewertet wird. Des weiteren kann die Prozedur auch mehrfach auf einen Knoten angewendet werden. Dann transformiert sie nacheinander alle mit Pfadindexen auswertbaren Prädikate. Sie erzeugt entsprechend Abschnitt 4.4.4 Pläne, die mehr als eine Indexanfrage verwenden. Diese wiederholte Anwendung der Prozedur ist möglich, da in der *op_list* eines Knotens beliebig viele *index_access* und *set_associative* Operationen und in den *table_access* Operationen beliebig viele Adreßinformationen berücksichtigt werden können. Verwendet man bei der Auswahl des

```
create_set (                                                                    [1 ]
 (index_access     (index:              A_Index,                                 [1a]
                    predicate:          A op Konstante,                          [1b]
                    address_predicate: (ID_0 = a_0.ID_0, ..., ID_u = a_u.ID_u),  [1c]
                    path_projection:   (ID_{u+1}, ..., ID_{t-1}, ID_t, ..., ID_n), [1d]
                    associative_access: yes,                                     [1e]
                    index_access_result:  index_result),                        [1f]
  set_associative ((index_result, c_{u+1}, c_{u+1}.ID_{u+1} = a_{u+1}.ID_{u+1})), [1g]
  ...                                                                           [1h]
  set_associative ((c_{t-2}.IDs_{t-1}, c_{t-1}, c_{t-1}.ID_{t-1} = a_{t-1}.ID_{t-1})), [1i]
  table_access    (a_{t-1}.Attr_t, a_t, (p_{t_0} and ... and p_{t_{m_t}}), (p_t), [2 ]
                   ((c_{t-1}.IDs_t, c_t, a_t.ID_t = c_t.ID_t))),                 [2a]
  ...                                                                           [3 ]
  table_access    (a_{n-1}.Attr_n, a_n, (p_{n_0} and ... and p_{n_{m_n}}), (p_n), [4 ]
                   ((c_{n-1}.IDs_n, c_n, a_n.ID_n = c_n.ID_n))),                 [4a]
  table_access    (      ...      , b_r, (p_{r_0} and ... and p_{r_{m_r}}), (p_r), ()), [5 ]
  ...                                                                           [6 ]
  table_access    (      ...      , b_s, (p_{s_0} and ... and p_{s_{m_s}}), (p_s), ())), [7 ]
  create_object (...)).                                                         [8 ]
```

Abb. 5.4: Plan einer Anfrage mit assoziativem Zugriff auf eine Indexergebnisrelation

zu transformierenden Prädikats (Schritt 1) und bei der Auswahl der Adreßprädikate, die durch assoziative Suche ausgewertet werden (Schritt 5), je einen rekursiven
Backtracking-Algorithmus, dann erzeugt die Prozedur alle möglichen Varianten, Indexe einzusetzen. Außerdem kann die Prozedur auch auf Teilanfragen, die Listen
zurückliefern, angewendet werden. Dies ist möglich, weil für Listen entsprechend den
Ausführungen in Abschnitt 4.4.5 die gleichen Transformationsregeln wie für Mengen
gelten. Die Unterscheidung von Mengen und Listen erfolgt erst beim Setzen der Variablen, d. h. bei der Umsetzung einer *table_access* Operation in Low-Level-Operationen.

Die Prozedur *transform_create_set_or_list_knoten* führt damit alle in Abschnitt 4.4
diskutierten Transformationen einer Teilanfrage aus. Nur für die Umformung von
Existenzprädikaten ist eine weitere, sehr ähnliche Prozedur erforderlich. Durch Anwendung der Prozeduren auf alle Teilanfragen eines Operatorbaums können beliebige,
mit Indexen auswertbare Prädikate transformiert werden. Daß dabei keine komplexen
Fallunterscheidungen notwendig sind, zeigt, daß unsere Konzepte orthogonal und universell einsetzbar sind. Die Korrektheit ist dabei durch die theoretischen Überlegungen in Abschnitt 4.4 gewährleistet. Außerdem – und das ist für die Modularität und
Einfachheit eines Optimierers wichtig – können die Transformationen unabhängig
von den Speicherungs- und Clusterungsstrukturen der angefragten Tabellen durchgeführt werden. Diese müssen erst bei der Generierung der Low-Level-Pläne und bei
der Kostenschätzung einbezogen werden.

5.3.4 Planerzeugung bei flexiblen Speicherungsstrukturen

Nachdem eine deskriptiv formulierte Anfrage übersetzt und optimiert wurde, muß der
erzeugte High-Level-Plan in einen ausführbaren Low-Level-Plan umgesetzt werden[8].
Hierbei sind die Speicherungs- und Clusterungsstrukturen der angefragten Tabellen
zu berücksichtigen. Ein einfaches, später noch gebrauchtes Beispiel ist die

Beispielanfrage 5.1:

```
{ t | ∃ m: (m in Mitarbeiter        and
            m.Pers_Nr = 77235       and
            t.Name    = m.Name  and t.Pers_Nr   = m.Pers_Nr and
            t.Gehalt  = m.Gehalt and t.Lebenslauf = m.Lebenslauf)}
```

Sie selektiert aus der Mitarbeiterrelation in Abb. 3.13 den Mitarbeiter mit der Nummer 77235. Ihr High-Level-Plan könnte lauten:

Beispielplan 5.8: Interne Darstellung der Beispielanfrage 5.1

```
create_set ((table_access (Mitarbeiter, m, (m.Pers_Nr = 77235), (), ())),
      create_tuple (('Name',      put_db_object (m.Name)),
                    ('Pers_Nr',   put_db_object (m.Pers_Nr)),
                    ('Gehalt',    put_db_object (m.Gehalt)),
                    ('Lebenslauf', put_db_object (m.Lebenslauf)))))
```

Dieser ist abhängig von der Speicherungsstruktur der Mitarbeiterrelation zu transformieren. Dies können neben anderen Strukturen z. B. jene in Abb. 3.14 oder Abb. 5.5
sein.

Ein solcher High-Level-Plan kann umgesetzt werden, indem für jeden seiner Knoten
und Operationen einzeln Low-Level-Operationen generiert werden. Bei der Programmierung der hierfür benötigten Umsetzungsroutinen ist jedoch darauf zu achten, daß
am Ende ein Plan entsteht, in dem Records nicht mehrfach in den Hauptspeicher
geladen werden, auch wenn sie (im selben Kontext) mehrfach gelesen werden. Zum
Beispiel dürfen in einer umgesetzten *put_db_object* Operation die zu ihrer Ausführung
benötigten Records nur geladen werden, wenn dies noch nicht geschehen ist. Außerdem sollen Records nur geladen werden, wenn sie zur Beantwortung der Anfrage
beitragen. Weiterhin ist zu bedenken, daß viele High-Level-Operationen auf Daten zugreifen und daß die für sie zu erzeugenden Low-Level-Pläne damit von den
zugrundeliegenden Speicherungsstrukturen abhängen. Im Sinne einer prozeduralen
Konzeption eines Optimierers sollte die daraus resultierende notwendige Fallunter-
scheidung möglichst zentral und nur soweit nötig in den einzelnen Umsetzungsroutinen durchgeführt werden. Eine Architektur, die diese Forderungen erfüllt, wird

---

[8] Grundsätzlich könnte ein High-Level-Plan auch interpretiert werden. Dann müssen die im folgenden diskutierten Aktionen entsprechend im Interpreter ausgeführt werden. Ein konzeptueller
Unterschied besteht aber nicht.

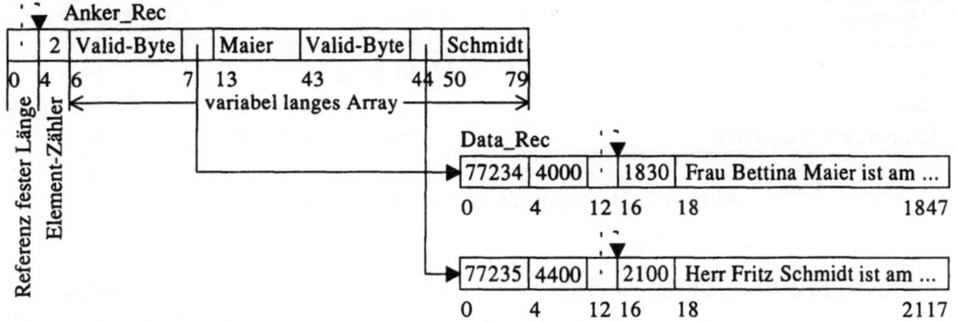

Abb. 5.5: Eine weitere Speicherungsstruktur[9] für die Relation in Abb. 3.13

in Abschnitt 5.3.4.3 skizziert. Dazu ist es jedoch notwendig, zuvor kurz den internen Aufbau der Records näher festzulegen (Abschnitt 5.3.4.1) und die Low-Level-Operationen (Abschnitt 5.3.4.2) vorzustellen.

5.3.4.1 Interne Record-Struktur

In Abschnitt 3.3 wurde diskutiert, wie eNF^2-Tabellen auf variabel lange Records abgebildet werden können und wie eine solche Speicherungsstruktur zu beschreiben ist. Offengelassen wurde, wie die Records intern zu organisieren sind. In [Här78] wurden bereits unterschiedliche Methoden, Records mit Feldern fester und variabler Länge zu speichern, verglichen. Basierend auf diesen Vorschlägen können auch für komplexe Objekte (wie z. B. in [DGW85] oder [KFC90]) record-interne Speicherungsstrukturen entworfen werden. Zu beachten ist nur, daß in unserem Konzept vollständige Datenbankobjekte und -subobjekte in einem Record materialisiert gespeichert werden können (siehe z. B. Abb. 3.11.d). Damit werden auch record-intern entsprechend mächtige Datenstrukturen benötigt.

---

[9] Die in Abb. 5.5 dargestellte Speicherungsstruktur wird durch die Terme

```
complex_object Mitarbeiter [anchor_record_type = Anker_Rec]
set [implementation = array, element_placement = inplace] of tuple
    (Pers_Nr   [location=secondary(Data_Rec), element_placement=inplace]: integer,
     Name      [location=primary, element_placement=inplace]: fix_string(30),
     Gehalt    [location=secondary(Data_Rec), element_placement=inplace]: real,
     Lebenslauf [location=secondary(Data_Rec), element_placement=inplace]: var_string)

segment_cluster (cluster_name   = Mitarbeiter_Cluster,
                 segment        = Demo,
                 member_records = Anker_Rec, Data_Rec)
```

definiert. Die Konstruktordatenstruktur der Tabelle wird darin durch ein Array, in das die Mitarbeiternamen hinein materialisiert sind, realisiert. Die Records werden alle gemeinsam in einem Segment-Cluster gespeichert. Der dargestellte interne Aufbau der Records wird noch erklärt.

Datentyp	Länge in Byte
integer	4
real	8
char	1
Längenfeld var_string	2

Datentyp	Länge in Byte
Element-Zähler	2
Valid-Byte	1
record-interne Referenz	4
record-externe Referenz	6

Abb. 5.6: Beispielhaft verwendete Feldlängen

Ohne ausführlich mögliche Alternativen zu diskutieren, wollen wir eine geeignete
Lösung vorstellen. Atomare Datentypen mit einer festen Länge, wie *integer*, *real* und
fix_string, werden darin in Record-Feldern fester Länge gespeichert. Das gleiche gilt
für record-interne und record-externe Referenzen. Sie werden ebenfalls in Feldern
fester Länge abgelegt. Einträge variabler Länge werden in zwei Feldern gespeichert.
Das erste, ein Feld fester Länge, enthält lediglich eine record-interne Referenz auf
das zweite. Dies ist ein Feld variabler Länge und enthält den eigentlichen Eintrag.

Variabel lange Einträge sind *var_strings* und Arrays zur Implementation von Mengen und Listen. Ein *var_string* besteht aus einem Längenfeld und der Zeichenkette.
Ein Array besteht aus einem Zähler, der die Anzahl der Elemente angibt, und einem
Eintrag für jedes Element. Diese Einträge haben grundsätzlich eine feste Länge und
bestehen aus einer festen Zahl von Feldern. Das erste Feld ist ein *Valid-Byte* mit
Verwaltungsinformation. Die übrigen enthalten abhängig von der realisierten Speicherungsstruktur record-interne und -externe Referenzen und materialisierte Subobjekte. Legt man die in Abb. 5.6 beispielhaft angegebenen Feldlängen zugrunde, so
ergeben sich die in Abb. 5.5 exemplarisch eingetragenen Byte-Grenzen.

Der Vorteil dieser Record-Struktur ist, daß variabel lange Felder nicht ineinander
geschachtelt werden müssen, sondern linearisiert hintereinander in einem Record abgelegt werden. Dies ist z. B. deutlich in Abb. 5.7 zu erkennen, in der die detaillierte
Record-Struktur des Anker-Records aus Abb. 3.11.d wiedergegeben ist. Außerdem
ist durch die Struktur jedem Datenbankobjekt und -subobjekt (also jeder Menge
und Liste, jedem Tupel und jedem atomaren Wert) einer eNF^2-Tabelle eindeutig ein
Basisfeld fester Länge in einem Record zugeordnet. Von diesem Feld können alle
Subobjekte des betreffenden Objektes erreicht werden.

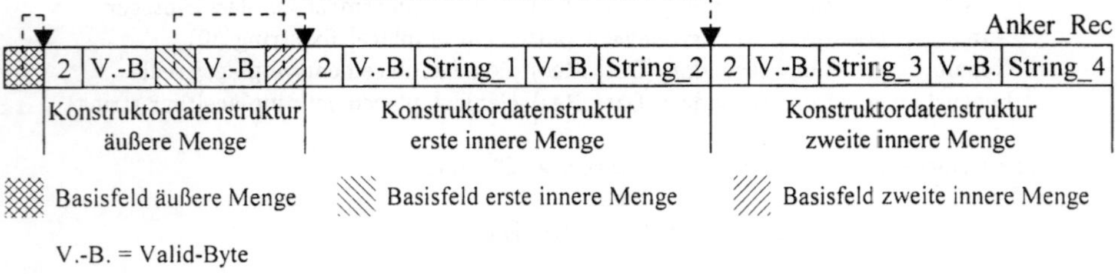

Abb. 5.7: Detaillierte Record-Struktur des Anker-Records in Abb. 3.11.d

5.3.4.2 Low-Level-Operatoren

Das Grundprinzip unserer Low-Level-Pläne ist, Records, die zur Beantwortung einer Anfrage benötigt werden, zuerst in benamte Hauptspeicherpuffer[10] zu kopieren[11]. Dazu werden bei der Plangenerierung Speicherbereiche vom Typ

> record_buffer = Speicherbereich für einen Record

angelegt. Danach kann auf die einzelnen Felder direkt zugegriffen werden. Dazu lassen sie sich auf zwei Weisen referenzieren:

> record_field = (record_buffer, offset, - | attribut_name {.attribut_name}*) |
>   (variable,   offset, - | attribut_name {.attribut_name}*)
>
> offset   = integer

Im ersten Fall wird ein Feld referenziert, indem ein *Record-Puffer* und ein *Offset* innerhalb diesem angegeben wird. Zur besseren Lesbarkeit der Low-Level-Pläne wird außerdem, sofern das Basisfeld eines Attributs referenziert wird, dessen Name angegeben. Entsprechend würden in Abb. 5.5 die Personalnummer und der Lebenslauf wie folgt referenziert werden:

> (Data_Rec_Buffer, 0,   Pers_Nr)
> (Data_Rec_Buffer, 12, Lebenslauf)

Im zweiten Fall wird ein Feld durch Angabe einer im High-Level-Plan verwendeten Variablen, eines Offsets und gegebenenfalls vorhandenen Attributnamens referenziert. Diese Methode wird immer verwendet, wenn ein Feld eines Elementes einer Konstruktordatenstruktur zu referenzieren ist. Die Variable wird dazu innerhalb eines Records auf den Beginn des jeweiligen Elementes gesetzt. Der Offset wird dann relativ zur Position dieser Variablen angegeben. Bei Ausführung des Beispielplans 5.8 könnte die Variable m beispielsweise auf die Positionen 6 und 43 innerhalb des *Anker_Rec_Buffer* gesetzt werden. Das Feld mit der Referenz auf den *Data_Rec* und das Feld mit dem Mitarbeiternamen würden dann wie folgt bezeichnet:

> (m, 1, -)
> (m, 7, Name)

Die Offsets können in beiden Fällen bereits bei der Übersetzung einer Anfrage aus der Kataloginformation endgültig berechnet werden. Zur Ausführungszeit einer An-

---

[10] Ein benamter Hauptspeicherpuffer ist nichts anderes als eine Variable eines normalen Programms. Der Begriff wird hier nur verwendet, um Verwechslungen mit dem bereits eingeführten Begriff einer Variablen zu vermeiden. Als Name wird zumeist der Record-Typname des eingelagerten Records mit dem Zusatz _Buffer verwendet.

[11] Das folgende gilt genauso, wenn die Records im Datenbankpuffer verbleiben und dort über Pointer referenziert werden.

frage ist keine weitere Umrechnung oder Korrektur der Offsets mehr nötig. Dies ist
möglich, weil bei der vorgestellten internen Record-Struktur variabel lange Felder
nicht ineinander geschachtelt, sondern hintereinander linearisiert gespeichert werden
und jedes Basisfeld eines Datenbankobjektes und -subobjektes eine feste Länge hat.

In unseren Low-Level-Plänen werden die im Anhang in den Abbildungen A.8 und A.9
aufgeführten *Low-Level-Operationen* verwendet. Ihre (wieder vereinfachte) Syntax
und Semantik orientieren sich an Prozeduren zum Dateizugriff in Programmiersprachen. Mit diesen Prozeduren und Funktionen und denen zum Erzeugen und Zugreifen
von Indexergebnisrelationen (s. Abschnitt 4.3.2) können die Low-Level-Pläne der einzelnen Anfragen in einer Pascal-ähnlichen Syntax formuliert werden. Zwei Beispiele
sind ebenfalls im Anhang in den Abbildungen A.10 und A.11 gegeben. Der Low-
Level-Plan in Abb. A.10 ergibt sich, wenn der Beispielplan 5.8 unter Verwendung
der Speicherungs- und Clusterungsstruktur in Abb. 5.5 und Fußnote 9 umgesetzt
wird[12]. Wird statt dessen die Speicherungsstruktur in Abb. 3.14.b verwendet, so ergibt sich der Low-Level-Plan[13] in Abb. A.11.

5.3.4.3 Erzeugung von Low-Level-Plänen

Eine Aufgabe bei der Umsetzung einer High-Level-Operation ist, abhängig von der
Speicherungsstruktur Programmcode zu generieren, der die zugegriffenen Objekte
in die Record-Puffer des Hauptspeichers kopiert. Außerdem sind von diesen Objekten stets die *record_fields* ihrer Basisfelder zu bestimmen. Dies ist beispielsweise bei
der Umsetzung eines *put_db_object* Knotens, einer *table_access* Operation und eines
Prädikats notwendig.

Eine rekursive Prozedur, die diesen Programmcode erzeugt, sei hier kurz skizziert.
Wir haben sie *dt_field* als Abkürzung für *determine_record_field* genannt. Ihr im folgenden noch besprochener Pseudocode ist in den Abbildungen A.12 und A.13 im
Anhang gegeben. Sie hat die Eingabeparameter *db_object* und *variable*. In *db_object*
wird in der Syntax aus Abschnitt 5.3.1 das Objekt, auf das zugegriffen werden soll,
angegeben. In *variable* wird, wenn das Objekt eine Menge oder Liste ist (dies ist immer der Fall, wenn eine *table_access* Operation umgesetzt wird), die Variable, die an
die Elemente dieser Menge oder Liste gebunden wird, angegeben. Zurück liefert die
Prozedur die Ausgabeparameter *object_type* und *record_field*. Hierin werden der Typ
(in der Syntax aus Abb. A.2) und das Basisfeld des Objektes zurückgegeben. Müssen
für den Zugriff auf das Objekt Records geladen werden, so werden die benötigten
Record-Puffer-Deklarationen und die *get_record* Operationen direkt in den Low-Level-
Plan integriert. Dieser wird der Prozedur dazu in den Ein-Ausgabeparametern *head*
und *tail* (s. a. Fußnote 14) übergeben. Bezogen auf den Beispielplan 5.8 und die
Speicherungsstruktur in Abb. 5.5 und Fußnote 9 würde der erstmalige Aufruf der

---

[12] Es wird angenommen, daß der Anker-Record den Identifier "1000" hat (vgl. erste *get_record*
Operation in Abb. A.10).

[13] Es wird angenommen, daß der erste *Link_Rec* Record den Identifier "1010" hat (vgl. erste
get_record Operation in Abb. A.11).

Prozedur

>   dt_field ("Mitarbeiter", "m", *object_type*, *record_field*, *head*, *tail*)

beispielsweise die Werte

>   *object_type* = set [implementation = array, element_placement = inplace] und
>   *record_field* = (Anker_Rec_Buffer, 0, -)

zurückliefern. Außerdem würde sie die Deklaration des *Anker_Rec_Buffer* und die Operation *get_record* (*Anker_Rec, Demo, 1000, Anker_Rec_Buffer*) in den Low-Level-Plan *head* einfügen. Bei einem nochmaligen Aufruf würden dann die Ausgabeparameter *head* und *tail* unverändert zurückgeliefert, da nun das *Anker_Rec* bereits geladen ist.

Für die prozedur-interne Buchführung über die bereits geladenen Objekte eignet sich eine *record_field* Tabelle, wie in Abb. 5.8 dargestellt. In diese wird von jedem einmal zugegriffenen Objekt der Name (*db_object*), der Typ (*object_type*) und sein Basisfeld (*record_field*) eingetragen. Außerdem werden in der Spalte *var* die Variablen, über die auf Elemente von Mengen und Listen zugegriffen wird, aufgenommen. In Abb. 5.8 ist beispielhaft die Tabelle angegeben, die sich während der Generierung des Low-Level-Plans in Abb. A.10 ergibt. Basierend auf dieser Tabelle kann die Prozedur *dt_field* implementiert werden. Die wesentlichen Fälle und die jeweils notwendigen Aktionen sind in einfachen Pseudocode in den Abbildungen A.12 und A.13 gegeben.

Mit Hilfe dieser Prozedur kann ein Modul geschrieben werden, das einen High-Level-Plan hierarchisch absteigend durchläuft und die Knoten und Operationen in einen Low-Level-Plan umsetzt. Die für die einzelnen Knoten und Operationen benötigten Umsetzungsroutinen können dabei weitestgehend unabhängig von den Speicherungs- und Clusterungsstrukturen und von der Frage, welche Records bereits geladen sind, geschrieben werden. Dies sei exemplarisch an einigen ausgewählten Beispielen gezeigt.

Ein *put_db_object* Knoten wird zum Beispiel durch den ersten Programmblock der Prozedur *transform_create_object*[14] in Abb. A.14 im Anhang umgesetzt. Ebenso einfach kann ein *create_set* Knoten (zweiter Programmblock) umgesetzt werden. Ebenfalls ohne explizite Berücksichtigung der Speicherungsstruktur kommt die Prozedur *transform_simple_predicate*, die ein einfaches Prädikat transformiert, aus.

Nur unwesentlich aufwendiger ist die Umsetzung einer *table_access* Operation. Obwohl hierbei die unterschiedlichen Ausführungsstrategien aus Abschnitt 5.3.1 und die Art der Implementierung der Menge oder Liste berücksichtigt werden müssen, sind nur wenige Fallunterscheidungen notwendig. Als Beleg sind in Abb. A.15 im

---

[14] Die Transformationsroutinen fügen die erzeugten Low-Level-Operationen jeweils mittels der Prozedur *insert* direkt in den Low-Level-Plan ein. Dieser wird ihnen (aufgespalten in einen Anfangs- und einen Endteil) in den Ein-Ausgabeparametern *head* und *tail* übergeben. Die Aufteilung wurde gewählt, weil Kontrollstrukturen wie *if*-Bedingungen und *while*-Schleifen so leicht ineinander geschachtelt werden können.

	db_object	object_type	var	record_field
1	Mitarbeiter	set [implementation = array, element_placement = inplace] of 2	m	(Anker_Rec_Buffer, 0, -)
2	m	tuple (Pers_Nr [location = secondary (Data_Rec), element_placement = inplace]: 3, Name [location = primary, element_placement = inplace]: 4, Gehalt [location = secondary (Data_Rec), element_placement = inplace]: 5, Lebenslauf [location = secondary (Data_Rec), element_placement = inplace]: 6)		(m, 1, -)
-	m.Data_Rec	-		(m, 1, -)
3	m.Pers_Nr	integer		(Data_Rec, 0, Pers_Nr)
4	m.Name	fix_string (30)		(m, 7, Name)
5	m.Gehalt	real		(Data_Rec, 4, Gehalt)
6	m.Lebenslauf	var_string		(Data_Rec, 12, Lebenslauf)

Abb. 5.8: Die *record_field*-Tabelle des Low-Level-Plans in Abb. A.10

Anhang die Umsetzungsroutinen für den sequentiellen und den direkten Zugriff auf eine Menge oder Liste, deren Konstruktordatenstruktur ein Array ist, gegeben.

Bei der Umsetzung einer *table_access* Operation werden in jedem Fall zuerst durch Aufruf der Prozedur *dt_field* das Basisfeld der Konstruktordatenstruktur der Menge oder Liste bestimmt und eventuell notwendige *get_record* Operationen in den Plan eingefügt. Für den sequentiellen Zugriff (Fall 1) werden dann Operationen in den Plan eingefügt, die *variable* zuerst auf den ersten und dann in einer Schleife auf jeden weiteren Eintrag des Arrays setzen. In diese Schleife wird für jede Adreßinformation und jedes Prädikat eine geschachtelte if-Anweisung eingefügt (siehe Prozeduren *transform_simple_predicate* und *transform_address_info*). Durch die Berücksichtigung der Adreßprädikate an dieser Stelle wird erreicht, daß diese Umsetzungsroutine auch zur Selektion von Listenelementen bei Beibehaltung der Listenreihenfolge eingesetzt werden kann. Es wird genau die in Abschnitt 4.4.5 ausgewählte Auswertungsstrategie erzeugt.

Für den direkten Zugriff (Fall 2) wird eine Schleife erzeugt, in der eine Indexvariable zuerst auf den ersten und dann auf alle weiteren Indexeinträge gesetzt wird. In dieser Schleife werden *variable* jeweils direkt auf ein Element des Arrays positioniert und die Adreßinformationen und Prädikate durch geschachtelte if-Bedingungen ausgewertet. Durch die Berücksichtigung der Adreßinformationen innerhalb der Schleife wird genau die in Abschnitt 4.4.4 beschriebene Strategie zum Einsatz mehrerer Indexe realisiert. Der wiedergegebene Programmcode der Prozedur *transform_operation* erzeugt

damit sämtliche für den Zugriff auf eine Tabelle vorgesehenen und beschriebenen Aus-
wertungsstrategien, sofern diese als Array implementiert ist. Der Programmcode ist
dabei unabhängig von der Frage, ob die Elemente in dem Array materialisiert oder
aber aus ihm heraus referenziert gespeichert werden.

Die übrigen, hier nicht im Detail diskutierten Umsetzungsroutinen sind ebenfalls
nicht komplexer, sondern eher einfacher als die dargestellten. Gemeinsam erzeugen
diese Routinen durch schrittweisen, rekursiven Aufruf aus einem High-Level-Plan
einen ausführbaren Low-Level-Plan. Die Buchführung über geladene Objekte und
Records innerhalb der Prozedur *dt_field* stellt dabei sicher, daß Records im selben
Kontext nicht mehrfach geladen werden.

5.4 Komplexes Beispiel

In den vorangegangenen Abschnitten haben wir teilweise abstrakt, teilweise aber auch
sehr detailliert diskutiert, wie eine komplexe, deskriptiv formulierte Anfrage übersetzt, optimiert und in einen Ausführungsplan übersetzt werden kann. Abschließend
wollen wir das Vorgehen noch einmal an einem Beispiel im Zusammenhang darstellen.
Dazu diene uns eine Erweiterung[15] der Beispielanfrage 4.1 aus Abschnitt 4.1.

Beispielanfrage 5.2:

$$
\begin{aligned}
&\{ \text{x} \mid \exists \text{ f: (f in Filialen} \quad\quad\quad\; \text{and} \\
&\qquad\quad \text{f.F\_Nr} = 1 \quad\quad\quad\;\;\; \text{and} \\
&\qquad\quad \text{x.Fläche} = \text{f.Fläche} \quad \text{and} \\
&\qquad\quad \text{x.Abteilungen} = \\
&\qquad\qquad \{ \text{y} \mid \exists \text{ a: (a in f.Abteilungen} \quad\quad \text{and} \\
&\qquad\qquad\quad\; \text{a.Note} = 2 \quad\quad\quad\quad\quad \text{and} \\
&\qquad\qquad\quad\; \text{y.A\_Name} = \text{a.A\_Name} \quad \text{and} \\
&\qquad\qquad\quad\; \text{y.Produktgruppen} = \\
&\qquad\qquad\qquad \{ \text{z} \mid \exists \text{ p: (p in a.Produktgruppen and} \\
&\qquad\qquad\qquad\qquad \text{z.P\_Gruppe} = \text{p.P\_Gruppe})\})\})\}
\end{aligned}
$$

Diese Anfrage an die eNF^2-Filialtabelle in Abb. A.25 besteht aus drei in sich geschachtelten Teilanfragen. Entsprechend Abschnitt 5.3.2 wird eine solche deskriptiv
formulierte Anfrage als erstes auf lexikalische und semantische Korrektheit hin überprüft und in einen unoptimierten, als Operatorbaum repräsentierten High-Level-Plan
(vgl. 5.3.1) übersetzt. Dieser wird dann in eine kanonische Form überführt und algebraisch optimiert. Das Ergebnis ist ein High-Level-Plan, in dem alle Prädikate durch
sequentielle Suche und alle Joins durch einfache Nested-Loops ausgewertet werden.
Für die Beispielanfrage 5.2 ist das Ergebnis dieser Transformationen in Abb. 5.9 dargestellt. In diesem Plan wird jede einzelne Teilanfrage durch einen *create_set* Knoten
(Zeilen 1, 5 und 10) repräsentiert. Die beiden Prädikate *f.F_Nr* = 1 und *a.Note* = 2

---

[15] Diese ergänzte Beispielanfrage wird dann auch in Kapitel 6 als zentrales Beispiel verwendet.

```
create_set (                                                        [1 ]
  (table_access (Filialen (nb_of_objects: 2), f, (f.F_Nr = 1 (selectivity: 0.5)), (),())),   [2 ]
  create_tuple (                                                    [3 ]
    ('Fläche',        put_db_object (f.Fläche)),                    [4 ]
    ('Abteilungen', create_set (                                    [5 ]
      (table_access (f.Abteilungen (nb_of_objects: 5), a,           [6 ]
                          (a.Note = 2 (selectivity: 0.22)), (),())),   [7 ]
        create_tuple (                                              [8 ]
          ('A_Name',         put_db_object (a.A_Name)),             [9 ]
          ('Produktgruppen', create_set (                          [10]
            (table_access (a.Produktgruppen (nb_of_objects: 5), p, (), (), ())),   [11]
            create_tuple ('P_Gruppe', put_db_object (p.P_Gruppe))))))))))   [12]
```

Abb. 5.9: High-Level-Plan[16] zur sequentiellen Auswertung der Beispielanfrage 5.2

sind als *simple_preds* in die zugehörigen *table_access* Operationen (Zeilen 2 bzw. 6 und 7) eingetragen. Sie würden damit bei Ausführung dieses Plans sequentiell ausgewertet werden.

Nach diesen ersten drei Transformations- und Optimierungsschritten (vgl. Abschnitt 5.2) werden für die in der Anfrage auftretenden Verbundoperationen (man beachte Fußnote 7, Seite 164) Join-Strategien und -Reihenfolgen bestimmt. Die gewählten Strategien und Reihenfolgen werden intern durch Transformation des jeweiligen High-Level-Plans dargestellt. Um außer dem Nested-Loop-Verfahren (mit oder ohne Indexunterstützung) auch Join-Verfahren, die nach dem Sort-Merge-Prinzip arbeiten und Zwischenergebnisse bilden, darstellen zu können, haben wir im Operatorbaum die Operationen *create_temp_object* und *merge_objects* vorgesehen. Die Transformationsroutinen selbst haben wir nicht angegeben, da die Join-Optimierung nicht unmittelbarer Gegenstand des Buchs ist. Sie sind aber, soweit es nur die Festlegung der Join-Reihenfolgen und die Generierung einfacher Sort-Merge-Algorithmen betrifft, nicht allzu komplex.

Nach oder parallel zu der Join-Optimierung erfolgt die Auswahl der Zugriffspfade. Für die einzelnen Selektions-, Existenz- und Join-Prädikate wird festgelegt, ob und gegebenenfalls wie sie mit Pfadindexen ausgewertet werden. Um die notwendigen Transformationen des High-Level-Plans durchzuführen, haben wir die Prozedur *transform_create_set_or_list_knoten* in Abschnitt 5.3.3 und in Abb. A.7 im Anhang entwickelt. Als Ein- und Ausgabeparameter wird ihr ein *create_set* oder *create_list* Knoten übergeben. In diesem transformiert sie ein Prädikat, so daß es durch einen Index ausgewertet wird. Sie entfernt zunächst das Prädikat aus der entsprechenden *table_access* Operation. Anschließend generiert sie eine *index_access* Operation und fügt sie in den *create_set* oder *create_list* Knoten ein. Außerdem erzeugt sie, abhängig von der hierarchischen Bindung des Prädikats, Adreßinformationen, die in die ent-

---

[16] Die Annotationsparameter *nb_of_objects* und *selectivity* werden in Kapitel 6 eingeführt. Sie dienen zur Schätzung der Ausführungskosten dieses Plans.

sprechenden *table_access* Operationen des Knotens eingefügt werden. Die Prozedur kann sowohl Pläne, die Indexanfragen mit Adreßprädikaten verwenden, als auch solche, in denen assoziativ auf die Indexergebnisrelationen zugegriffen wird, generieren. Außerdem kann sie Pläne erstellen, in denen über Indexe auf Listen zugegriffen wird und in denen ein und dieselbe Teilanfrage mit mehreren Indexen ausgewertet wird.

Wird die Prozedur wiederholt auf den zweiten *create_set* Knoten (Zeile 5) in dem High-Level-Plan in Abb. 5.9 angewendet, um das Prädikat *a.Note* = 2 in Zeile 7 zu transformieren, so erzeugt sie die beiden im Anhang in Abb. A.16 gegebenen High-Level-Pläne. Der Unterschied zwischen diesen beiden Plänen ist, daß in dem Plan in Abb. A.16.a die hierarchische Bindung der Variablen *a* durch ein Adreßprädikat in der Indexanfrage (Zeile 5c) berücksichtigt wird; in dem Plan in Abb. A.16.b wird die hierarchische Bindung der Variablen *a* hingegen durch den assoziativen Zugriff auf die Indexergebnisrelation (Zeile 5g) modelliert. Am Ende dieser einzelnen Transformations- und Optimierungsschritte liegen für eine Anfrage ein oder mehrere alternative High-Level-Ausführungspläne vor. Von diesen wird entsprechend den Ausführungen in Kapitel 6 der (vermutlich) günstigste ausgewählt.

Als letzter Schritt der Plangenerierung wird der gewählte High-Level-Plan in einen ausführbaren Low-Level-Plan übersetzt (s. a. Fußnote 8, Seite 168). Eine exemplarische Auswahl möglicher Low-Level-Operationen haben wir dazu in Abschnitt 5.3.4.2 bzw. in den Abbildungen A.8 und A.9 im Anhang gegeben. Ihre Funktionalität orientiert sich an Prozeduren zur Verwaltung von Dateien. Die Umsetzung eines High-Level-Plans wird entsprechend Abschnitt 5.3.4.3 für jeden Knoten und jede Operation separat durchgeführt. Beispielhaft sind im Anhang in den Abbildungen A.14 und A.15 Transformationsroutinen für *put_object* und *create_set* Knoten sowie *simple_pred* Prädikate und *table_access* Operationen angegeben. Bei der Erzeugung eines Low-Level-Plans müssen in Abhängigkeit der Speicherungs- und Clusterungsstrukturen *get_record* Operationen erzeugt werden, die die zur Beantwortung einer Anfrage benötigten Records in den Hauptspeicher laden. In unserem Konzept wird dies zentral durch die Prozedur *determine_record_field* – kurz *dt_field* – in den Abbildungen A.12 und A.13 im Anhang durchgeführt. Sie interpretiert die Kataloginformation und generiert die entsprechenden *get_record* Operationen. Außerdem führt sie Buch über bereits geladene Records, so daß ein und derselbe Record im selben Kontext nicht mehrfach geladen wird. Mit diesen Funktionen können die drei High-Level-Pläne in den Abbildungen 5.9, A.16.a und A.16.b unter Einbezug der Speicherungs- und Clusterungsstruktur-Definitionen in den Abbildungen A.3 und A.4 in Low-Level-Pläne übersetzt werden. Es ergeben sich die drei Pläne in den Abbildungen A.17, A.18 und A.19 im Anhang. Der Unterschied zwischen diesen Plänen ist die Methode, mit der das Prädikat *a.Note* = 2 der ursprünglichen Beispielanfrage 5.2 ausgewertet wird. (Die entsprechenden Low-Level-Operationen sind "fett" gedruckt.) Die Ausführung jedes einzelnen dieser Pläne würde am Ende des Transformationsprozesses jeweils das korrekte Ergebnis auf die Beispielanfrage 5.2 liefern.

5.5 Zusammenfassung

In diesem Kapitel haben wir diskutiert, wie der Transformations- und Optimierungsprozeß einer komplexen, deskriptiv formulierten Anfrage implementiert werden kann. Die Schwerpunkte der Diskussion lagen auf den Fragen, wie die Indexauswahl in diesen Prozeß zu integrieren und wie die flexiblen Speicherungs- und Clusterungsstrukturen bei der Generierung von ausführbaren Anfrageplänen zu berücksichtigen sind. Wir haben ein Konzept erarbeitet, in dem komplexe Anfragen in einzelnen, logisch unabhängigen Schritten analysiert, optimiert und in Low-Level-Pläne übersetzt werden. Die zentrale Datenstruktur dieses Konzeptes ist ein neu entwickelter High-Level-Operatorbaum. In diesem Baum, der in Abschnitt 5.3.1 vorgestellt wurde, können sowohl optimierte als auch nicht-optimierte Anfragepläne dargestellt werden. Die Repräsentation der Pläne erfolgt dabei noch unabhängig von den Speicherungs- und Clusterungsstrukturen der angefragten eNF^2-Tabellen. In den *table_access* Operationen, mit denen die Zugriffe auf die einzelnen Tabellen und Subtabellen ausgedrückt werden, wird außerdem von der Frage abstrahiert, ob die jeweilige (Sub-)Tabelle eine Menge oder Liste ist. Weiterhin wird nicht explizit unterschieden, ob der Zugriff auf eine (Sub-)Tabelle sequentiell oder über einen oder mehrere Indexe erfolgt. Insgesamt lassen sich damit Anfragen in diesem Operatorbaum auf einem sehr hohen Abstraktionsniveau darstellen und optimieren. Seine Ausdrucksmächtigkeit wurde dabei durch die Angabe von Bäumen, die sowohl allgemeine kanonische Anfragen als auch Beispielanfragen darstellten, belegt.

Basierend auf diesem Operatorbaum haben wir in Abschnitt 5.3.3 ausgeführt, wie die in Abschnitt 4.4 erarbeiteten Anfragetransformationen implementiert werden können. Wir haben dazu in Abb. A.7 im Anhang eine Prozedur in Pseudocode angegeben, die diese Umformungen ausführt. Wie in Abschnitt 4.4 diskutiert, transformiert sie jeweils eine Teilanfrage. In dieser ersetzt sie die sequentielle Auswertung jeweils eines Selektions- oder Join-Prädikates durch eine indexunterstützte Auswertstrategie. Sie kann dabei sowohl Strategien erzeugen, die Indexanfragen mit Adreßprädikaten verwenden, als auch solche, in denen assoziativ auf Indexergebnisrelationen zugegriffen wird. Die Prädikate dürfen dabei nicht nur Elemente aus Mengen, sondern auch Elemente aus Listen selektieren. Außerdem kann die Prozedur Pläne erzeugen, in denen mehrere Indexe zum Zugriff auf ein und dieselbe Tabelle oder Subtabelle eingesetzt werden. Zusammen mit einer weiteren, sehr ähnlichen Prozedur, die Existenzprädikate transformiert, kann sie damit alle in Abschnitt 4.4 diskutierten Auswertstrategien generieren.

Außer der Frage, wie die verschiedenen indexunterstützten Auswertstrategien erzeugt werden können, ist im Rahmen dieses Buchs die Frage, wie die flexiblen Speicherungs- und Clusterungsstrukturen effizient in den Prozeß der Plangenerierung einbezogen werden können, von besonderem Interesse. In Abschnitt 5.3.4 haben wir deshalb diskutiert, wie ein High-Level-Plan schrittweise in einen Low-Level-Plan zu transformieren ist. In den Abschnitten 5.3.4.1 und 5.3.4.2 haben wir zunächst kurz den internen Aufbau eines Records skizziert und mögliche Low-Level-Operationen eingeführt.

Eine Eigenschaft der Record-Struktur ist, daß die Adressen der einzelnen Felder eines Records bereits zur Übersetzungszeit (relativ zur Adresse des Records oder zu Variablen) fest vorausberechnet werden können. Zur Ausführungszeit der Anfrage ist damit keine weitere Adreßrechnung notwendig. Hiervon ausgehend haben wir in Abschnitt 5.3.4.3 aufgezeigt, wie die einzelnen Knoten und Operationen eines Operatorbaums in Low-Level-Operationen umgesetzt werden können. Wir haben dazu ausgewählte Umsetzungsroutinen in Pseudocode formuliert (vgl. Abb. A.12 - A.15) und ihre Wirkungsweise im Text diskutiert. Ein wichtiger Punkt der vorgestellten Lösung ist, daß die zur Berücksichtigung der flexiblen Speicherungs- und Clusterungsstrukturen notwendigen Fallunterscheidungen nicht in jeder der Prozeduren in ähnlicher Form wiederholt werden müssen, sondern in einer einzigen Prozedur zusammengefaßt werden können. Diese Prozedur generiert für ein Objekt oder Subobjekt (dies kann auch ein einzelner Attributwert sein) die zu seinem Zugriff benötigten *get_record* Operationen. Außerdem berechnet sie die Adressen der einzelnen Record-Felder und führt Buch über bereits geladene Records. Mit dieser Prozedur läßt sich unter anderem die Transformation einer *table_access* Operation, wie in Abb. A.15 gezeigt, kompakt implementieren. Dies ist insofern nicht selbstverständlich, da bei ihrer Umsetzung, wie in Abschnitt 5.3.1 ausgeführt, zu berücksichtigen ist, ob die zugegriffene Tabelle eine Menge oder Liste ist und ob auf sie sequentiell oder unter Einsatz eines oder mehrerer Indexe direkt zugegriffen wird.

Insgesamt haben wir in diesem Kapitel gezeigt, daß die in den Kapiteln 3 und 4 erarbeiteten Konzepte effizient implementiert werden können. Zwei Eigenschaften der vorgestellten Implementierungsvorschläge sind die unabhängige Ausführung der einzelnen Transformations- und Optimierungsschritte und die Geradlinigkeit der einzelnen Transformationsroutinen. Neben dem Gesamtkonzept haben wir aber auch Detaillösungen für die beiden im Rahmen dieses Buchs interessantesten Fragen erarbeitet. Wir haben gezeigt, wie die Indexauswahl und die Generierung von Ausführungsplänen implementiert werden können. Zusammengenommen erlauben die diskutierten Lösungen, einen modularen, wohlstrukturierten und überschaubaren Anfrageübersetzer und -optimierer zu realisieren.

Kapitel 6

Kostenschätzung

6.1 Einführung

In den Kapiteln 4 und 5 wurde diskutiert, wie Pfadindexe zur Auswertung von Prädikaten eingesetzt werden können. Offengelassen wurde die Frage, wann ein solcher Indexeinsatz sinnvoll ist. Prinzipiell können die Ausführungskosten einer Anfrage sowohl sinken als auch steigen, wenn ein Prädikat durch einen Index ausgewertet wird. Ein Vorteil ergibt sich nur, wenn die Kosten der (zusätzlichen) Indexanfragen niedriger sind als die Kosten der sequentiellen Prädikatauswertung. Ein *Kostenmaß* für diesen Vergleich ist die Zahl der Daten- und Indexseiten, die jeweils mit und ohne Indexeinsatz in den Hauptspeicher zu laden sind. Dieses Maß wird weithin verwendet, weil ein Plattenzugriff um ein Vielfaches länger dauert als eine Programminstruktion und zumeist auch mit einem Prozeßwechsel verbunden ist.

Um diese Kosten zu schätzen und den günstigsten Plan zu generieren, müssen im Rahmen dieses Buchs, in dem die Abbildung hierarchisch strukturierter Objekte auf Speicherungs- und Clusterungsstrukturen und verschiedene Methoden des Einsatzes von Pfadindexen (Einsatz von Adreßprädikaten, assoziativer Zugriff auf Indexergebnisrelationen) im Vordergrund stehen, die folgenden zwei Fragen beantwortet werden:

1. Wie kann unter Berücksichtigung der Speicherungs- und Clusterungsstrukturen geschätzt werden, auf wie viele verschiedene Datenseiten bei einem bestimmten Ausführungsplan zugegriffen wird?

2. Wie kann die Anzahl zugegriffener Indexseiten geschätzt werden, und wie wirkt sich die Entscheidung, Adreßprädikate oder einen assoziativen Zugriff auf eine Indexergebnisrelation zu verwenden (vgl. Abschnitt 4.4.2.2), auf diese Kosten aus?

Basierend auf diesen Abschätzungen kann die Auswahl eines Ausführungsplans erfolgen. Die Entscheidungsgrundlage ist dabei die Anzahl verschiedener Seiten, auf die zugegriffen wird. Dieses Maß erscheint uns geeignet, über den Einsatz eines Index zu entscheiden. Bei den heutigen Hauptspeichergrößen kommt es bei den vorgeschlagenen Zugriffsalgorithmen beim einmaligen Zugriff auf eine eNF^2-Tabelle in der Regel nicht zur wiederholten Einlagerung einer Seite.

In einem allgemeineren und wesentlich aufwendigeren Kostenmodell könnte selbstverständlich der wiederholte Zugriff auf eine Tabelle oder einzelne Seiten berücksichtigt werden. In ein solches Kostenmodell müßte neben der Größe des Hauptspeicherpuffers und der Seitenersetzungsstrategie auch die Reihenfolge, in der auf die Seiten zugegriffen wird, eingehen. Im allgemeinen Fall, wenn neben Selektionsprädikaten auch Join-Prädikate auftreten, wird diese jedoch in erster Linie von den Join-Algorithmen bestimmt. Da diese aber in diesem Buch nur am Rande betrachtet werden, wird der Ansatz eines allgemeineren Kostenmodells hier nicht weiter verfolgt.

Die Schätzung der Anzahl zugegriffener, verschiedener Seiten kann in sechs Schritten erfolgen:

1. Bestimmung der Tabellen und Subtabellen, die an einem Anfrageplan beteiligt sind, und der Anzahl Elemente, auf die von diesen zugegriffen wird.

2. Bestimmung der Record-Typen und der Anzahl Records, in denen die Elemente gespeichert sind.

3. Bestimmung der Verteilung der Records auf objektbezogene und objektübergreifende Cluster.

4. Bestimmung der Anzahl Datenseiten, auf die von den einzelnen Clustern zugegriffen wird.

5. Bestimmung der Anzahl Indexseiten, auf die bei einmaliger Ausführung einer Indexanfrage zugegriffen wird.

6. Bestimmung der Anzahl verschiedener Parameterwerte, mit denen eine Indexanfrage potentiell ausgeführt wird.

Der Punkt 1 bezieht sich auf das logische Datenmodell. Bei seiner Beantwortung ist zu bedenken, daß Subtabellen in einer variablen Anzahl von Ausprägungen existieren. Der Punkt 2 stellt den Zusammenhang zwischen dem logischen und dem physischen Datenbankschema her. Hier ist zu berücksichtigen, daß die Elemente einer Tabelle auf mehrere Records verteilt gespeichert sein können und daß auf Records nur zugegriffen wird, wenn sie zur Ergebnisbildung beitragen. In Verbindung mit der Prädikatauswertung führt dies dazu, daß nicht auf alle Record-Typen, auf die ein Elementtyp aufgeteilt wurde, gleichhäufig zugegriffen wird. Der Punkt 3 bezieht sich auf die Abbildung von Records in Cluster. Hier ist zu bedenken, daß auch aus typgleichen objektbezogenen Clustern verschieden viele Records gelesen werden. Dies ist darauf zurückzuführen, daß die Zahl der Records, die von einem Objekt gelesen werden, davon abhängt, ob es sich qualifiziert oder nicht. Der Punkt 4 bezieht sich auf die Verteilung der Records in einem Cluster. Die Punkte 5 und 6 betreffen schließlich die durch die Verwendung von Indexen verursachten Kosten. Hier ist zu beachten, daß Indexanfragen unter Umständen wiederholt mit unterschiedlichen, aktuellen Parametern in den Adreßprädikaten (Punkt 6) aufgerufen werden.

Im folgenden werden für die einzelnen Punkte geeignete Schätzformeln und -algorithmen entwickelt. In Abschnitt 6.2 werden dazu zuerst die für relationale Systeme entwickelten Schätzformeln, soweit sie für das Folgende benötigt werden, wiedergegeben. In Abschnitt 6.3 werden dann Lösungen für den Punkt 1 diskutiert. Insbesondere wird auf die Problematik der ausprägungsabhängigen Anzahl von Subtabellen eingegangen. In Abschnitt 6.4 werden die Punkte 2, 3 und 4 angesprochen. Es wird diskutiert, wie die Anzahl Datenseiten, auf die bei einem spezifischen Plan zugegriffen wird, geschätzt werden kann. In Abschnitt 6.5 werden dann die Punkte 5 und 6 angesprochen. Da in diesem Buch keine spezielle Indexstruktur zugrunde gelegt wurde, kann der Punkt 5 nur sehr allgemein beantwortet werden. Es wird gezeigt, wie bei Wahl eines existierenden Indexverfahrens auf die zugehörigen Kostenformeln zurückgegriffen werden kann. Etwas konkreter wird der Punkt 6 behandelt. Es wird diskutiert, wie die Anzahl verschiedener Parameterwerte, mit denen eine Indexanfrage ausgeführt wird, zu schätzen ist. In Abschnitt 6.6 wird dann abschließend kurz ausgeführt, wie, basierend auf diesen Schätzformeln, die Indexauswahl erfolgen kann.

6.2 Kostenschätzung in relationalen Systemen

Mit der Entwicklung der relationalen Systeme wurden auch Verfahren zur Kostenschätzung entworfen. Im Rahmen dieses Buchs sind diejenigen Methoden von Interesse, mit denen

- die Anzahl Tupel, die ein bestimmtes Prädikat erfüllen, und

- die Anzahl Blöcke, auf die diese Tupel verteilt sind,

geschätzt werden können. Diese Formeln und Algorithmen werden im folgenden kurz vorgestellt.

Um die Anzahl Tupel einer Relation, die ein bestimmtes Selektionsprädikat erfüllen, zu schätzen, lassen sich fünf prinzipielle Vorgehensweisen unterscheiden:

1. Es wird eine Gleichverteilung der Attributwerte angenommen. Mittels Statistikformeln wird die Zahl der Tupel geschätzt.

2. Es wird eine Ungleichverteilung, die durch eine geeignete Wahrscheinlichkeitsverteilung approximiert werden kann, angenommen. Die Zahl der Tupel wird wieder durch Anwendung von Formeln der Statistik geschätzt.

3. Die Ungleichverteilung der Attributwerte wird durch ein Histogramm beschrieben. Aus diesem wird die Zahl der Tupel berechnet.

4. Es wird keine Annahme über die Attributwertverteilung gemacht. Die Zahl der qualifizierten Tupel wird durch Multiplikation der Gesamtzahl Tupel mit einer für die einzelnen Prädikattypen heuristisch festgelegten Selektivität ermittelt.

5. Zum Zeitpunkt, zu dem eine Anfrage optimiert wird, wird auf die Relation zugegriffen und aus ihr eine Stichprobe, bestehend aus einer bestimmten Anzahl Tupel, entnommen. Ausgehend von dieser Stichprobe wird hochgerechnet, wie viele Tupel sich insgesamt qualifizieren werden.

Alle fünf Vorgehensweisen wurden in verschiedenen Arbeiten diskutiert. Die Methoden 1 und 4 werden unter anderem in [SAC$^+$79] und [CP84] beschrieben. Die Verwendung von Verteilungsfunktionen wird in [Chr83] erörtert. Histogramme sind Gegenstand der Arbeit [PSC84]. Das Verfahren, aus einer Stichprobe die Anzahl Tupel, die ein bestimmtes Prädikat erfüllen, zu bestimmen, wird unter anderem in [LS92] erörtert. Dort wird insbesondere auf die Frage eingegangen, wie eine geeignete Stichprobengröße zu bestimmen ist. Außerdem enthält sie eine Aufstellung weiterer Arbeiten zu diesem Themenkreis. Praktische Bedeutung haben heute die Verfahren 1, 3 und 4. Eine Kombination aus 1 und 4 wird beispielsweise in Oracle [ORA92b], Ingres [ING91] und DB2 [DB289] verwendet. Zusätzlich werden in Ingres noch Histogramme (Verfahren 3) eingesetzt.

Wird eine Gleichverteilung der Attributwerte angenommen (Verfahren 1), werden für jede Relation und jedes Attribut die folgenden Werte ermittelt und in einer sogenannten *Min-Max-Statistik* gespeichert:

- Anzahl Tupel in der Relation

- Anzahl verschiedener Attributwerte

- kleinster Attributwert[1]

- größter Attributwert[1]

- Intervallbreite = größter - kleinster Attributwert.

Ausgehend von diesen Werten wird die Selektivität der einzelnen Prädikattypen entsprechend den Formeln in Abb. 6.1 geschätzt[2]. Durch Multiplikation

> Anzahl Tupel in der Relation * Selektivität

erhält man die erwartete Zahl qualifizierter Tupel. Liegen die attributbezogenen Sta-

---

[1] In Oracle [ORA92a] und DB2 [DB289] werden statt dessen der zweitkleinste und zweitgrößte Attributwert verwendet.

[2] Diese Formeln gelten für die Datentypen *real* und *integer*. Auf den Datentyp *string* können sie angewendet werden, indem aus den ersten n Buchstaben der jeweiligen Zeichenkette eine Ordnungsposition nach der Formel ((Buchstabe$_1$ * 128 + Buchstabe$_2$) * 128 + ... + Buchstabe$_n$) berechnet wird, wobei 7 Bit codierte Buchstaben angenommen werden.

Prädikattyp	geschätzte Selektivität	Voreinstellung
Attribut = const	$\dfrac{1}{\text{Anzahl verschiedener Attributwerte}}$	$\dfrac{1}{10}$
Attribut $\leq$ const	$\dfrac{\text{const} - \text{kleinster Attributwert } (+1)^3}{\text{Intervallbreite } (+1)}$	$\dfrac{1}{3}$
$\text{const}_1 \leq$ Attribut $\leq \text{const}_2$	$\dfrac{\text{const}_2 - \text{const}_1 \ (+1)}{\text{Intervallbreite } (+1)}$	$\dfrac{1}{4}$

Abb. 6.1: Formeln zur Schätzung der Prädikatselektivität

tistiken nicht vor, werden statt der Formeln heuristisch ermittelte Selektivitäten (Methode 4) verwendet. In Abb. 6.1 sind beispielhaft in der Spalte *Voreinstellung* die Werte aus [SAC$^+$79] wiedergegeben.

Sind die Attributwerte ungleich oder sogar rein zufällig verteilt, so kann die Verteilung in Histogrammen erfaßt werden. Prinzipiell lassen sich *vollständige* und *komprimierte* Histogramme unterscheiden. In einem vollständigen Histogramm wird von jedem einzelnen Attributwert erfaßt, wie oft er auftritt. Ein Beispiel hierfür ist im Anhang in Abb. A.20.b für das Attribut *Umsatz* der Relation *Abteilungen* (Abb. A.20.a) gegeben. Die Anzahl Tupel, die ein Prädikat der Form *Attribut = const* erfüllen, kann nun durch "Nachschauen" im Histogramm ermittelt werden. Die Anzahl Tupel, die ein Prädikat der Form *Attribut $\leq$ const* oder *const$_1$ $\leq$ Attribut $\leq$ const$_2$* erfüllen, wird durch Addition der Einträge, die in dem entsprechenden Intervall liegen, bestimmt. Der Vorteil dieser Histogramme ist ihre Exaktheit. Der Nachteil ist die große Datenmenge, die zu speichern ist. Die Verwendung vollständiger Histogramme ist daher auf die Fälle, in denen nur wenige verschiedene Attributwerte auftreten, beschränkt.

In einem komprimierten Histogramm wird die Datenmenge eingeschränkt, indem das Gesamtintervall [*kleinster, größter Attributwert*] in n halboffene, nicht notwendigerweise gleich große Teilintervalle]...] aufgeteilt wird. Für jedes Teilintervall i ($1 \leq i \leq n$) wird ein Eintrag erzeugt. Dieser enthält den größten Attributwert (= obere Intervallgrenze), die Anzahl Tupel und die Anzahl verschiedener Attributwerte in dem Intervall. Zusätzlich wird ein Eintrag (Teilintervall 0) mit der unteren Grenze des Intervalls 1 angelegt. Ein Beispiel für solch ein komprimiertes Histogramm ist in Abb. A.20.c gegeben. In diesem wird die Wertverteilung des Attributs *Umsatz* der Relation *Abteilungen* (Abb. A.20.a) durch fünf Teilintervalle beschrieben. Ein zweites Beispiel ist das von Ingres für die Relation und das Attribut erzeugte Histogramm. Dies ist in Abb. A.21 wiedergegeben. Der Unterschied ist, daß in Ingres nur die Anzahl Tupel (= *count * rows*) intervallbezogen erfaßt wird. Die Anzahl verschiedener Werte (= *unique values*) wird für das Attribut nur global für die gesamte Relation gespeichert.

---

[3] Die Korrektur "+1" ergibt beim Datentyp *integer* eine bessere Schätzung.

Zwei Sonderformen komprimierter Histogramme sind solche mit *äquidistanten Teilintervallen* und solche mit *gleich vielen Einträgen pro Teilintervall*. Im ersten Fall wird die obere Grenze jedes Teilintervalls i durch die Formel

$$((\text{größter - kleinster Wert}) \; / \; n) \; * \; i$$

festgelegt. Der Vorteil dieser Methode ist, daß ein Histogramm mit zwei sequentiellen Durchläufen durch die Relation erzeugt werden kann. Im zweiten Fall werden die Grenzen so gelegt, daß in jedes Intervall (*Anzahl Tupel in der Relation / n*) Tupel fallen. Der Vorteil des Verfahrens ist, daß Häufungen einzelner Attributwerte (s. a. [PSC84]) besser beschrieben werden. Allerdings müssen beim Aufbau dieser Histogramme die Tupel bezüglich des erfaßten Attributs sortiert werden. In beiden Fällen müssen in den Histogrammen insgesamt weniger Daten erfaßt werden, da entweder die Intervallgrenzen (Fall 1) oder die Anzahl Tupel im Intervall (Fall 2) nicht mehr gespeichert werden müssen.

Die Anzahl der Tupel, die ein Prädikat der Form *Attribut = const* (mit *const* liegt im Teilintervall i des Histogramms) erfüllen, wird durch den Quotienten

$$\frac{\text{Anzahl Tupel im Intervall } i}{\text{Anzahl verschiedener Werte im Intervall } i}$$

angenähert. Hierbei wird angenommen, daß die Attributwerte in jedem einzelnen Intervall gleichverteilt sind. Liegt ein Prädikat der Form *Attribut $\leq$ const* oder $const_1 \leq Attribut \leq const_2$ vor, wird die Anzahl qualifizierter Tupel ermittelt, indem die Werte *Anzahl Tupel* der vollständig überdeckten Teilintervalle summiert werden. Hinzuaddiert wird die Zahl der Tupel, die das Prädikat ebenfalls erfüllen und in einem der beiden jeweils nur teilweise überdeckten Intervalle an der oberen und unteren Grenze des angefragten Intervalls liegen. Geschätzt werden diese Zahlen mit der zweiten Formel in Abb. 6.1. Liegen $const_1$ und $const_2$ im gleichen Teilintervall, wird die dritte Formel aus Abb. 6.1 verwendet.

Hat man die Anzahl Tupel, die ein bestimmtes Prädikat erfüllen, ermittelt, muß als zweites die Zahl der Seiten, auf die die Tupel verteilt sind, geschätzt werden. In [Yao77] werden hierzu verschiedene Verfahren genannt und die Schätzformel

$$\text{Anzahl zugegriffener Seiten} = m * \left(1 - \prod_{i=1}^{k} \frac{nd - i + 1}{n - i + 1} \right) \quad \text{mit} \quad d = 1 - \frac{1}{m}$$

entwickelt[4]. In dieser steht

n für die Gesamtzahl Tupel in der Relation,
m für die Gesamtzahl Seiten, auf die die Relation verteilt ist, und
k für die Anzahl Tupel, die gelesen werden sollen.

Grundlage dieser Formel sind die Annahmen, daß die Tupel nicht größer als eine
Seite sind und daß sie eine annähernd gleiche Größe haben. Dies erlaubt, die Anzahl
Tupel pro Seite durch den Quotienten n/m anzunähern. Diese Einschränkung wird in
[Ric94] aufgegeben. Dort wird gezeigt, wie bei der Schätzung berücksichtigt werden
kann, daß Tupel deutlich unterschiedlich groß sein können und daß einzelne Tupel
unter Umständen mehr als eine Seite belegen. Modelliert wird diese Verteilung durch
ein Histogramm mit i ($1 \le i \le q$ und $q = $ maximale Anzahl Tupel pro Seite) Einträgen. In diesem wird erfaßt, wie viele Seiten r_i genau i Tupel enthalten. Ausgehend
von diesem Histogramm wird die Schätzformel

$$\text{Anzahl zugegriffener Seiten} = \sum_{i=1}^{q} r_i \left[1 - \binom{n-i}{k} \Big/ \binom{n}{k} \right]$$

entwickelt. Ihre Herleitung ähnelt der in [Yao77] und wird hier nicht wiedergegeben.

6.3 Schätzung der Anzahl zugegriffener Tabellenelemente

Der erste Schritt der Schätzung der Kosten des Zugiffs auf eNF^2-Tabellen ist, die
Anzahl Elemente in den angefragten Top-Level-Tabellen und den Subtabellen und
die Selektivitäten der Prädikate zu bestimmen (vgl. Abschnitt 6.1). Grundsätzlich
kann dazu wie in relationalen Systemen vorgegangen werden. Der entscheidende
Unterschied ist, daß Subtabellen in einer variablen, ausprägungsabhängigen Anzahl
auftreten[5]. Beispielsweise existiert die Subrelation *Abteilungen* in der eNF^2-Tabelle
Filialen (Abb. A.25) in zwei Ausprägungen. Durch Einfügen neuer Filialen könnten weitere hinzukommen. Damit ist es nicht möglich, für jeden Subtabellentyp eine
"exakte" Statistik anzulegen. Prinzipiell kann dieses Problem auf zwei Weisen gelöst
werden:

1. Für jede Ausprägung einer Subtabelle wird eine eigene Statistik geführt.

2. Für jeden Subtabellentyp wird eine gemittelte Statistik angelegt.

---

[4] Die Formel läßt sich wie folgt herleiten: In einem Block j ($1 \le j \le m$) werden durchschnittlich
n/m Tupel gespeichert. Damit liegen $n - (n/m) = n(1 - (1/m)) = nd$ Tupel nicht in diesem
Block. Die Wahrscheinlichkeit E_j, daß auf den Block j nicht zugegriffen wird, beträgt damit:

$$E_j = \frac{\text{Anzahl Möglichkeiten } k \text{ Tupel aus } n - (n/m) \text{ Tupeln zu selektieren}}{\text{Anzahl Möglichkeiten } k \text{ Tupel aus } n \text{ Tupeln zu selektieren}} = \binom{nd}{k} \Big/ \binom{n}{k}$$

Die Wahrscheinlichkeit, daß auf den Block j zugegriffen wird, beträgt dann $1 - E_j$. Insgesamt
wird also auf $m * (1 - E_j)$ Blöcke zugegriffen. Setzt man in diese Abschätzung die Definition der
Binominalkoeffizienten ein, erhält man obige Formel.

[5] Für Top-Level-Tabellen können dieselben Statistiken wie für relationale Tabellen verwendet werden, weshalb sie im folgenden nicht weiter betrachtet werden.

	exakte Min-Max-Statistik		gemittelte Min-Max-Statistik
F_Nr:	1	2	—
Adresse:	Ulm, Olgastr.	HH, Spitalerstr.	—
Fläche:	10000	20000	—
Weg:	Man ...	Das ...	—
Anzahl Elemente:	5	5	5
Anzahl verschiedener Werte:	5	4	4.5
Kleinster Attributwert:	1	1	1
Größter Attributwert:	5	4	4.5
Intervallbreite:	5	4	4.5

Abb. 6.2: Statistiken des Attributs *Note* der eNF^2-Tabelle *Filialen* in Abb. A.25

Beide Lösungen sind beispielhaft in Abb. 6.2 für das Attribut *Note* der Subrelation *Abteilungen* in der Filialtabelle in Abb. A.25 dargestellt.

Der Vorteil der Lösung 1 ist die Exaktheit. Demgegenüber stehen einige gravierende Nachteile, die sie praktisch nicht oder nur in Ausnahmesituationen einsetzbar machen. Der erste ist, daß für jede Subrelationsausprägung eine eigene Statistik benötigt wird. Der zweite, noch schwerwiegendere ist, daß bei der Kostenschätzung jeweils die "richtige" Statistik ausgewählt werden muß. Im Fall der Beispielanfrage 5.2 in Abschnitt 5.4 müssen beispielsweise die Statistiken der Abteilungen der Filiale *F_Nr = 1* verwendet werden. Um diese Auswahl durchzuführen, müssen die Werte der übergeordneten Tabellenelemente (wie in Abb. 6.2 angedeutet) mit in die Statistik aufgenommen werden. Im Extremfall, wenn die Werte aller übergeordneten Attribute aufgenommen werden, enthält die Statistik eine Kopie der Ursprungstabelle. Alternativ könnten die Statistiken direkt in den jeweiligen Subrelationsausprägungen gespeichert werden. Dann muß aber bereits bei der Kostenschätzung auf die Daten zugegriffen werden, und die Anfrage könnte gleich mitbeantwortet werden.

Für den allgemeinen Fall bleibt nur die Lösung 2, *gemittelte Statistiken* zu verwenden. Als erstes wollen wir hierzu den Fall näher untersuchen, daß die Werte des Attributs, für das die Statistik erzeugt werden soll, innerhalb jeder einzelnen Ausprägung der Subtabelle gleichverteilt sind. In diesem Fall kann zunächst die Verteilung des Attributs für jede einzelne Ausprägung der Subtabelle, wie in einer exakten Min-Max-Statistik (vgl. Abb. 6.2), durch die Parameter *Anzahl Elemente*, *Anzahl verschiedener Werte*, *kleinster Attributwert*, *größter Attributwert* und *Intervallbreite* beschrieben werden. Hieraus wird dann eine *gemittelte Min-Max-Statistik* erzeugt, indem die arithmetischen Mittelwerte dieser Parameter errechnet und gespeichert werden. Exemplarisch ist dies in Abb. 6.2 in der Spalte "gemittelte Min-Max-Statistik" durchgeführt.

Mit gemittelten Min-Max-Statistiken und den Formeln für Gleichverteilung in
Abb. 6.1 lassen sich prinzipiell die

- durchschnittliche Anzahl Elemente in den an einer Anfrage beteiligten Subtabellen und die

- durchschnittliche Selektivität der angegebenen Prädikate

bestimmen. Allerdings müssen, anders als im relationalen Fall, zwei Sonderfälle beachtet werden. Der erste tritt auf, wenn für ein Prädikat *Attribut* $\leq$ *const* die Selektivität nach der Formel

$$\frac{\text{const} \; - \; \text{mittlerer kleinster Attributwert}}{\text{Intervallbreite}}$$

bestimmt werden soll und *const* kleiner als der mittlere kleinste Attributwert aller
Subtabellen ist. In diesem Fall erhält man rein rechnerisch eine negative Selektivität,
mit der nicht weitergerechnet werden kann. In diesem Fall ist es sinnvoll anzunehmen,
daß mindestens die Tupel mit dem kleinsten Attributwert in den jeweils zugegriffenen
Subtabellen das Prädikat erfüllen. Die Selektivität des Prädikats kann dann durch
1 / *Anzahl verschiedener Attributwerte* angenähert werden. Ähnliche Überlegungen
gelten für den zweiten Sonderfall, wenn für ein Prädikat $const_1 \leq Attribut \leq const_2$
die Selektivität nach der Formel

$$\frac{const_2 \; - \; const_1}{\text{mittlere Intervallbreite}}$$

bestimmt werden soll und die Differenz $const_2$ - $const_1$ größer als die *mittlere Intervallbreite* ist. Dann erhält man eine Selektivität, die größer als 1 ist. In diesem Fall
wird sinnvollerweise mit einer Selektivität von 1 weitergerechnet.

Hat man die mittlere Anzahl Elemente der zugegriffenen Tabellen und Subtabellen und die erwartete Selektivität der Prädikate bestimmt, können diese
Werte in den bei der lexikalischen und semantischen Analyse erzeugten High-
Level-Plan eingefügt und bei seiner Transformation fortgeschrieben werden. Dazu
können entweder die Operation *table_access* und die Prädikate um die Parameter
"*number_of_accessed_objects = real*" und "*selectivity = real*" erweitert oder es kann
die Form der Annotation, wie wir sie aus Gründen der Darstellung verwenden,
gewählt werden. Als Beispiel sind diese Schätzwerte bereits in die High-Level-Pläne
(Abb. 5.9, A.16.a und A.16.b) der zusammenfassenden Beispielanfrage 5.2 aus Abschnitt 5.4 eingetragen. Der Annotationsparameter *nb_of_objects* gibt darin die durchschnittliche Anzahl sequentiell oder direkt zugegriffener Elemente einer Tabelle oder
Subtabelle an. Deshalb wird beim Einfügen einer Indexanfrage dieser Parameter nach
der Formel

$$\text{new\_nb\_of\_objects:= old\_nb\_of\_objects * selectivity des ersetzten Prädikats}$$

fortgeschrieben.

	exakte Min-Max-Statistik		gemittelte Min-Max-Statistik
F_Nr:	1	2	—
Adresse:	Ulm, Olgastr.	HH, Spitalerstr.	—
Fläche:	10000	20000	—
Weg:	Man ...	Das ...	—
Anzahl Elemente:	5	5	5
Anzahl verschiedener Werte:	5	5	5
Kleinster Attributwert:	1	6	3.5
Größter Attributwert:	5	10	7.5
Intervallbreite:	5	5	5

Abb. 6.3: Statistiken des Attributs A_Nr der eNF^2-Tabelle *Filialen* in Abb. A.25

Gemittelte Min-Max-Statistiken können grundsätzlich immer, wie beschrieben, gebildet und eingesetzt werden. Es stellen sich allerdings drei Fragen:

1. Ist eine gemittelte Min-Max-Statistik in jedem Fall aussagekräftig?

2. Wie kann entschieden werden, ob ein Mittelwert aussagekräftig ist?

3. Was ist zu tun, wenn kein aussagekräftiger Mittelwert existiert?

Die Frage 1 kann klar mit "nein" beantwortet werden. Es gibt immer Situationen, in
denen ein oder mehrere Mittelwerte nicht brauchbar sind. Als Beispiel betrachte man
das Attribut A_Nr in der Filialtabelle in Abb. A.25. Die Statistiken dieses Attributs
sind in der Abb. 6.3 gegeben. Sinnvollerweise sollten von diesen nur die Mittelwerte
der Parameter *Anzahl Elemente*, *Anzahl verschiedener Elemente* und *Intervallbreite*
weiterverwendet werden. Die Mittelwerte der Parameter *kleinster Attributwert* und
größter Attributwert hingegen sind nicht brauchbar, da die Attributwerte 1 bis 5 und
6 bis 10 aus disjunkten Intervallen stammen. Damit ist eine Antwort auf die Frage 2
schon gegeben. Die Mittelwerte der Parameter *kleinster Attributwert* und *größter Attributwert* sollten nicht verwendet werden, wenn die Attributwerte in den einzelnen
Subtabellen aus disjunkten oder kaum überlappenden Intervallen stammen. Allerdings wird auch eine Antwort für den Fall, daß die Situation nicht so eindeutig oder
daß der Mittelwert einer der anderen Parameter nicht aussagekräftig ist, benötigt.
In diesem Fall kann der aus der Statistik bekannte Variationskoeffizient [GR90] als
Maß für die Güte eines Mittelwertes herangezogen werden. Dieser Koeffizient gibt
die mittlere Abweichung von Werten von ihrem Mittelwert in Prozent an. Er wird
nach der Formel

$$\text{Variationskoeffizient} = \frac{\text{Standardabweichung}^6}{\text{Mittelwert}} * 100$$

berechnet. Mit ihm kann eine obere Schranke (z. B. 20% mittlere Abweichung), ab
der ein Mittelwert als nicht mehr aussagekräftig angesehen und zurückgewiesen wird,
festgelegt werden.

Bleibt noch die Frage 3, was zu tun ist, wenn keine aussagekräftigen Mittelwerte existieren. In diesem Fall können eigentlich nur, wie in relationalen Systemen (vgl. Abb. 6.1), feste Selektivitäten für die einzelnen Prädikattypen gewählt werden. Interessant ist dabei zu beobachten, daß es Situationen gibt, in denen zwar keine Mittelwerte für die Parameter *kleinster Attributwert* und *größter Attributwert* gebildet werden können, wohl aber ein Mittelwert für den Parameter *Intervallbreite*. Ein Beispiel ist das Attribut *A_Nr*. In diesem Fall kann für Prädikate des Typs *Attribut $\leq$ const* nur eine feste Selektivität angegeben werden. Für Prädikate des Typs *const$_1$ $\leq$ Attribut $\leq$ const$_2$* kann die Selektivität aber "korrekt" geschätzt werden. Diese Situation tritt potentiell immer auf, wenn die Werte eines Attributs in den verschiedenen Subtabellen aus disjunkten Intervallen stammen.

Bis hierhin wurde der Fall untersucht, daß die Werte eines Attributs innerhalb jeder einzelnen Subtabelle gleichverteilt sind. Es bleibt der Fall, daß diese Annahme nicht zutrifft. In relationalen Systemen konnte in dieser Situation die Attributwertverteilung durch Histogramme (vgl. Abschnitt 6.2) beschrieben werden. In eNF^2-Systemen ist dies prinzipiell auch möglich. Es ergibt sich allerdings wieder das Problem, daß es nur in Ausnahmesituationen möglich ist, für jede einzelne Subtabelle ein eigenes Histogramm zu speichern. Im allgemeinen ist es erforderlich, ein für alle Subtabellen gültiges *gemitteltes Histogramm* zu erstellen. Voraussetzung dafür ist, daß die Attributwerte in den einzelnen Subtabellen aus ähnlichen Intervallen stammen und eine ähnliche Verteilung aufweisen. Damit gelten die gleichen Voraussetzungen wie für gemittelte Min-Max-Statistiken. Der prinzipielle Unterschied ist nur, daß zusätzlich noch die Verteilung explizit in den Histogrammen beschrieben wird.

Ein gemitteltes Histogramm wird ähnlich wie ein komprimiertes Histogramm in relationalen Systemen gebildet. Zunächst werden der kleinste und der größte überhaupt in einer Subtabelle auftretende Attributwert bestimmt. Das Gesamtintervall [*kleinster, größter auftretender Attributwert*] wird dann in n halboffene Teilintervalle]...] zerlegt. Von jedem Teilintervall werden die *obere Intervallgrenze*, die *durchschnittliche Anzahl Subtupel* und die *durchschnittliche Anzahl verschiedener Attributwerte* gespeichert. Ein Beipiel hierfür ist in Abb. A.22 im Anhang gegeben. Dort sind die Wertverteilung und ein gemitteltes Histogramm für das Attribut *M_Name* der Subrelation *Mitarbeiter* der Filialtabelle in Abb. A.25 dargestellt. Um die Intervallgrenzen festzulegen, kann das Gesamtintervall in gleich große, äquidistante Teilintervalle aufgeteilt werden. Alternativ können die Grenzen so gelegt werden, daß die durchschnittliche Anzahl Tupel in jedem Teilintervall annähernd gleich ist. Hierfür müssen allerdings beim Aufbau des Histogramms die Attributwerte in jeder einzelnen Subtabelle sortiert werden.

---

[6] Die Standardabweichung ist ein Maß für die mittlere Abweichung von Werten von ihrem Mittelwert. Sie ist wie folgt definiert: Gegeben seien n Werte a_1 bis a_n. Dann ist der Mittelwert $\bar{a}$ als

$$\bar{a} = \frac{1}{n} \sum_{i=1}^{n} a_i \text{ und die Standardabweichung } s \text{ als } s = \sqrt{\frac{1}{n} \sum_{i=1}^{n} (\bar{a} - a_i)^2} \text{ definiert.}$$

Liegt für ein Attribut A ein gemitteltes Histogramm vor, so kann die durchschnittliche Anzahl Tupel, die ein Prädikat $p(A)$ erfüllen, genau wie im relationalen Fall geschätzt werden. In unserem Vorschlag muß daraus noch die durchschnittliche Selektivität errechnet werden, um diese in den High-Level-Plan eintragen zu können. Dazu wird der folgende Quotient gebildet:

$$\frac{\text{durchschnittliche Anzahl Tupel, die das Prädikat erfüllen}}{\text{durchschnittliche Anzahl Tupel in den Subtabellen}}$$

Am Ende dieses ersten Schritts der Kostenschätzung sind die durchschnittliche Anzahl sequentiell oder direkt zugegriffener Tabellenelemente und die durchschnittliche Selektivität der Prädikate bestimmt und in den High-Level-Plan eingetragen. Ob hierzu voreingestellte feste Werte, gemittelte Min-Max-Statistiken oder gemittelte Histogramme verwendet werden, hängt von der Verteilung der Attributwerte ab.

6.4 Schätzung der Kosten der Datenzugriffe

6.4.1 Bestimmung der zugegriffenen Record-Typen

Nachdem die Anzahl zugegriffener Elemente und die Prädikatselektivitäten ermittelt und in einen zu bewertenden High-Level-Plan eingetragen wurden, muß als Schritt 2 der Kostenschätzung (vgl. Abschnitt 6.1) bestimmt werden, auf welche Record-Typen und auf wie viele Records von diesen zugegriffen wird[7]. Hierbei sind die für die angefragten eNF^2-Tabellen gewählten Speicherungsstrukturen, d. h. die Abbildung des logischen auf das physische Schema, zu berücksichtigen.

Bei der Umsetzung dieses Schritts ist zu bedenken, daß (wie in Abschnitt 6.1 bereits kurz angedeutet) auch aus objektbezogenen Clustern desselben Typs unter Umständen unterschiedlich viele Records gelesen werden. Ein typisches Beispiel hierfür ist die Beispielanfrage 5.2. Wird diese entsprechend dem High-Level-Plan in Abb. 5.9 bzw. dem Low-Level-Plan in Abb. A.17 ausgeführt, so werden aus jedem Abteilungs-Cluster zum Zweck der Prädikatauswertung je ein *Abt_Rec* und ein *Data_Rec* gelesen. Zusätzlich werden aus einem dieser Abteilungs-Cluster noch fünf *Prod_Rec* Records gelesen. Damit reicht es nicht, wie oben etwas salopp formuliert, in diesem zweiten Schritt der Kostenschätzung nur die zugegriffenen Record-Typen und die Anzahl gelesener Records zu bestimmen. Vielmehr wird eine Analyse benötigt, mit der im nächsten Schritt sehr exakt bestimmt werden kann, wie die Records auf Cluster verteilt sind. Der Grund ist einfach, daß es einen erheblichen Unterschied macht, ob zum Beispiel n zugegriffene Records auf m Cluster gleichverteilt sind (pro Cluster n/m Records) oder ob zum Beispiel aus $m-1$ Clustern je ein Record und

---

[7] Prinzipiell könnte bei Ermittlung der zugegriffenen Records auch gleichzeitig festgestellt werden, wie die Records auf Cluster verteilt sind. Die Analyse wird dadurch jedoch deutlich komplexer. Deshalb wird hier ein zweistufiges Vorgehen beschrieben, bei dem die Verteilung der Records auf Cluster in einem eigenen Schritt (vgl. Schritt 3, Abschnitt 6.1) ermittelt wird.

aus einem Cluster $n - (m-1)$ Records gelesen werden. Bevor wir nun diskutieren, wie eine solche Analyse durchzuführen und was dabei zu beachten ist, sei kurz gezeigt, wie das Ergebnis einer solchen Analyse zu repräsentieren ist.

Um darzustellen, auf welche Records einer eNF^2-Tabelle in einer Anfrage zugegriffen wird, sind, entsprechend der hierarchischen Struktur der eNF^2-Tabellen, Bäume sehr gut geeignet. Für jede Tabelle, die an der Anfrage beteiligt ist, wird ein im folgenden als *Record-Access-Baum* bezeichneter Baum angelegt. In diesen werden alle Record-Typen, auf die bei Beantwortung der Anfrage zugegriffen wird, eingetragen. Außerdem wird erfaßt, wie viele Records von diesen mit welcher Wahrscheinlichkeit und in welchem Zusammenhang gelesen werden.

Ein solcher Baum benötigt drei Knotentypen:

```
access_operation = () |
    record_access (record_type_name,  access_op_list) |
    repeat        (repeat_factor,      access_op_list) |
    select        (   (probability,    access_op_list)
                   {, (probability,    access_op_list)}* )

access_op_list   = () | (access_operation {, access_operation}*)

repeat_factor    = real
probability      = real, 0 ≤ probability ≤ 1
```

Ein *record_access* Knoten besagt, daß auf ein Record des Typs *record_type_name* zugegriffen wird. Danach werden die in dem Parameter *access_op_list* angegebenen Operationen ausgeführt. Ein *repeat* Knoten gibt an, daß die Aktionen in dem Parameter *access_op_list* wiederholt ausgeführt werden, und zwar so oft, wie im Parameter *repeat_factor* angegeben. Ein *select* Knoten wird schließlich verwendet, um auszudrücken, daß die Aktionen in einzelnen Teilbäumen nur mit einer bestimmten Wahrscheinlichkeit, die in dem Parameter *probability* angegeben wird, ausgeführt werden.

Ein Beispiel für einen Record-Access-Baum ist in Abb. 6.4 gegeben. In ihm ist in der beschriebenen Syntax (Abb. 6.4.a) und wegen der besseren Anschaulichkeit in einer graphischen Repräsentation (Abb. 6.4.b) dargestellt, auf welche Records bei Ausführung des High-Level-Plans in Abb. 5.9 und Verwendung der Speicherungsstruktur in Abb. A.3 bzw. Abb. A.5 zugegriffen wird. Dieser Baum besagt, daß bei Ausführung des High-Level-Plans zuerst ein Record vom Typ *Anker_Rec* gelesen wird (Zeile 1) (vgl. auch Low-Level-Plan in Abb. A.17). Danach werden entsprechend dem *repeat* Knoten in Zeile 2 die Aktionen in dem Teilbaum in den Zeilen 3 bis 11 zweimal ausgeführt. Dabei wird bei einer Ausführung der Aktionen mit einer Wahrscheinlichkeit von 0.5 nur ein *Prim_Rec* Record gelesen (Zeile 3). Ebenfalls mit einer Wahrscheinlichkeit von 0.5 wird der Teilbaum in den Zeilen 4 bis 11 ausgeführt. In diesem Fall werden je ein *Prim_Rec* (Zeile 4) und ein *Sec_Rec* (Zeile 5) gelesen und entsprechend dem *repeat* Knoten in Zeile 6 der Teilbaum in den Zeilen 7 bis 11 fünfmal ausgeführt.

```
record_access (Anker_Rec, (                                              [ 1]
repeat (2, (                                                             [ 2]
  select ((0.5, (record_access (Prim_Rec, ()))),                        [ 3]
          (0.5, (record_access (Prim_Rec, (                             [ 4]
                 record_access (Sec_Rec, (                              [ 5]
                 repeat (5, (                                           [ 6]
                   select ((0.78, (record_access (Abt_Rec, (            [ 7]
                           record_access (Data_Rec, ())))),             [ 8]
                           (0.22, (record_access (Abt_Rec, (            [ 9]
                           record_access (Data_Rec, (                   [10]
                           repeat (5, (record_access (Prod_Rec, ()]⁸    [11]
```

Abb. 6.4.a: Lexikalische Darstellung

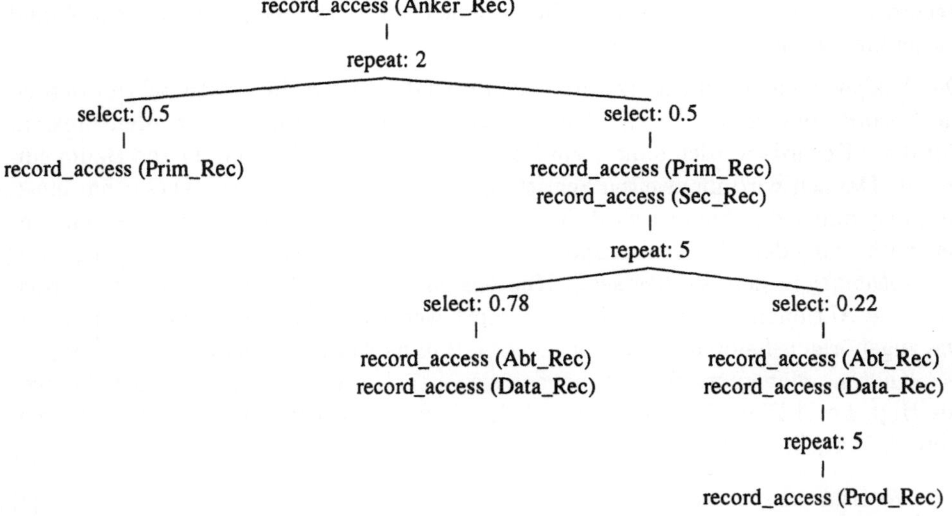

Abb. 6.4.b: Graphische Darstellung

Abb. 6.4: Record-Access-Baum für den High-Level-Plan in Abb. 5.9

Um solche Bäume aus einem High-Level-Plan abzuleiten, kann sehr ähnlich wie bei der Generierung von Low-Level-Plänen vorgegangen werden. Der High-Level-Plan wird hierarchisch absteigend durchlaufen. Bei diesem Abstieg werden für jeden Knoten, jede Operation und jedes Prädikat, wie bei der Erzeugung von Low-Level-Plänen, die Typen der Records, die zu ihrer Ausführung neu geladen werden müssen, ermittelt. Für diese Record-Typen werden dann *record_access* Knoten erzeugt und in den jeweiligen Baum eingefügt. Einer etwas genaueren Betrachtung bedürfen an dieser Stelle nur die *table_access* Operation und die Prädikate.

---

[8] Die] Klammer steht subsumierend für alle notwendigen) Klammern.

Bei der Analyse einer *table_access* Operation muß außer den *record_access* Knoten auch ein *repeat* Knoten erzeugt werden. Mit diesem wird ausgedrückt, daß die nachfolgenden Operationen für jedes zugegriffene Element der Tabelle einmal ausgeführt werden. Um zu erkennen, wie dieser Knoten in den Baum einzufügen ist, betrachte man noch einmal die Prozedur *transform_operation* (Abb. A.15), welche die Low-Level-Operationen für eine *table_access* Operation erzeugt. Zuerst werden Operationen generiert, welche die jeweilige Tabelle zugreifbar machen. Sie laden das Basisfeld der Tabelle und werden einmal bei jeder Ausführung der *table_access* Operation aufgerufen. Die zugehörigen *record_access* Knoten werden deshalb vor den *repeat* Knoten eingefügt. Danach werden Low-Level-Operationen generiert, die nacheinander die Elemente der Tabelle sequentiell oder direkt lesen. Sie werden für jedes zuzugreifende Objekt einmal ausgeführt. Die korrespondierenden *record_access* Knoten werden entsprechend hinter den *repeat* Knoten eingefügt. Der *repeat* Faktor des *repeat* Knotens kann dabei dem Annotationsparameter *nb_of_objects* entnommen werden, da die Record-Zugriffe, wie die Low-Level-Operationen, für jedes zugegriffene Objekt einmal ausgeführt werden.

Die Analyse eines Prädikats könnte entsprechend erfolgen. Im ersten Schritt werden die Records bestimmt, die zur Auswertung des Prädikats geladen werden müssen. Für diese Records werden dann *record_access* Knoten generiert und in den Baum eingefügt. Danach wird im zweiten Schritt ein *select* Knoten angelegt. Dieser hat einen Ast, der immer durchlaufen wird, wenn das Prädikat erfüllt ist. Die Wahrscheinlichkeit dafür wird dem Annotationsparameter *selectivity* des Prädikats entnommen und als *probability* in den Ast des *select* Knotens eingetragen. Als dritter Schritt werden dann die Aktionen analysiert, die ausgeführt werden, wenn das Prädikat erfüllt ist. Die zugehörigen Knoten des Record-Access-Baums werden dabei in den Ast des *select* Knotens eingefügt. Der Baum, der sich bei diesem Vorgehen bei der Analyse des High-Level-Plans in Abb. 5.9 und der Speicherungsstruktur in Abb. A.3 bzw. Abb. A.5 ergeben würde, ist der folgende:

```
    record_access (Anker_Rec, (                                      [1]
  repeat (2, (                                                       [2]
    record_access (Prim_Rec, (                                       [3]
    select ((0.5,  (record_access (Sec_Rec, (                        [4]
                 repeat (5, (                                        [5]
                   record_access (Abt_Rec, (                         [6]
                   record_access (Data_Rec, (                        [7]
                   select ((0.22, (repeat (5, (record_access (Prod_Rec, ()]  [8]
```

Dieser Baum beschreibt korrekt die Zugriffe auf Records. Jedoch werden in diesem Baum die hierarchischen Zusammenhänge zwischen den zugegriffenen Records und den Objekten und Subobjekten verschleiert. Dazu betrachte man den Teilbaum in den Zeilen 3 bis 8. Dieser steht sowohl für Zugriffe auf Filialobjekte, die das Prädikat $F\_Nr = 1$ erfüllen, als auch für Zugriffe auf Filialobjekte, die das Prädikat nicht erfüllen. Ähnliches gilt für den Teilbaum in den Zeilen 6 bis 8. Hier werden ebenfalls die Zugriffe auf Abteilungen, die das Prädikat *Note* $= 2$ erfüllen, und auf solche, die es nicht erfüllen, vermischt. Dies erschwert die nachfolgende Analyse der Zugriffe auf objektbezogene Cluster erheblich, da diese Fälle unbedingt zu unterscheiden sind.

Besser ist es, den Record-Access-Baum so aufzubauen, daß sich die Operationen in den einzelnen Teilbäumen stets auf dieselben Objekte oder Subobjekte beziehen. Dann kann aus der hierarchischen Anordnung der *record_access* Operationen unmittelbar auf die Zugehörigkeit der Records zu bestimmten Objekten und Subobjekten und damit zu bestimmten objektbezogenen Clustern geschlossen werden. Der zuerst diskutierte und in Abb. 6.4 dargestellte Baum erfüllt diese Forderung zum Beispiel. Der Teilbaum in Zeile 3, der nur aus der Operation *record_access* (*Prim_Rec*, ()) besteht, steht beispielsweise für einen Zugriff auf ein Filialobjekt, welches das Prädikat $F\_Nr = 1$ nicht erfüllt. Umgekehrt steht der Teilbaum in den Zeilen 4 bis 11 für einen Zugriff auf ein Filialobjekt, welches das Prädikat erfüllt. Ähnliches gilt für die Teilbäume in den Zeilen 7 bis 8 und 9 bis 11. Der erste steht für Zugriffe auf Abteilungsobjekte, die das Prädikat *Note* = 2 nicht erfüllen, und der zweite für Zugriffe auf Abteilungsobjekte, die das Prädikat erfüllen.

Um Bäume aufzubauen, die diese Bedingung erfüllen, muß die zuvor skizzierte Analyse eines Prädikats ein wenig abgeändert werden. Im ersten Schritt wird ein *select* Knoten mit zwei Ästen angelegt. Ein Ast steht für den Fall, daß das Prädikat erfüllt ist. Seine *probability* wird dem Annotationsparameter *selectivity* entnommen. Der zweite Ast repräsentiert den Fall, daß das Prädikat nicht erfüllt ist. Seine *probability* ist 1 - *selectivity*. Im zweiten Schritt werden dann die Records bestimmt, die zur Auswertung des Prädikats geladen werden müssen. Die zugehörigen *record_access* Knoten werden jeweils in beide Äste des *select* Knotens eingefügt. Im dritten Schritt werden dann, wie in obiger Lösung, die Aktionen analysiert, die ausgeführt werden, wenn das Prädikat erfüllt ist. Die zugehörigen Knoten werden in den "Erfolgsast" des *select* Knotens eingefügt.

6.4.2 Bestimmung der zugegriffenen Cluster

Am Ende des Prozesses in Abschnitt 6.4.1 ergeben sich Record-Access-Bäume, die beschreiben, auf welche Records bei Ausführung eines bestimmten Plans mit welcher Häufigkeit und welcher Wahrscheinlichkeit zugegriffen wird. Aus dieser Information wird im Schritt 3 der Kostenschätzung (vgl. Abschnitt 6.1 und Fußnote 7) ermittelt, wie die zugegriffenen Records auf objektbezogene und objektübergreifende Cluster verteilt sind. Ein Record-Access-Baum wird dazu wie folgt weiterverarbeitet: Der Baum wird rekursiv absteigend in Preorder durchlaufen. Dabei wird ein Zähler, hier *counter* genannt, mitgeführt. Dieser gibt an, wie oft die Aktionen des aktuell betrachteten Knotens ausgeführt werden. Am Anfang wird dieser mit 1 initialisiert. Danach wird er bei Überschreiten eines *repeat* Knotens entsprechend dem Produkt

    counter:= counter * repeat_factor

fortgeschrieben. Gleiches gilt, wenn ein Ast eines *select* Knotens durchlaufen wird.

Dann wird er entsprechend dem Produkt

> counter:= counter * probability

fortgeschrieben. Wird nun aktuell ein *record_access* Knoten betrachtet, so heißt das, daß von dem im Parameter *record_type_name* genannten Record-Typ insgesamt *counter* Records gelesen werden. Von diesen ist festzustellen, wie sie auf Cluster verteilt sind. Hierbei ist zu unterscheiden, ob sie in einem Segment-Cluster (= objektübergreifender Cluster) oder in einem oder mehreren Objekt-Clustern eines Objekt-Cluster-Typs gespeichert sind. Dazu muß zunächst die Definition des zugehörigen Clusters oder Cluster-Typs im Katalog gelesen werden (vgl. dazu Abb. A.1).

Sind die Records in einem Segment-Cluster gespeichert, so kann dessen Name direkt dem Katalog entnommen werden. Diese Information (der Name des Clusters und die absolute Anzahl gelesener Records eines Typs) kann dann in einer Liste zugegriffener Cluster erfaßt werden. Wir bezeichnen diese im folgenden als *cluster_access_list* und verwenden für sie die folgende Syntax:

> cluster_access_list = () | (cluster_access {, cluster_access}*)
>
> cluster_access   =
>   **segment_cluster_access** (cluster_name,   record_access_list) |
>   **object_cluster_access**   (cluster_type_name, nb_of_cluster, record_access_list)
>
> record_access_list = () | (record_access {, record_access}*)
> record_access   = (record_type_name, nb_of_records)
>
> nb_of_cluster   = real
> nb_of_records   = real

Eine solche *cluster_access_list* beschreibt, welche Cluster bei Ausführung eines bestimmten Plans angefaßt werden. Für jeden zugegriffenen Segment-Cluster enthält sie genau einen *segment_cluster_access* Eintrag. In diesem wird in der Subliste *record_access_list* vermerkt, wie viele Records der einzelnen in diesem Cluster gespeicherten Typen gelesen werden. Am Ende der Analyse des Record-Access-Baums in Abb. 6.4 würde die *cluster_access_list* unter anderem den Eintrag

> segment_cluster_access (Anker_Cluster, ((Anker_Rec, 1), (Prim_Rec, 2)))

enthalten. Dieser besagt, daß bei Ausführung des Plans in Abb. 5.9 aus dem Anker-Cluster ein *Anker_Rec* und zwei *Prim_Rec* Records gelesen werden würden.

Etwas komplexer ist die Situation, wenn die Records des aktuell betrachteten *record_access* Knotens nicht in einem Segment-Cluster, sondern in objektbezogenen Clustern gespeichert sind. In diesem Fall wird zwar auch auf *counter* Records zugegriffen. Diese können aber auf einen oder mehrere Cluster verteilt sein. Aus dem Katalog kann dabei nur der Typ dieser Cluster entnommen werden (vgl. Abb. A.1).

Die Anzahl der Cluster muß hingegen aus dem Record-Access-Baum abgeleitet werden. Um zu verstehen, wie dies geschieht, betrachte man noch einmal die Definition objektorientierter Cluster. Für jeden objektorientierten Cluster-Typ wird ein *identifying_record_type* festgelegt. Beim Aufbau der eNF^2-Tabelle wird dann für jeden Record dieses Typs ein objektorientierter Cluster angelegt. Wird nun beim hierarchischen Abstieg in einem Record-Access-Baum ein *record_access* Knoten mit einem *identifying_record_type* überschritten und ist n der aktuelle Wert von *counter*, so heißt dies, daß bei Ausführung der Anfrage nicht nur n Records des *identifying_record_type* gelesen werden, sondern auch, daß auf n objektbezogene Cluster zugegriffen wird. Deshalb wird bei Überschreiten eines *record_access* Knotens grundsätzlich wie folgt vorgegangen:

Zuerst wird geprüft, ob der Record-Typ in dem *record_access* Knoten ein *identifying_record_type* eines objektbezogenen Cluster-Typs ist. Wenn ja, wird dies durch einen **neuen** *object_cluster_access* Eintrag in der *cluster_access_list* dokumentiert. Dieser enthält den Namen des objektbezogenen Cluster-Typs und eine zunächst leere *record_access_list*. In den Parameter *nb_of_cluster* wird der aktuelle Wert von *counter* eingesetzt. Danach wird in einem zweiten, in jedem Fall notwendigen Schritt festgestellt, ob die Records des betrachteten Record-Typs[9] in einem Segment-Cluster oder in objektbezogenen Clustern gespeichert werden. Werden sie in einem Segment-Cluster gespeichert, wird wie bereits beschrieben vorgegangen. Sind sie in objektbezogenen Clustern gespeichert, wird für den entsprechenden Objekt-Cluster-Typ der **neueste** *object_cluster_access* Eintrag gesucht. In diesen wird für den betrachteten Record-Typ ein neuer *record_access* Eintrag eingefügt. Für den Parameter *nb_of_records* wird dabei der Wert *counter / nb_of_cluster* eingesetzt. Dieser Quotient wird verwendet, da insgesamt *counter* Records zu lesen sind. Diese sind entsprechend dem *object_cluster_access* Eintrag auf *nb_of_cluster* verschiedene Cluster verteilt. Damit werden aus jedem einzelnen Cluster *counter / nb_of_cluster* Records gelesen.

Am Ende der Analyse eines Record-Access-Baums enthält die *cluster_access_list* für jeden zugegriffenen Segment-Cluster genau einen Eintrag. Für objektbezogene Cluster-Typen gilt dies jedoch nicht. Für einen objektbezogenen Cluster-Typ können durchaus mehrere Einträge existieren. Dies liegt daran, daß ein und derselbe *identifying_record_type* in verschiedenen Ästen des Baums auftreten kann. Entsprechend werden dann mehrere *object_cluster_access* Einträge erzeugt. Deshalb ist es wichtig, beim Zugriff auf einen *object_cluster_access* Eintrag stets, wie oben gefordert, den neuesten Eintrag zu suchen. Dieses Vorgehen ist im übrigen nur deshalb korrekt, weil sich die Operationen in einem Teilbaum eines Record-Access-Baums stets auf dieselben Objekte und Subobjekte beziehen (vgl. Diskussion in Abschnitt 6.4.1). Die Semantik mehrerer Einträge ist, daß aus verschiedenen objektbezogenen Clustern eines Typs auf unterschiedlich viele Records unterschiedlicher Record-Typen zugegriffen wird. Der Grund hierfür liegt, wie in Abschnitt 6.1 diskutiert, in den Record-Zugriffen, die zur Auswertung von Prädikaten ausgeführt werden.

---

[9] Man beachte, daß Identifying-Records nicht notwendigerweise in den Clustern, die sie identifizieren, gespeichert werden müssen.

Ein Beispiel einer *cluster_access_list* ist die folgende:

```
(segment_cluster_access (Anker_Cluster,            ((Anker_Rec, 1),              [1]
                                                    (Prim_Rec,  2)))             [2]
 object_cluster_access  (Filial_Cluster,     1.00, ((Sec_Rec,  1))),            [3]
 object_cluster_access  (Abteilungs_Cluster, 3.90, ((Abt_Rec,  1),              [4]
                                                    (Data_Rec, 1))),            [5]
 object_cluster_access  (Abteilungs_Cluster, 1.10, ((Abt_Rec,  1),              [6]
                                                    (Data_Rec, 1),              [7]
                                                    (Prod_Rec, 5))))            [8]
```

Sie ergibt sich bei der Analyse des Record-Access-Baums in Abb. 6.4. Sie besagt, daß aus dem *Anker_Cluster* (s. a. Abb. A.5) ein *Anker_Rec* und zwei *Prim_Rec* Records gelesen werden (Zeilen 1 und 2). Außerdem wird auf einen Filial-Cluster zugegriffen. Aus diesem wird ein *Sec_Rec* Record gelesen (Zeile 3). Des weiteren wird auf geschätzte 3,90 *Abteilungs-Cluster* zugegriffen. Aus diesen werden je ein *Abt_Rec* und ein *Data_Rec* gelesen (Zeilen 4 und 5). Aus geschätzten 1,10 *Abteilungs-Clustern* werden dann noch ein *Abt_Rec*, ein *Data_Rec* und fünf *Prod_Rec* Records gelesen. Die Unterscheidung zwischen den Zugriffen auf die 3,90 *Abteilungs-Cluster* in den Zeilen 4 und 5 und die 1,10 *Abteilungs-Cluster* in den Zeilen 6 bis 8 ist dabei auf die Auswertung des Prädikats *a.Note* = 2 in dem Ursprungsplan in Abb. 5.9 zurückzuführen.

6.4.3 Bestimmung der Anzahl zugegriffener Datenseiten

Am Ende der Analyse eines Record-Access-Baums liegt eine *cluster_access_list* vor, in der aufgeführt ist, auf welche Cluster und auf wie viele Records aus diesen zugegriffen wird. Als letzter Schritt der Kostenschätzung muß nun noch ermittelt werden, wie viele Seitenzugriffe notwendig sind, um diese Records zu lesen. Hierzu können sowohl die in Abschnitt 6.2 vorgestellten Formeln aus [Yao77] als auch die aus [Ric94] verwendet werden. Hier sei der Fall diskutiert, daß die Formeln von [Yao77] zum Einsatz kommen. Das Vorgehen wäre das gleiche, wenn die Formeln aus [Ric94] verwendet würden.

Zur Anwendung der Formeln in [Yao77] benötigt man für jeden Cluster die folgenden Statistiken (s. a. Abschnitt 6.2):

n: Gesamtzahl Records in dem Cluster
m: Gesamtzahl Seiten, die der Cluster belegt
k: Anzahl Records, die aus dem Cluster gelesen werden sollen.

Für einen Segment-Cluster lassen sich die Werte n und m exakt ermitteln und im Katalog erfassen. Anders ist die Situation bei einem objektbezogenen Cluster-Typ. Hier können zwar für jeden einzelnen Cluster des Cluster-Typs die Werte n und m ermittelt werden. Diese Werte einzeln im Katalog zu erfassen, macht aber keinen Sinn, da

Cluster	Anzahl n der Records pro Cluster	Anzahl m der Seiten pro Cluster
Anker_Cluster	3	1
Mitarbeiter_Cluster	16	6
Filial_Cluster	12	4
Abteilungs_Cluster	7	3

Abb. 6.5: Statistiken der Cluster der Filial-Tabelle in Abb. A.25

einem *object_cluster_access* Eintrag nicht anzusehen ist, auf welche konkreten Cluster er sich bezieht. Da diese Information auch nicht mit vertretbarem Aufwand ermittelt werden kann (siehe die Diskussion bezüglich ausprägungsbezogener Statistiken in Abschnitt 6.3), werden für die einzelnen objektbezogenen Cluster-Typen wieder nur die durchschnittliche Anzahl Records (n) und die durchschnittliche Anzahl Seiten (m) jedes Clusters erfaßt. Für die Filialtabelle in Abb. A.25 mit der Clusterungsstruktur in Abb. A.4 sind diese Werte beispielhaft in Abb. 6.5 wiedergegeben. Dabei ist vereinfachend angenommen, daß eine Seite jeweils drei Records aufnehmen kann.

Liegen die Statistiken der Cluster vor, kann für eine *cluster_access_list* sehr leicht die Anzahl Seitenzugriffe geschätzt werden. Dazu müssen für jeden einzelnen Eintrag der Liste die folgenden Rechnungen ausgeführt werden:

1. Durch Summation der Werte in den Parametern *nb_of_records* wird bestimmt, auf wie viele Records k eines Clusters zugegriffen wird.

2. Durch Anwendung der Formeln in [Yao77] oder der in [Ric94] wird geschätzt, wie viele Seitenzugriffe das Lesen der k Records erfordert.

3. Wird aktuell ein *object_cluster_access* Eintrag betrachtet, wird die unter 2. ermittelte Anzahl Seitenzugriffe noch mit der Anzahl zugegriffener Cluster ($= nb\_of\_cluster$) multipliziert.

Nachdem diese drei Schritte für jeden Eintrag ausgeführt wurden, werden zuletzt die ermittelten Seitenzugriffe summiert. Das Ergebnis ist die *geschätzte Anzahl Zugriffe auf Datenseiten*, die ein konkreter Anfrageplan erfordert. Beispielhaft ist diese Rechnung für obige *cluster_access_list* in Abb. A.23 im Anhang durchgeführt. Die Spalte "Anzahl k der Record-Zugriffe pro Cluster" gibt das Ergebnis des Schritts 1 wieder. Die nächsten beiden Spalten enthalten dann die Ergebnisse der Schritte 2 und 3. Insgesamt erfordert der Plan in Abb. 5.9 also voraussichtlich 12,24 Zugriffe auf Datenseiten. Die gleiche Rechnung kann auch für die Pläne in den Abbildungen A.16.a und A.16.b ausgeführt werden. Das Ergebnis sind in diesem Fall geschätzte 5,30 Seitenzugriffe[10]. Zu beachten ist, daß die Anzahl Zugriffe auf Datenseiten von der Art, wie eine Indexanfrage in den Plan integriert wird (Verwendung von Adreßprädikaten oder assoziative Suche in der Indexergebnisrelation), unabhängig ist.

6.5   Schätzung der Kosten der Indexzugriffe

Außer den Kosten für die Zugriffe auf die Datenseiten fallen Kosten für die Indexanfragen an. Betrachtet man eine konkrete Indexanfrage in einem Anfrageplan, so
müssen zwei Fragen beantwortet werden:

1. Welcher Aufwand entsteht, wenn die Indexanfrage einmal ausgeführt wird?

2. Mit wie vielen verschiedenen aktuellen Parameterwerten wird die Indexanfrage
   ausgeführt?

In diesem Buch wurde keine konkrete Indexstruktur zugrunde gelegt. Deshalb können
für die Frage 1 auch keine konkreten Kostenformeln entwickelt werden. Es läßt
sich jedoch zeigen, daß bei Wahl eines bestehenden Indexverfahrens, wie sie in Abschnitt 4.2.1 für verschiedene Einsatzgebiete genannt wurden, auf die für diese Verfahren entwickelten Kostenformeln zurückgegriffen werden kann. Dazu betrachte man
noch einmal den allgemeinen Pfadindex in Abb. 4.11 und die zugehörige allgemeine
Indexanfrage in Abb. 4.14. Eine solche Indexanfrage enthält stets ein Werteprädikat
und 0 bis n Adreßprädikate. Dabei gilt, daß, wenn i $(0 \leq i \leq n)$ Adreßprädikate angegeben werden, diese sich immer auf die Identifier-Attribute ID_0 bis ID_{i-1} beziehen.
Der Zugriff auf einen Pfadindex entspricht damit dem Zugriff auf einen normalen
Index mit einem unter Umständen unvollständigen, verketteten Schlüssel. Für diesen
Fall existieren aber in der Regel Kostenformeln. Sie können bei Wahl eines konkre-
ten Verfahrens übernommen werden. Als Ergebnis liefern sie die geschätzte Anzahl
Indexseiten, auf die bei einmaliger Ausführung einer Indexanfrage zugegriffen wird.

Ein Unterschied besteht allerdings doch. Außer den Kosten für den Zugriff auf den
Index entstehen in unserem Konzept Kosten, wenn das Ergebnis zu materialisieren
ist. Diese Kosten hängen von der Art der Implementation einer materialisierten Indexergebnisrelation und von deren Größe ab. Da eine Indexergebnisrelation jedoch
nur Identifier enthält und auch nur temporär existiert, kann davon ausgegangen werden, daß sie stets im Hauptspeicher gehalten werden kann. Damit entstehen keine
zusätzlichen Seitenzugriffe. Es wird lediglich zusätzlicher Programmcode ausgeführt.
Von diesen Kosten wurde jedoch auch schon in den vorigen Abschnitten abstrahiert,
weshalb sie auch hier nicht weiter betrachtet werden.

Damit bleibt noch die Frage nach der Anzahl verschiedener Parameterwerte, mit der
eine Indexanfrage ausgeführt wird. Dieser Fall tritt potentiell immer auf, wenn eine
Indexanfrage entsprechend den Transformationen in Abschnitt 4.4.2.2 und Abb. 4.23

---

[10] Der Schätzwert von 5,30 Seitenzugriffen kann auch ohne explizite Rechnung erklärt werden: Bei
Ausführung einer der beiden Pläne entfällt durch den Indexeinsatz der Zugriff auf *Abt_Rec* und
Data_Rec Records von Abteilungen, die das Prädikat *a.Note* = 2 nicht erfüllen. Bei der für den
Plan in Abb. 5.9 durchgeführten Kostenschätzung spiegeln sich diese Zugriffe in den Zeilen 7 und
8 des Record-Access-Baums in Abb. 6.4.a bzw. in den Zeilen 4 und 5 der obigen *cluster_access_list*
wieder. Bei der Schätzung der Seitenzugriffe in Abb. A.23 führen diese Zugriffe zu 6,94 Seitenzugriffen, die nun entfallen. Insgesamt ergeben sich damit 12,24 − 6,94 = 5,30 Seitenzugriffe.

Adreßprädikate $ID_j = a_j.ID_j$, (j: $0 \ldots u$) enthält. Dann wird sie für jede gültige Variablenbindung $a_0 \ldots a_u$ einmal ausgeführt[11]. Ein Beispiel ist die Indexanfrage in dem High-Level-Plan in Abb. A.16.a. Sie wird für jede gültige Variablenbindung von f einmal ausgeführt.

Um für einen bestimmten Plan zu ermitteln, für wie viele verschiedene Bindungen der Variablen a_0 bis a_u eine Indexanfrage ausgeführt wird, wird wieder von dem bewerteten High-Level-Plan, der im Schritt 1 der Kostenschätzung (Abschnitt 6.3) erzeugt wurde, ausgegangen. Wie beim Aufbau der Record-Access-Bäume wird er hierarchisch absteigend durchlaufen. Dabei werden entlang des Pfades der *table_access* Operationen, in denen die Variablen a_0 bis a_u gebunden sind, die Werte der Annotationsparameter *nb_of_objects* und *selectivity* ausmultipliziert. Das Ergebnis ist die geschätzte Anzahl verschiedener Parameterwerte, mit der eine Indexanfrage potentiell ausgeführt wird.

6.6 Indexauswahl

In den Abschnitten 6.4 und 6.5 wurde diskutiert, wie aus einem bewerteten High-Level-Plan die Werte

- Anzahl zugegriffener Datenseiten,

- Anzahl zugegriffener Indexseiten bei einmaliger Ausführung einer Indexanfrage und

- Anzahl verschiedener Parameterwerte, mit der eine Indexanfrage aufgerufen wird,

abgeleitet werden können. Basierend auf diesen Werten kann die Auswahl der (Selektions-) Prädikate, die mit Indexen ausgewertet werden sollen, erfolgen. Außerdem kann entschieden werden, ob im Fall der abhängigen Variablenbindung Adreßprädikate oder die assoziative Suche in den Indexergebnisrelationen verwendet werden sollen.

Die beiden Entscheidungen können, wie nachfolgende Überlegungen zeigen, unabhängig voneinander getroffen werden. Es ist nicht notwendig, jeden möglichen Plan zu erzeugen und zu bewerten. Dazu betrachte man noch einmal den Transformationsprozeß im Fall der abhängigen Variablenbindung in Abschnitt 4.4.2.2. Zuerst wird eine Indexanfrage mit einem Adreßprädikat für jede außerhalb der Teilanfrage gebundene Variable a_j (j: $0 \ldots$ t-1) erzeugt. Danach werden diese Adreßprädikate

---

[11] Eine ähnliche Situation ist gegeben, wenn ein Join-Prädikat entsprechend dem *Nested-Loop-Verfahren mit Indexunterstützung* ausgewertet wird. Dann wird auf den Index wiederholt mit verschiedenen Werten zugegriffen. Die Zahl dieser Werte kann ebenfalls, wie nachfolgend beschrieben, geschätzt werden.

schrittweise durch assoziative Zugriffe auf die Indexergebnisrelation substituiert. Jeder Substitutionsschritt führt dazu, daß die zu materialisierende Indexergebnisrelation größer und die Anzahl verschiedener Parameterwerte, mit der eine Indexanfrage ausgeführt wird, kleiner wird. Die Zahl der zugegriffenen Datenseiten ändert sich dabei durch diesen Substitutionsprozeß nicht. Für die Plangenerierung heißt dies, daß wie folgt vorgegangen werden kann:

Zuerst wird bestimmt, welche Prädikate mit Indexen ausgewertet werden können. Danach wird für jedes dieser Prädikate entschieden, wie im Fall seiner indexunterstützten Auswertung die Variablen a_0 bis a_{t-1} in der Indexanfrage zu berücksichtigen sind. Das heißt, es wird die Entscheidung zwischen der Verwendung von Adreßprädikaten und dem assoziativen Zugriff auf die Indexergebnisrelation getroffen. Dazu werden alle Pläne erzeugt, in denen nur dieses Prädikat mit einem Index ausgewertet wird. Dies sind $t-1$ Pläne. Für jeden dieser Pläne wird die Anzahl Parameterwerte, mit denen die Indexanfrage aufgerufen wird, berechnet. Ausgewählt wird die Variante, bei der die Indexanfrage nur einmal ausgeführt wird und die die meisten Adreßprädikate enthält. Der Grund für die Wahl dieser Variante ist, daß es (abgesehen von einigen sehr seltenen Ausnahmen) günstiger ist, eine Indexergebnisrelation zu materialisieren und in ihr assoziativ zu suchen, als eine Indexanfrage mehrfach auszuführen. Die zweite Bedingung (möglichst viele Adreßprädikate) stellt dabei sicher, daß die Indexergebnisrelation nicht unnötig groß gewählt wird. Entsprechend dieser Heuristik würde zum Beispiel im Fall des High-Level-Plans in Abb. 5.9 für die indexunterstützte Auswertung des Prädikats $a.Note = 2$ die Variante in Abb. A.16.a gewählt werden. Am Ende dieses Auswahlprozesses liegt für jedes Prädikat die Entscheidung vor, wie gegebenenfalls der Index einzusetzen ist.

Als letzter Schritt der Plangenerierung müssen die Prädikate ausgewählt werden, die tatsächlich mit Indexen ausgewertet werden. Hierbei müssen wiederum nicht alle möglichen Kombinationen überprüft werden. Wenn an einer Anfrage mehrere eNF^2-Tabellen beteiligt sind, reicht es, jeweils die Prädikate zusammen zu betrachten, die Elemente aus derselben eNF^2-Tabelle selektieren. Für diese wird für jede Kombination von sequentieller und indexunterstützter Auswertung ein Plan erzeugt. Insgesamt sind dies 2^n Pläne, wenn zum Zugriff auf **eine** eNF^2-Tabelle n Indexe eingesetzt werden können. Von diesen Plänen wird geschätzt, auf wie viele Daten- und Indexseiten sie jeweils zugreifen. Aus dem günstigsten Plan wird danach entnommen, mit welchen Indexen auf die jeweilige eNF^2-Tabelle zugegriffen wird. Nachdem dies für jede eNF^2-Tabelle geschehen ist, wird der entgültige High-Level-Plan mit den entsprechenden Indexanfragen generiert.

Die einzelnen Pläne dieses schrittweisen, kostenbasierten Transformationsprozesses werden wie in Abschnitt 5.3.3 beschrieben erzeugt. Die Prozedur *transform_create_set_or_list_knoten* muß dazu nur so erweitert werden, daß das jeweils zu substituierende Prädikat explizit ausgewählt werden kann.

6.7 Zusammenfassung

Gegenstand dieses Kapitels war die Frage, wie die Ausführungskosten alternativer Pläne geschätzt werden können. Mit ihrer Beantwortung wollten wir die theoretischen und praktischen Grundlagen schaffen, um unter Berücksichtigung der Speicherungs- und Clusterungsstrukturen der beteiligten eNF^2-Tabellen zu entscheiden, ob der Einsatz eines oder mehrerer Pfadindexe in einer konkreten Situation sinnvoll ist. Als Entscheidungsgrundlage haben wir die Anzahl verschiedener Daten- und Indexseiten, die jeweils geladen werden müssen, gewählt. Um diese Werte schätzen zu können, haben wir das Gesamtproblem in drei Teile aufgegliedert und Lösungen erarbeitet, um

- zu ermitteln, wie viele Elemente die zugegriffenen Tabellen und Subtabellen enthalten und welche Selektivität die verwendeten Prädikate besitzen,

- zu bestimmen, in welchen und wie vielen Records die zugegriffenen Elemente gespeichert und auf wie viele Datenseiten diese Records verteilt sind, und

- zu schätzen, wie viele Indexseiten bei einmaliger Ausführung einer Indexanfrage gelesen werden und mit wie vielen verschiedenen Parameterwerten eine Indexanfrage aufgerufen wird.

Die Ausgangsbasis unserer Diskussion waren Kostenformeln, die im Zuge der Entwicklung und Weiterentwicklung relationaler Systeme entstanden. Diese Formeln haben wir, soweit wir sie benötigten, in Abschnitt 6.2 wiedergegeben.

In Abschnitt 6.3 haben wir den ersten Punkt behandelt. Zunächst haben wir diskutiert, welche Art von Statistiken geeignet ist, die Werteverteilung von Attributen in Subtabellen zu beschreiben. (Statistiken für Top-Level-Tabellen wurden nicht betrachtet, da sie denen für relationale Tabellen entsprechen.) Das Ergebnis war, daß, von Ausnahmen abgesehen, nur gemittelte Statistiken zur Anwendung kommen können. Dies gilt sowohl für Min-Max-Statistiken als auch für Histogramme. Ausgehend von diesen Überlegungen haben wir erörtert, wie sowohl gemittelte Min-Max-Statistiken als auch gemittelte Histogramme gebildet und wie mit ihnen die Selektivität von Prädikaten und die Anzahl zugegriffener Tabellenelemente geschätzt werden können. Beachtet man einige explizit aufgezeigte Sonderfälle, so können die für 1NF-Relationen entwickelten Formeln zur Anwendung kommen. Des weiteren haben wir in diesem Abschnitt angesprochen, wie Situationen, in denen gemittelte Statistiken keine verwertbaren Ergebnisse liefern, erkannt werden können und was in diesen Fällen zu tun ist. Insgesamt erlauben die Vorschläge, High-Level-Pläne um die Annotationsparameter *nb_of_objects* (= geschätzte Anzahl zugegriffener Tabellenelemente) und *selectivity* (= geschätzte Selektivität eines Prädikats) zu ergänzen.

Ausgehend von diesen erweiterten High-Level-Plänen haben wir in Abschnitt 6.4 Lösungen für den zweiten Punkt diskutiert. Wir haben aufgezeigt, wie die Anzahl Datenseiten, auf die bei Ausführung eines Planes zugegriffen wird, ermittelt werden können. Das entwickelte Vorgehen ist zumindest konzeptuell (vgl. Fußnote 7, Seite 191) dreistufig:

1. Zuerst wird entsprechend Abschnitt 6.4.1 aus dem High-Level-Plan und den Speicherungsstrukturbeschreibungen der angefragten eNF^2-Tabellen bestimmt, welche Record-Typen und wie viele Records von diesen gelesen werden. Das Ergebnis dieser Analyse wird in den von uns eingeführten Record-Access-Bäumen erfaßt. Ein solcher Baum besteht aus *record_access*, *repeat* und *select* Knoten. Um einen solchen Baum zu generieren, wird ein High-Level-Plan rekursiv absteigend durchlaufen und für jeden Knoten und jede Operation, ähnlich wie bei der Erzeugung von Low-Level-Plänen, ermittelt, auf welche Records zugegriffen wird. Dabei ist es, wie wir dargestellt haben, für die einfache Weiterverarbeitung eines Record-Access-Baums wichtig, diesen so aufzubauen, daß aus der hierarchischen Anordnung der Knoten auf die Zugehörigkeit der einzelnen Records zu bestimmten objektbezogenen Clustern geschlossen werden kann. Am Ende des beschriebenen Analyseprozesses liegt für jede an der Anfrage beteiligte eNF^2-Tabelle ein Record-Access-Baum vor, der sehr exakt angibt, auf welche und wie viele Records der jeweiligen Tabelle mit welcher Wahrscheinlichkeit zugegriffen wird.

2. Aus diesen Record-Access-Bäumen und den Clusterungsstrukturbeschreibungen der eNF^2-Tabellen wird entsprechend den Ausführungen in Abschnitt 6.4.2 ermittelt, wie die Records auf objektbezogene und objektübergreifende Cluster verteilt sind. Die Record-Access-Bäume werden dazu rekursiv absteigend durchlaufen. In einer Variablen, hier *counter* genannt, wird akkumuliert, wie oft jeder Knoten des Baums "ausgeführt" wird. Aus dieser Information und den Cluster-Definitionen im Katalog wird zunächst abgeleitet, auf wie viele Objekt-Cluster zugegriffen wird. Danach werden diese Werte verwendet, um ebenfalls zusammen mit der Kataloginformation zu bestimmen, wie viele Records der einzelnen Record-Typen gelesen werden und wie diese auf Cluster verteilt sind. Das Resultat dieser Analyse wird in einer von uns als *cluster_access_list* bezeichneten, linearen Liste erfaßt. Diese Liste besteht aus *segment_cluster_access* und *object_cluster_access* Einträgen, die beschreiben, wie viele Records der einzelnen Record-Typen aus den Segment- und Objekt-Clustern geladen werden.

3. Ausgehend von dieser Liste wird entsprechend Abschnitt 6.4.3 geschätzt, auf wie viele verschiedene Datenseiten die gelesenen Records verteilt sind. Um für einen einzelnen Cluster zu bestimmen, auf wie viele Seiten von ihm zugegriffen wird, haben wir uns exemplarisch der in [Yao77] entwickelten Schätzformel bedient. Ihre Eingabeparameter sind die Gesamtzahl Seiten, die der Cluster belegt, die Gesamtzahl Records, die in dem Cluster gespeichert sind, und die Anzahl Records, die gelesen werden sollen. Auf der Basis dieser Werte schätzt die Formel, auf wie viele Seiten des Clusters zugegriffen wird. Mit dieser Formel wird für jeden Eintrag der *cluster_access_list* geschätzt, wie viele Seitenzugriffe[12] er "repräsentiert". Durch Addition dieser Werte erhält man die geschätzte Anzahl verschiedener Datenseiten, die bei Ausführung des betrachteten Planes geladen werden müssen.

In Abschnitt 6.5 haben wir dann die Frage erörtert, wie die Kosten der Indexzugriffe in einem Plan zu bewerten sind (Punkt 3 der obigen Liste). Zur Beschreibung dieser Kosten haben wir zwei Kenngrößen gewählt. Die erste gibt an, wie viele Indexseiten bei einmaliger Ausführung der Indexanfrage gelesen werden. Um diesen Wert zu schätzen, wird auf die Kostenformeln der einzelnen Indexverfahren zurückgegriffen. Die zweite gibt an, mit wieviel verschiedenen aktuellen Parameterwerten in den Adreßprädikaten eine Indexanfrage ausgeführt wird. Ihr Wert wird aus den Annotationsparametern der erweiterten High-Level-Pläne abgeleitet.

Basierend auf den in den Abschnitten 6.3, 6.4 und 6.5 entwickelten Schätzalgorithmen und Kenngrößen haben wir in Abschnitt 6.6 diskutiert, wie entschieden werden kann, welche Prädikate in einer Anfrage mit Indexen ausgewertet und wie die Indexe hierbei eingesetzt werden sollen. Die Entscheidung wurde dabei durch zwei Heuristiken gesteuert. Die erste bestimmt die Art, wie ein Index eingesetzt wird. Sie besagt, daß die Wahl zwischen dem Einsatz von Adreßprädikaten und dem assoziativen Zugriff auf eine Indexergebisrelation stets so zu treffen ist, daß eine Indexanfrage nicht mehrfach mit verschiedenen aktuellen Parameterwerten in den Adreßprädikaten ausgeführt wird. Die zweite Heuristik bestimmt, welche Indexe zum Einsatz kommen. Ihre Aussage ist, daß der Plan gewählt werden soll, der beim einmaligen Zugriff auf eine eNF^2-Tabelle die wenigsten verschiedenen Daten- und Indexseiten lädt. Zusammen führen diese beiden Heuristiken, zumindest soweit es die Substitution von Prädikaten der Form (*Datenbankwert op Konstante*) betrifft, zu dem in der Regel kostengünstigsten Plan.

Im Zusammenhang betrachtet haben wir in diesem Kapitel Formeln und Algorithmen erarbeitet, mit denen geschätzt werden kann, auf wie viele Daten- und Indexseiten zugegriffen wird. Daß dabei stets ein schrittweises, sequentielles Vorgehen angenommen wurde, hatte rein darstellungstechnische Gründe. In einer realen Implementierung laufen die einzelnen Schritte ineinander verschränkt ab. Die Annotationsparameter würden beispielsweise direkt bei der Anfrageübersetzung (s. a. Abschnitt 5.3.2) generiert und in den High-Level-Plan eingetragen werden. Danach werden sie bei den einzelnen Transformationen fortgeschrieben. Eine wichtige Eigenschaft der diskutierten Vorschläge ist, daß bei der Schätzung der Anzahl der geladenen Datenseiten die Speicherungs- und Clusterungsstrukturen der angefragten eNF^2-Tabellen im Detail berücksichtigt werden. Außerdem wird berücksichtigt, ob Werte gelesen werden, weil sie zum Ergebnis beitragen oder weil sie für die Prädikatauswertung benötigt werden. Die Lösungen sind damit nicht nur eine Basis für die Indexauswahl. Sie können auch (nach entsprechender Erweiterung) die Grundlage für die Join-Optimierung bilden. Auch dort ist es notwendig zu schätzen, wie viele Datenseiten bei Wahl einer bestimmten Strategie in den Hauptspeicher geladen werden.

---

[12] Man beachte, daß ein *segment_cluster_access* Eintrag stets den Zugriff auf genau einen Cluster repräsentiert. Ein *object_cluster_access* Eintrag steht hingegen für den Zugriff auf mehrere, typgleiche Objekt-Cluster. Deshalb wird im Fall eines *object_cluster_access* Eintrags der Schätzwert der Formel mit der in dem Eintrag angegebenen Anzahl zugegriffener Objekt-Cluster multipliziert.

Kapitel 7

Praktische Evaluation

7.1 Einführung

Die von uns entwickelten und in diesem Buch diskutierten Grundlagen und Konzepte zur Realisierung von flexiblen Speicherungs- und Clusterungsstrukturen und von Pfadindexen in Datenbanksystemen für komplexe Objekte haben wir nicht nur theoretisch erarbeitet, sondern auch praktisch evaluiert. Dazu haben wir sie im Rahmen unserer Forschungsarbeiten prototypisch implementiert. Der Entwurf unseres Prototyps, den wir abschließend in diesem Kapitel kurz vorstellen wollen, erfolgte unter den folgenden während der Vorbereitung der Prototypimplementation von uns formulierten Zielsetzungen und Prämissen:

1. Von den Phasen der Anfrageübersetzung und -optimierung wollten wir die "Integration von Pfadindexen in einen Anfrageplan" (vgl. Abschnitt 5.3.3), die "Generierung der Low-Level-Pläne" (vgl. Abschnitt 5.3.4) und die "Kostenschätzung" (vgl. Abschnitte 6.3, 6.4 und 6.5) implementieren. Das Ergebnis dieser Anfrageoptimierung sollte ein ausführbarer Plan sein.

2. Um generierte Anfragepläne auch ausführen zu können, wollten wir einen einfachen Record- und Index-Manager realisieren. Mit diesem sollten Records aus einem Datenbestand ausgelesen und Indexanfragen ausgeführt werden können.

3. In dem Prototyp sollte nicht eine eNF^2-Tabelle "fest verdrahtet" werden; vielmehr sollten sowohl die logische Struktur der eNF^2-Tabellen als auch deren physische Speicherungs- und Clusterungsstrukturen in einem Katalog beschrieben werden können. Das gleiche galt für die existierenden Pfadindexe.

4. Die Architektur des Protoyps sollte möglichst modular sein. Dies sollte zum einen ermöglichen, die einzelnen Konzepte weitestgehend unabhängig voneinander zu testen und zu verbessern, zum anderen sollte es zeigen, daß ein modularer und damit überschaubarer Optimierer realisierbar ist.

5. Der Prototyp sollte zeigen, daß die vorgeschlagenen Datenstrukturen, wie zum Beispiel der Operatorbaum aus Abschnitt 5.3.1 und der Record-Access-Baum und die Cluster-Access-List aus Abschnitt 6.4, geeignet sind, die benötigte Information aufzunehmen und effizient zu verarbeiten.

6. Die Implementation sollte sich auf das Wesentliche konzentrieren. Komponenten, aus deren Realisierung keine im Rahmen unserer Forschungsarbeiten verwertbaren Erkenntnisse zu gewinnen sind, sollten möglichst nicht oder nur sehr einfach realisiert werden.

Die Konsequenz aus diesen Prämissen war, daß wir im wesentlichen drei Komponenten, die wir als *Anfrageoptimierer und Kostenschätzer*, *Laufzeitsystem* und *Loader* bezeichnen, durch einzelne Programme prototypisch realisiert haben.

7.2 Der Anfrageoptimierer und Kostenschätzer

Die erste Komponente ist der Anfrageoptimierer und Kostenschätzer. Er erzeugt zu einer gegebenen Anfrage zunächst alle möglichen High-Level-Pläne und bewertet diese anschließend. Danach übersetzt er unter Kontrolle des Anwenders einen oder mehrere dieser Pläne in ausführbare Low-Level-Pläne. Realisiert haben wir diese Komponente durch drei Programme, die wir *transform_query*, *compute_costs* und *generate_execution_plan* genannt haben. Als Implementationssprache haben wir dabei Prolog gewählt. Die Gründe hierfür waren die folgenden: In Prolog können die benötigten rekursiven Datenstrukturen, wie zum Beispiel der Operatorbaum, unmittelbar dargestellt und mit einem einzigen Kommando, was insbesondere für Tests und Protokollzwecke sehr vorteilhaft war, ausgegeben werden. Das gleiche gilt auch für den Katalog. Die benötigten Einträge lassen sich direkt durch Prolog-Fakten repräsentieren. Außerdem konnte die Generierung der alternativen High-Level-Pläne sehr gut unter Ausnutzung der Prolog-Backtracking-Mechanismen implementiert werden.

Das Programm *transform_query* dieser Komponente führt die Integration von Indexanfragen in Anfragepläne durch. Es ersetzt, wie in Abschnitt 4.4 theoretisch und in Abschnitt 5.3.3 praktisch diskutiert, in einer Anfrage ein oder mehrere Prädikate durch Indexzugriffe. Die zu transformierende Anfrage wird dem Programm dazu als Prolog-Fakt in der Form

query (Name der Anfrage, Operatorbaum der Anfrage).

übergeben. Da wir in unserem Prototyp keinen Parser implementieren wollten (vgl. Prämisse 6), haben wir uns entschlossen, diesen Operatorbaum entsprechend dem Vorgehen in Abschnitt 5.3.2 stets von Hand zu erzeugen. Die Beispielanfrage 5.2 auf Seite 175 würde beispielsweise durch Angabe des Operatorbaums in Abb. 5.9 formuliert werden. Die hierbei für den Operatorbaum zu verwendende Syntax entspricht weitestgehend der in Abschnitt 5.3.1 eingeführten Syntax. Zu einer so formulier-

ten Anfrage werden dann durch das vorformulierte, hier vereinfacht wiedergegebene
Prolog-Goal

> write ("Name der Anfrage: "),
> read   (Name_of_the_query),
> query (Name_of_the_query, Operation_tree),
> insert_statistics (Operation_tree, Anotated_operation_tree),
> transform_operation_tree (Anotated_operation_tree, Transformed_operation_tree),
> write_to_file ("High-Level-Plans", Transformed_operation_tree),
> fail.

alle möglichen Anfragepläne erzeugt und in die Datei *High-Level-Plans* geschrieben.
Das Prädikat *insert_statistics* berechnet darin für die nachfolgende Kostenschätzung
die Annotationsparameter *nb_of_objects* und *selectivity* (vgl. Abschnitt 6.3) und fügt
sie in den Operatorbaum ein. Das Prädikat *transform_operation_tree* führt danach die
eigentliche Anfragetransformation aus. Es durchläuft den Baum rekursiv und formt
die einzelnen *create_set* und *create_list* Knoten entsprechend dem in der Prozedur
transform_create_set_or_list_knoten in Abb. A.7 im Anhang angegebenen Algorithmus
um. Gezieltes Backtracking stellt dabei sicher, daß sämtliche möglichen Anfragepläne
erzeugt werden.

Nachdem alle alternativen High-Level-Anfragepläne von dem Programm *trans-
form_query* erzeugt und in die Datei *High-Level-Plans* geschrieben wurden, können
diese mit dem Programm *compute_costs* bewertet werden. Das Programm liest dazu nacheinander die einzelnen High-Level-Pläne ein und schätzt, ausgehend von den
Annotationsparametern *nb_of_objects* und *selectivity*, ihre Ausführungskosten. Unter Rückgriff auf die als Prolog-Fakten repräsentierte Definition der Speicherungsstrukturen der angefragten eNF^2-Tabellen bestimmt es dazu zunächst, auf welche
Records bei Ausführung des Plans wie oft zugegriffen wird. Es geht dabei wie in
Abschnitt 6.4.1 beschrieben vor. Das Ergebnis erfaßt es in Record-Access-Bäumen,
wie sie ebenfalls in Abschnitt 6.4.1 vorgestellt wurden. Gleichzeitig bestimmt es, auf
welche Indexe zugegriffen wird und mit wie vielen verschiedenen Parameterwerten
die jeweiligen Indexanfragen ausgeführt werden. Das Ergebnis dieser Schätzung wird
in einer Index-Access-List erfaßt und am Ende des Programmlaufs mit ausgegeben.

Ausgehend von den Record-Access-Bäumen ermittelt das Programm im zweiten
Schritt, in welchen Clustern die Records gespeichert sind. Wie in Abschnitt 6.4.2
ausgeführt, erzeugt es aus jeweils einem Record-Access-Baum eine Cluster-Access-
List, die angibt, wie viele Records welchen Typs aus den einzelnen Objekt- und
Segment-Clustern gelesen werden. Dabei greift es auf die ebenfalls als Prolog-Fakten
repräsentierten Cluster-Definitionen zu. Als letzten Schritt schätzt das Programm
dann die Anzahl zugegriffener Datenseiten, wie wir es in Abschnitt 6.4.3 diskutiert
haben. Es durchläuft dazu jede Cluster-Access-List sequentiell und ermittelt für jeden
Eintrag nach der Formel in [Yao77] (vgl. Abschnitt 6.2) die Anzahl der Datenseiten,
auf die die zugegriffenen Records verteilt sind. Das Ergebnis wird in einer von uns
als Block-Access-List bezeichneten Liste erfaßt.

Das vordefinierte Prolog-Goal, das die einzelnen Schritte ausführt, lautet etwas vereinfacht wie folgt:

```
/* Einlesen eines Plans */
read_from_file ("High-Level-Plans", Operation_tree),

/* Berechnen der Ausführungskosten */
create_record_access_trees (Operation_tree, Record_access_trees, Index_access_list),
create_cluster_access_lists (Record_access_trees, Cluster_access_lists),
compute_block_accesses (Cluster_access_lists, Block_access_list),
add_block_accesses (Block_access_list, Number_of_block_accesses),

/* Ausgabe der geschätzten Ausführungskosten */
write_formated (Operation_tree),
write_formated (Record_access_trees),
write_formated (Index_access_list),
write_formated (Cluster_access_lists),
write (Number_of_block_accesses),
fail.
```

Das Programm *compute_costs* gibt damit am Ende nicht nur die geschätzte Anzahl Datenseiten- und Indexzugriffe aus, sondern zeigt auch die gesamten in den Zwischenschritten generierten Schätzergebnisse an. Diese Information haben wir unter anderem dazu verwendet, um die Ausgangsdaten für den Record-Access-Baum in Abb. 6.4, die Cluster-Access-List auf Seite 198 und die Beispielrechnung in Abb. A.23 im Anhang zu erzeugen.

Das dritte Programm des Optimierers ist das Programm *generate_execution_plan*. Es sei hier nur ganz kurz angesprochen, da es exakt so arbeitet, wie wir es in Abschnitt 5.3.4 konzeptuell dargestellt haben. Es liest aus der Datei *High-Level-Plans* jeweils einen Plan ein und generiert entsprechend den Speicherungs- und Clusterungsstruktur-Definitionen der angefragten eNF^2-Tabellen den zugehörigen Low-Level-Plan. Dazu steigt es in dem High-Level-Plan rekursiv ab und erzeugt zu jedem Knoten und jeder Operation die entsprechenden Low-Level-Operationen. Das Vorgehen ist dabei so ähnlich wie das in Abschnitt 5.3.4.3 beschriebene Verfahren, daß wir beim Niederschreiben des Buchs den Pseudocode der Prozeduren *dt_field*, *transform_create_object*, *transform_simple_predicate*, *transform_address_info* und *transform_operation* in den Abbildungen A.12, A.13, A.14 und A.15 im Anhang direkt aus den realisierten Prolog-Prädikaten ableiten konnten.

Bei der Übersetzung eines High-Level-Plans erzeugt das Programm zwei Ausgabedateien. In der ersten gibt es den generierten Low-Level-Plan in einer Art Pseudocode aus. Dieser ist so gestaltet, daß er zu Test- und Protokollzwecken leicht zu lesen ist. In ihm wird teilweise noch von Details abstrahiert. Die zweite Datei enthält den Low-Level-Plan in Form eines C-Programms. Dieses kann übersetzt und ausgeführt werden. Die in den beiden Varianten zum Zugriff von Records, zur Positionierung von

Anfrage-Variablen und zur Formulierung von Indexanfragen verwendeten Low-Level-Operationen entsprechen weitestgehend den in den Abschnitten 4.3.2 und 5.3.4.2 bzw. in den Abbildungen A.8 und A.9 im Anhang angegebenen Operationen.

7.3   Das Laufzeitsystem

Die zweite Komponente unserer Prototypimplementation ist das Laufzeitsystem. Sie wird benötigt, um generierte Low-Level-Anfragepläne auch tatsächlich ausführen zu können. Wir haben in ihr die Low-Level-Operationen, die wir in unseren Low-Level-Plänen verwenden, implementiert. Als *Speicher-Manager* für die Records und Pfadindexe, auf die bei Ausführung einer Anfrage letztendlich zugegriffen werden muß, haben wir dabei Oracle eingesetzt. Der Grund war, daß mittels einfacher 1NF-Relationen und der Oracle-Clusterung sowohl der Record-Manager als auch der Index-Manager sehr gut simuliert werden konnten.

In dieser Simulation wird jeweils ein Record in einem Tupel gespeichert. Dazu wird für jedes verwendete Daten-Segment (vgl. Abschnitte 3.4.2 und 3.4.3) eine Oracle-Tabelle mit den Attributen *Identifier*, *Cluster_Id*, *Record_Type_Name* und *Record_Value* angelegt. Die Tabelle *Demo* in Abb. 7.1.a enthielt beispielsweise in unseren Tests entsprechend den Speicherungs- und Clusterungsstruktur-Definitionen in den Abbildungen A.3 und A.4 im Anhang alle Records der Filialtabelle in Abb. A.25. In dem Attribut *Identifier* dieser Oracle-Tabelle wird der Identifier des jeweiligen Records abgelegt. Das Attribut *Record_Value* enthält den "Wert" des Records in Form eines Byte-Strings. Die interne Struktur dieses Byte-Strings entspricht in unserer Implementation exakt der in Abschnitt 5.3.4.1 vorgestellten Struktur. Das Attribut *Record_Type_Name* enthält zu Kontrollzwecken den Typ des jeweiligen Records. Das Attribut *Cluster_Id* wird schließlich verwendet, um die Clusterung der Records unter Verwendung der von Oracle angebotenen Tupel-Clusterung zu simulieren. Dazu erhalten jeder Segment-Cluster und jede Cluster-Ausprägung eines objektbezogenen Cluster-Typs einen eindeutigen *Cluster-Identifier*. Bei der Generierung der einzelnen Records (s. unten) wird dann in das Attribut *Cluster_Id* der Cluster-Identifier des Clusters eingetragen, in dem der entsprechende Record gespeichert werden soll. Die Oracle-Clusterung stellt danach sicher, daß alle Records mit dem gleichen Cluster-Identifier zusammenhängend auf benachbarten Seiten gespeichert werden.

Basierend auf solchen Oracle-Tabellen haben wir die Low-Level-Operationen zum Zugriff auf Records implementiert. Die Operation

    get_record (Anker_Rec, Demo, 3000, Anker_Rec_Buffer)

in dem Low-Level-Plan in Abb. A.18 im Anhang haben wir zum Beispiel durch die dynamisch generierte SQL-Anfrage in Abb. 7.1.b simuliert. Das Oracle-Pseudoattribut *Row_Id* wird dabei mit eingelesen, da es unter anderem die Nummer des Blocks, in dem das jeweilige Tupel gespeichert wird, enthält. Durch Auswertung dieser Num-

Demo			
Identifier	Cluster_Id	Record_Type_Name	Record_Value
Number	Number	Char(25)	Long
3000	1	Anker_Rec	"Bytes"
…	…	…	…

Abb. 7.1.a: Oracle-Tabelle zur Speicherung der Records eines Segmentes

```
select  Row_Id, Record_Value
into    :Row_Id, :Anker_Rec_Buffer
from    Demo
where Identifier = 3000 and Record_Type_Name = 'Anker_Rec';
```

Abb. 7.1.b: Anfrage zum Zugriff auf einen Record

Abb. 7.1: Simulation des Record-Managers durch Oracle-Tabellen

mern konnten wir die Anzahl Datenseiten, auf die bei Ausführung einer Anfrage zugegriffen wird, bestimmen.

Die Pfadindexe haben wir ebenfalls mittels 1NF-Relationen simuliert. Ein Pfadindex wird in unserem Prototyp jeweils durch eine Oracle-Relation implementiert. Der *Noten_Index* aus Abschnitt 4.3.1 wird beispielsweise durch die Relation in Abb. 7.2.a simuliert. Der Zugriff auf einen solchen "Pfadindex" erfolgt wieder über SQL-Anfragen. Eine *index_access* Operation, wie die Indexanfrage

```
index_access (index:            Noten_Index,
              predicate:        Note = 2,
              address_predicate: (F_ID = f.F_ID),
              path_projection:  (A_ID),
              associative_access: no,
              index_access_result: index_result);
```

in dem Low-Level-Plan in Abb. A.18 im Anhang, wird dazu in die Anfrage in Abb. 7.2.b übersetzt. Abhängig von dem Parameter *associative_access* wird das Ergebnis einer solchen Anfrage entweder einmal sequentiell gelesen oder es wird in einer internen Datenstruktur im Hauptspeicher materialisiert.

Insgesamt ließen sich so die Low-Level-Operationen sehr gut implementieren. Den notwendigen Programmcode mußten wir allerdings wegen der Verwendung von Oracle im Gegensatz zu den übrigen Komponenten in C schreiben. Die Folge war, daß die Low-Level-Operationen nicht direkt von einem Prolog-Programm aus aufgerufen werden konnten, da das verwendete Prolog-System keinen C-Anschluß besitzt. Deshalb generiert das Programm *generate_execution_plan*, wie ausgeführt, ein C-Programm, das separat übersetzt und ausgeführt wird. Dies ist allerdings kein prinzipielles Problem, das auf einen Fehler in unseren Konzepten hindeutet, sondern allein ein spezielles Problem des verwendeten Prolog-Systems.

Noten_Index		
Note	F_ID	A_ID
2	0	0
2	1	0
2	1	1
4	0	1

```
declare b cursor for
   select  A_Id
   from    Noten_Index
   where Note = 2 and F_Id = :F_Id
```

Abb. 7.2.a: Tabelle zur Speicherung des   Abb. 7.2.b: Anfrage zum Zugriff auf
Noten_Index aus Abschnitt 4.3.1   den Noten_Index

Abb. 7.2: Simulation des Index-Managers durch Oracle-Tabellen

7.4 Der Loader

Die dritte Komponente unseres Prototyps ist ein Ladeprogramm mit dem Namen
loader. Diese Komponente haben wir implementiert, um eNF^2-Tabellen zu Test-
zwecken möglichst einfach in unterschiedlichsten Speicherungs- und Clusterungsstrukturen in den Prototyp laden zu können. Die zu ladende eNF^2-Tabelle wird
dazu in einem von uns definierten neutralen Format in einer Textdatei erfaßt. Die
Filialtabelle in Abb. A.25 wird in diesem Format beispielsweise wie in Abb. 7.3
angedeutet dargestellt. Zusammen mit der Kataloginformation erzeugt der Loader
aus dieser Eingabedatei eine Ausgabedatei, welche die einzelnen Records, in der die
eNF^2-Tabelle gespeichert wird, enthält. Im Falle der Filialtabelle beinhaltet diese Datei bei Verwendung der Speicherungs- und Clusterungsstruktur-Definitionen in den
Abbildungen A.3 und A.4 als erstes die folgenden Records:

```
3000,     1, Anker_Rec, "   4 2    3001     3056"
3001,     1, Prim_Rec,  " 3002    1 26  3038  3045 5    3003    3010      ...
3002, 3001,   Sec_Rec,  "Ulm        Olgastr.                     10000  3055"
3055, 3001,   Weg_Rec,  "   4Man gelangt zur Filiale ...$"
...
```

Diese Records werden dann mit dem Oracle-Loader in die jeweiligen Oracle-Tabellen
geladen. Durch Modifikation der Kataloginformation kann so eine eNF^2-Tabelle in
jeder beliebigen Speicherungs- und Clusterungsstruktur im Prototyp abgelegt werden.

Um in dem Loader direkt auf die als Prolog-Fakten definierten Katalogeinträge zugreifen zu können, haben wir ihn wieder in Prolog geschrieben. Ein Entwicklungsziel
war dabei, ihn möglichst einfach und vor allem schnell zu realisieren. Zum Zeitpunkt
seiner Implementation haben wir nämlich noch vorrangig an den Konzepten zur Realisierung des Anfrageoptimierers gearbeitet und wollten diese testen. So halten wir
in dem Loader zwischenzeitlich einen großen Teil der generierten Records im Hauptspeicher. (Dies vereinfacht die Verwaltung externer Record-Referenzen, wie sie zum

```
Filialen: set tuple 1 tuple "Ulm" "Olgastr." end_tuple 10000
              set tuple 1 "Spielzeug" 5000 2
                          set tuple "Teddybär" 300 end_tuple
                          tuple "Baukasten" 600 end_tuple
                          ...
                      end_set
                 end_tuple
                 ...
              end_set
              set ... end_set
              list ... end_list
              "Man gelangt zur Filiale ..."
           end_tuple
           ...
      end_set
```

Abb. 7.3: Die eNF^2-Tabelle *Filialen* im neutralen Loader-Format

Beispiel in einem Pointer-Array gespeichert werden, erheblich, da sie so nachträglich in einen Record eingefügt werden können.) Die Folge ist, daß der Loader in seiner jetzigen Form voll funktionsfähig ist und wir unsere Konzepte evaluieren konnten, er aber keine wirklich großen Datenbestände verarbeiten kann.

7.5 Schlußfolgerungen

Die in den vorigen Abschnitten vorgestellten Programme implementieren zusammen mit dem Oracle-System und einigen weiteren, hier nicht näher beschriebenen Hilfsroutinen den Prototyp, wie er schematisch in Abb. 7.4 dargestellt ist. Mit den einzelnen Programmen können eNF^2-Tabellen in den Prototyp geladen und Anfragen formuliert, bewertet und ausgeführt werden. Ein vollständiger Test besteht dabei aus den in Abb. A.24 im Anhang aufgeführten Einzelschritten. Die Ergebnisse dieser Tests und der Prototypimplementation waren so gut, daß sie teilweise direkt in dieses Buch eingeflossen sind. So haben wir die prinzipielle Struktur und den Aufbau der diskutierten Datenstrukturen, wie den Operatorbaum, den Record-Access-Baum, die Cluster-Access-List und die Record-Field-Tabelle, aus unserem Prototyp übernommen. Dies zeigt sich auch in der zu ihrer Darstellung verwendeten Prolog-ähnlichen Syntax. Ähnliches gilt für die im Anhang in Pseudocode formulierten Prozeduren. Sie wurden aus implementierten Prolog-Prädikaten abgeleitet. Des weiteren haben wir die in Kapitel 5 und im Anhang angegebenen High-Level- und Low-Level-Pläne weitestgehend mit den Programmen *transform_query* und *generate_execution_plan* erzeugt. Die Bewertung der Beispielanfrage 5.2 in Kapitel 6 wurde schließlich mit dem Programm *compute_costs* durchgeführt.

Abb. 7.4: Architektur des Prototyps

Alles in allem haben uns die Prototypimplementation und die durchgeführten Tests davon überzeugt, daß die entwickelten Grundlagen und Konzepte nicht nur theoretisch funktionieren, sondern auch praktisch umsetzbar sind. Unsere, wenn auch nur mit kleinen Datenbeständen ausgeführten Tests haben gezeigt, daß die Anzahl Datenseiten, die bei Ausführung einer Anfrage gelesen werden, durch Wahl einer geschickten oder ungeschickten Speicherungs- und Clusterungsstruktur für die angefragten eNF^2-Tabellen und durch den Einsatz oder Nichteinsatz von Pfadindexen extrem positiv oder extrem negativ beeinflußt werden kann. Die "modulare", aus einzelnen Programmen bestehende Realisierung unseres Prototyps hat deutlich gemacht, daß ein modular aufgebauter und damit beherrschbarer Optimierer zu realisieren ist.

Kapitel 8

Zusammenfassung

Der immer intensivere Einsatz von rechnergestützten Problemlösungen erfordert ständig leistungsfähigere Systeme. Dies gilt sowohl für deren Effizienz als auch für deren Benutzerfreundlichkeit. Nur wenn ein neues System beide Bedingungen erfüllt, kann es sich durchsetzen. Im Bereich der Datenbanksysteme entstanden deshalb in den letzten Jahren mächtige Datenmodelle und Anfragesprachen. Mit ihnen können Daten auf einem sehr hohen Abstraktionsniveau modelliert und verarbeitet werden. Sie bilden damit die Voraussetzung für zukünftige, "leicht zu bedienende" Datenbankmanagementsysteme; ein Garant für eine effiziente Anfragebeantwortung und damit für ein effizientes Gesamtsystem sind sie allerdings nicht. Hierzu ist es notwendig, die Daten "problemadäquat" auf den Hintergrundspeicher abzubilden und jede einzelne Anfrage mit der für sie "besten" Strategie auszuwerten. Es gibt dabei weder die "optimale" Datenrepräsentation noch die "optimale" Auswertstrategie. Die Qualität der Datenspeicherung hängt zum Beispiel von der Frage ab, auf welche Daten gemeinsam zugegriffen wird. Die jeweils günstigste Auswertstrategie wird unter anderem von der Selektivität einer Anfrage bestimmt. Die Umsetzung der beiden Punkte kann in einem System damit nicht festgeschrieben werden, sondern muß abhängig von der jeweiligen Anwendung durchgeführt werden. Eine nahezu vollständige Lösung beider Probleme findet sich in relationalen Systemen. Dort kann unter verschiedenen Implementationen für eine Relation gewählt werden, und der Optimierer generiert zu einer deskriptiv formulierten Anfrage unter Einbezug vorhandener Indexe einen sehr effizienten Ausführungsplan.

Anders ist die Situation in den neuen, in der Regel nur prototypisch implementierten Systemen. Wie ihre Vorstellung gezeigt hat, unterstützen sie komplexe Objektmodelle mit abgestimmten Anfragesprachen. Sie erfüllen damit den Wunsch nach anwendungsorientierten Systemen. Gleichzeitig zeigen sie aber Schwächen im Bereich der Effizienz[1]. Ihre internen Speicherungs- und Clusterungsstrukturen werden zumeist mehr oder minder direkt aus der logischen Struktur der Daten abgeleitet. Eine Anfrageoptimierung, die auch Indexe berücksichtigt, findet in den meisten Fällen

---

[1] Andere, in der Einleitung genannte Funktionalitäten eines DBMS (z. B. Synchronisation und Recovery) sind ebenfalls nicht vollständig implementiert.

nur ansatzweise statt. Der Grund ist, daß in erster Linie gezeigt werden sollte, daß Systeme mit solchen Datenmodellen realisierbar sind.

Ausgehend von dieser Situation entstand das vorliegende Buch. Wir haben in ihm umfassend und fundiert untersucht, wie

- eNF^2-Tabellen flexibel und unter Kontrolle des Datenbankanwenders auf Speicherungs- und Clusterungsstrukturen abgebildet und wie

- Pfadindexe zum Zugriff auf eNF^2-Tabellen und deren Subtabellen eingesetzt werden können.

Mit der Diskussion dieser zwei Punkte haben wir sowohl die theoretischen als auch die praktischen Grundlagen geschaffen, um komplexe Objekte anwendungsspezifisch auf den Hintergrundspeicher abzubilden und auf sie über Sekundärindexe zuzugreifen. Wir haben damit zwei wichtige "Bausteine" geschaffen, um in zukünftigen Systemen eine effiziente Anfrageauswertung – eine der zentralen Aufgaben eines DBMS – zu realisieren.

Als Basis haben wir das eNF^2-Datenmodell gewählt. Wie die Ausführungen in der Einleitung und in Kapitel 2 gezeigt haben, ist es ein sehr guter Ausgangspunkt für unsere Untersuchungen. Es kann sowohl als logisches Datenmodell in Systemen, die geschachtelte Relationen verwalten, als auch als internes Datenmodell in objektorientierten Systemen verwendet werden. Eines seiner Vorzüge ist, daß es auf mathematischen Grundlagen beruht. Die von uns erarbeiteten Anfragetransformationen können damit formal dargestellt und verifiziert werden. Gleichzeitig ist es das derzeit mächtigste und orthogonalste Datenmodell für hierarchisch strukturierte Objekte. Die in dem Buch auftretenden Anfragen und Anfragetransformationen wurden in einem von uns erweiterten Relationenkalkül formuliert. Wir haben ihn in Kapitel 2 zusammen mit dem eNF^2-Datenmodell eingeführt, um eine in sich geschlossene, vollständige Abhandlung zu präsentieren.

Die theoretischen Grundlagen, auf denen die von uns vorgestellte flexible Abbildung von eNF^2-Tabellen in physische Schemata beruht, haben wir in Kapitel 3 erarbeitet. Zunächst haben wir untersucht, wie die Speicherungsstruktur einer eNF^2-Tabelle frei definiert werden kann. Als Ergebnis haben wir zwei orthogonale Freiheitsgrade herausgearbeitet. Der erste Freiheitsgrad ist, zwischen alternativen Konstruktordatenstrukturen zur Implementation von Mengen, Listen und Tupeln wählen zu können. Der zweite ist, entscheiden zu können, ob die Elemente einer Menge oder Liste bzw. die Attribute eines Tupels direkt in diesen Konstruktordatenstrukturen gespeichert oder aus ihnen heraus referenziert werden. Um beide Freiheitsgrade unabhängig voneinander kontrollieren zu können, haben wir je zwei orthogonale Parameter für Mengen und Listen und für Tupel eingeführt. Diese Parameter haben wir dann in eine einfache Datendefinitionssprache eingebettet. Mit ihr kann zum einen die logische Struktur einer eNF^2-Tabelle und zum anderen deren Abbildung in eine Record-Struktur festgelegt werden. Die Orthogonalität unserer Parameter erlaubt dabei, für eine gegebene eNF^2-Tabelle ein weites Spektrum verschiedenster Speicherungsstrukturen zu definieren. Explizit belegt haben wir dies, indem wir unterschiedlichste, in der Literatur beschriebene Speicherungsstrukturen "nachgebaut" und neue, noch nicht vorgestellte entworfen haben.

Außer für benutzerdefinierte Speicherungsstrukturen haben wir in Kapitel 3 auch die Grundlagen für flexible, benutzergesteuerte Clusterungsstrukturen erörtert. Das Resultat unserer Untersuchung ist, daß zwischen einer objektbezogenen und einer objektübergreifenden Clusterung zu unterscheiden ist. Bei der objektbezogenen Clusterung wird ein Record entsprechend seiner Zugehörigkeit zu einem bestimmten Objekt oder Subobjekt einem spezifischen objektbezogenen Cluster auf der Platte zugeordnet. Im Gegensatz dazu werden die Records bei der objektübergreifenden Clusterung unabhängig von ihrer Objektzugehörigkeit zu Clustern zusammengefaßt. Wie wir gezeigt haben, schließen sich diese zwei Arten, Cluster zu bilden, nicht gegenseitig aus; vielmehr können sie sogar innerhalb einer eNF^2-Tabelle sinnvoll kombiniert werden. Um beide Arten der Clusterung spezifizieren zu können, haben wir zwei Sprachkonstrukte eingeführt. Mit ihnen kann explizit zu einer Speicherungsstruktur einer eNF^2-Tabelle angegeben werden, wie die Records zu Clustern zusammengefaßt werden sollen. Die Ausdrucksmächtigkeit der Sprachkonstrukte haben wir wieder durch den Vergleich mit in der Literatur beschriebenen Clusterungsverfahren belegt. Zusammengenommen ermöglichen unsere Vorschläge, die Speicherungs- und Clusterungsstruktur einer eNF^2-Tabelle unabhängig von ihrer logischen Struktur, nur den Bedürfnissen der Anwendung folgend, zu definieren.

In Kapitel 4 haben wir dann die theoretische Basis geschaffen, um auf eNF^2-Tabellen und insbesondere auf deren Subtabellen über Indexe zuzugreifen. Zunächst haben wir die Eigenschaften verschiedener Indextypen verglichen, wobei wir die in der Literatur beschriebenen Verfahren mit einbezogen haben. Wir sind zu dem Schluß gekommen, daß Pfadindexe die geeignetsten sind, um eNF^2-Tabellen zu invertieren. Hiervon ausgehend haben wir diskutiert, wie solche Indexe einzusetzen sind. Als Ergebnis haben wir ein in sich geschlossenes Konzept erarbeitet, das beschreibt, wie Prädikate in komplexen Anfragen unterschiedlichster Struktur zu transformieren und mit Pfadindexen auszuwerten sind. Es umfaßt die verbale und formale Definition der Indexe, der Operationen zum Zugriff auf dieselben und der Regeln zur Transformation der Anfragen. Zwei der Kernideen dieses Konzeptes sind, beim Zugriff auf die Indexe Adreßprädikate zuzulassen und den assoziativen Zugriff auf das Ergebnis einer Indexanfrage zu unterstützen. Sie ermöglichen die Bindung von Variablen, die außerhalb einer betrachteten Teilanfrage gesetzt werden, beim Indexzugriff zu berücksichtigen. Sie sind der Schlüssel zu einer Anfrageoptimierung, bei der die einzelnen Teilanfragen einer komplexen, beliebig strukturierten Anfrage unabhängig voneinander betrachtet werden können.

Um die Implementation eines möglichst schlanken und effizienten Index-Managers zu unterstützen, haben wir die Funktionen, die auf Pfadindexen und den Ergebnissen von Indexanfragen ausführbar sein sollen, im Detail angegeben. Im Mittelpunkt dieser Operationen steht die Funktion *index_access*, mit der Indexanfragen formuliert werden. Sie haben wir sowohl verbal als formal definiert. Aufbauend auf der so beschriebenen Funktionalität des Index-Managers haben wir gezeigt, wie Selektions-, Existenz- und Join-Prädikate transformiert werden müssen, damit sie mit einem Index ausgewertet werden. Unsere Lösungen schließen sowohl den indexunterstützten Zugriff auf Listen als auch den Zugriff über mehrere Indexe auf ein und dieselbe (Sub-) Tabelle ein. Sie zeichnen sich dabei durch ihre Orthogonalität und ihre formale Verifizierbarkeit aus. Außerdem sind sie insofern allgemeingültig, daß sie sich, wie die Diskussion der Transformation von Verbundoperationen gezeigt hat, problemlos in ein Gesamtsystem integrieren lassen.

In dem Buch haben wir aber nicht nur die theoretischen Grundlagen für flexible Speicherungs- und Clusterungsstrukturen und für den Indexeinsatz entwickelt, sondern wir haben auch Lösungen erarbeitet, um diese Konzepte in einem DBMS praktisch umzusetzen. In Kapitel 5 haben wir dazu diskutiert, wie die Indexauswahl in den Prozeß der Anfrageoptimierung zu integrieren ist und wie die jeweiligen Speicherungs- und Clusterungsstrukturen bei der Generierung von Ausführungsplänen berücksichtigt werden können. Eine der wichtigsten Fragen war, ob es gelingt, den in der Regel ohnehin sehr komplexen Anfrageoptimierer "überschaubar" zu halten, oder ob die Realisierung unserer Vorschläge unweigerlich zu einem Optimierer führt, in dem eine Vielzahl sich gegenseitig bedingender und ausschließender Fälle unterschieden werden muß. Als Antwort haben wir ein Konzept für einen modularen, wohlstrukturierten Optimierer entwickelt. Seine zentrale Datenstruktur ist ein High-Level-Operatorbaum. Mit ihm werden sowohl die unoptimierten als auch die optimierten Anfragepläne intern repräsentiert. Die Darstellung der Pläne erfolgt noch unabhängig von den Speicherungs- und Clusterungsstrukturen der angefragten eNF^2-Tabellen. Alle in Kapitel 4 vorgestellten Anfragetransformationen können auf diesem Baum durch weitestgehend lokale, voneinander unabhängige Umformungen ausgeführt werden. Wie wir gezeigt haben, bedarf es hierzu lediglich zweier Transformationsroutinen. Wie wir weiterhin ausgeführt haben, kann auf diesem Baum auch die Join-Optimierung implementiert werden. Nachdem eine Anfrage durch Transformationen dieses Baums optimiert und der kostengünstigste High-Level-Plan ausgewählt wurde, wird dieser in einen ausführbaren Low-Level-Plan umgesetzt. Für diese an sich ebenfalls komplexe Aufgabe haben wir ein Vorgehen entwickelt, bei dem die in diesem Schritt notwendige Berücksichtigung der Speicherungs- und Clusterungsstrukturen in einer einzelnen Prozedur durchgeführt wird. Insgesamt haben wir damit in Kapitel 5 die praktischen Voraussetzungen geschaffen, um unsere Konzepte in einen "überschaubaren", allgemeine Anfragen bearbeitenden Optimierer effizient zu integrieren.

In Kapitel 6 sind wir dann die Problematik angegangen, wie im Umfeld von eNF^2-Tabellen die Kostenschätzung zu realisieren ist. Die Lösung dieser Frage ist die zweite wesentliche Voraussetzung für die Umsetzung unserer Konzepte. Ohne sie könnte nicht entschieden werden, wann ein Indexeinsatz sinnvoll ist. Als Ergebnis haben wir sowohl die theoretischen Grundlagen als auch praktisch einsetzbare Lösungen erarbeitet, um die Ausführungskosten alternativer Pläne zu bewerten. Da es bislang für eNF^2-Tabellen keine Kostenformeln gab, sind wir von Schätzformeln, die für relationale Systeme entworfen wurden, ausgegangen. Zur Strukturierung unserer Lösung haben wir das Gesamtproblem in drei Teilaspekte aufgegliedert. Als erstes haben wir diskutiert, wie zu bestimmen ist, wie viele Elemente die einzelnen Tabellen und Subtabellen enthalten und welche Selektivität die verwendeten Prädikate haben (1. Teilaspekt). Wir sind zu dem Schluß gekommen, daß, von Ausnahmen abgesehen, nur gemittelte Statistiken zum Einsatz kommen können. Basierend auf diesen kann durch Anwendung von statistischen Formeln geschätzt werden, auf wie viele Elemente der (Sub-)Tabellen bei einem bestimmten Plan zugegriffen wird. Aus diesen Werten können, wie wir gezeigt haben, die Anzahl der zu ladenden Datenseiten und die Kosten der Indexzugriffe abgeleitet werden. Um die Anzahl der Datenseiten, die geladen werden, zu schätzen (2. Teilaspekt), haben wir ein zumindest konzeptuell dreistufiges Vorgehen entwickelt: Zuerst wird unter Einbezug der Speicherungsstrukturen der angefragten eNF^2-Tabellen bestimmt, welche und wie viele Records gelesen werden. Danach wird aus der Beschreibung der Clusterungsstrukturen abgeleitet, wie diese Records auf die objektbezogenen und objektübergreifenden Cluster der einzelnen Tabellen verteilt sind. Als letztes wird mit Hilfe stochastischer Formeln ermittelt, wie viele verschiedene Datenseiten diese Records in den einzelnen Clustern belegen. Durch Addition erhält man daraus die geschätzte Gesamtzahl an Datenseitenzugriffen, die ein bestimmter Plan auslöst. Um die Kosten der Indexzugriffe in einem Plan zu beschreiben (3. Teilaspekt), haben wir zwei Kenngrößen eingeführt. Die erste gibt an, wie viele Indexseiten bei einmaliger Ausführung einer Indexanfrage gelesen werden. Die zweite besagt, mit wieviel verschiedenen aktuellen Parameterwerten die Indexanfrage ausgeführt wird. Auf der Basis dieser insgesamt drei Schätzwerte wird dann, wie ausgeführt, entschieden, welche Prädikate in einer Anfrage mit Indexen ausgewertet werden und wie die Indexe hierbei einzusetzen sind. Spätestens bei diesem Auswahlprozeß wurde noch einmal deutlich, daß Speicherungs- und Clusterungsstrukturen und Indexe nicht unabhängig voneinander zu betrachten sind.

In Kapitel 7 haben wir ausgeführt, daß wir die Ergebnisse auch praktisch evaluiert haben. Dazu haben wir die im Rahmen unserer Forschungsarbeiten durchgeführte Prototypimplementation vorgestellt und aufgezeigt, daß wir mit ihr alle entwickelten wesentlichen Grundlagen und Konzepte praktisch testen konnten. So können eNF^2-Tabellen mit frei zu definierenden Speicherungs- und Clusterungsstrukturen in den Prototypen geladen und Pfadindexe angelegt werden. Anfragen an diese Tabellen werden dann entsprechend unseren Vorschlägen transformiert, bewertet und ausgeführt. Die Schlußfolgerung aus solchen Tests und den Erfahrungen, die wir bei der Implementation sammeln konnten, ist, daß die vorgeschlagenen Grundlagen und Konzepte sowohl tragfähig als auch praktisch umsetzbar sind.

Zusammenfassend läßt sich feststellen, daß wir unser Ziel, die Voraussetzungen für eine flexible Abbildung des logischen in das physische Schema zu schaffen, erreicht haben. Wir haben die theoretischen Grundlagen erarbeitet, um zu einem gegebenen logischen Schema die physischen Speicherungs- und Clusterungsstrukturen frei zu definieren und den Zugriff auf die Daten durch den Einsatz von Pfadindexen zu beschleunigen. Weiterhin haben wir tragfähige Konzepte entwickelt, um unsere theoretischen Ergebnisse auch praktisch in Datenbankmanagementsysteme zu integrieren und die für die Planauswahl benötigte Kostenschätzung zu realisieren. Die Resultate des Buchs können damit dazu beitragen, Systeme zu entwerfen, in denen die logischen Strukturen der verwalteten Daten frei von Performanzüberlegungen modelliert werden können. Die gewünschte Effizienz würde durch die Wahl geeigneter Speicherungs- und Clusterungsstrukturen und die Definition von Pfadindexen sichergestellt werden. Alles in allem hoffen wir, damit einen Beitrag zur Weiterentwicklung von Datenbankmanagementsystemen geleistet zu haben.

Anhang A

Abbildungen

```
cluster_definition =
    /* Definition eines objektübergreifenden Clusters. */
    segment_cluster      (cluster_name          = cluster_name_type,
                          segment               = segment_name_type,
                          member_records        = list_of_record_types) |

    /* Definition eines objektorientierten Cluster-Typs. */
    object_cluster_type (cluster_type_name      = cluster_type_name_type,
                         segment                = segment_name_type,
                         identifying_record_type = record_type_name,
                         member_records         = list_of_record_types)


                         /* Liste von "member"-Record-Typen eines Clusters.*/
    list_of_record_types = (record_type_name {, record_type_name}*)

    cluster_name_type      = string /* Name eines objektübergreifenden Clusters. */

    cluster_type_name_type = string /* Name eines objektorientierten Cluster-Typs. */

    segment_name_type      = string /* Name eines Segmentes. */
```

Abb. A.1: Term zur Zuordnung von Record-Typen zu Clustern

```
                          /* Definition eines komplexen Objektes. */
complex_object db_object_name
                          [anchor_record_type = record_type_name] object_type        [1]

db_object_name        = string /* Name eines komplexen Objektes. */

record_type_name      = string /* Name eines Record-Typs. */

                          /* Rekursiver Aufbau eines komplexen Objekttyps. */
object_type           = /* Beispiel für atomare Wertebereiche. */                    [2]
                          integer | real | var_string | fix_string (length) |

                          /* Definition einer Menge. */
                          set [implementation     = implementation_type,             [3]
                               element_placement = placement_type] of object_type |  [4]

                          /* Definition einer Liste. */
                          list [implementation     = implementation_type,            [5]
                                element_placement = placement_type] of object_type | [6]

                          /* Definition eines Tupels mit einer Liste von Attributen. */
                          tuple (attribute_description {, attribute_description}*)    [7]

length                = integer /* Länge eines Strings mit fester Länge. */

                          /* Definition eines Attributs eines Tupels. */
attribute_description = attribute_name
                          [location               = location_type,                   [8]
                           element_placement = placement_type]: object_type          [9]

attribute_name        = string /* Name eines Attributs. */

                          /* Parameter zur Speicherungsstrukturdefinition */
                          /* Angabe, ob ein Element einer Menge oder Liste bzw. */
                          /* ein Attribut eines Tupels referenziert oder */
                          /* materialisiert gespeichert wird. */
placement_type        = inplace | referenced (record_type_name)                      [10]

                          /* Implementierungstechniken für Mengen und Listen.*/
implementation_type = array | linked_list                                            [11]

                          /* Angabe, ob ein Attribut in dem Primär- oder einem */
                          /* Sekundärblock gespeichert bzw. daraus referenziert wird. */
location_type         = primary | secondary (record_type_name)                       [12]
```

Abb. A.2: Vereinfachte Syntax zur Beschreibung komplexer Objekte

```
complex_object Filialen [anchor_record_type = Anker_Rec]                       [ 1]
 set [implementation = array, element_placement = referenced (Prim_Rec)] of     [ 2]
  tuple (                                                                        [ 3]

  F_Nr          [location = primary, element_placement = inplace]: integer,     [ 4]

  Adresse       [location = secondary (Sec_Rec), element_placement = inplace]:  [ 5]
   tuple (                                                                       [ 6]
    Stadt       [location = primary, element_placement = inplace]: fix_string (10),   [ 7]
    Straße      [location = primary, element_placement = inplace]: fix_string (30)),  [ 8]

  Fläche        [location = secondary (Sec_Rec), element_pl. = inplace]: integer,     [ 9]

  Abteilungen [location = primary, element_placement = inplace]:                 [10]
   set [implementation = array, element_placement = referenced (Abt_Rec)] of     [11]
    tuple (                                                                       [12]
     A_Nr       [location = secondary (Data_Rec), element_pl. = inplace]: integer,     [13]
     A_Name     [location = secondary (Data_Rec), el._pl. = inplace]: fix_string (20), [14]
     Umsatz     [location = secondary (Data_Rec), element_pl. = inplace]: integer,     [15]
     Note       [location = secondary (Data_Rec), element_pl. = inplace]: integer,     [16]
     Produktgruppen [location = primary, element_placement = inplace]:            [17]
      set [implementation = array, element_placement = referenced (Prod_Rec)] of  [18]
       tuple (                                                                     [19]
        P_Gruppe [location = primary, element_pl. = inplace]: fix_string (20),     [20]
        Bestand  [location = primary, element_pl. = inplace]: integer)),           [21]

  Mitarbeiter  [location = primary, element_placement = referenced (Mit_Rec)]:    [22]
   set [implementation = linked_list, element_pl. = referenced (Mitarbeiter_Rec)] of [23]
    tuple (                                                                        [24]
     M_Nr       [location = primary, element_placement = inplace]: integer,        [25]
     M_Name     [location = primary, element_placement = inplace]: fix_string (20), [26]
     Gehalt     [location = primary, element_placement = inplace]: integer),       [27]

  Etagen        [location = primary, element_pl. = referenced (Etagen_Rec)]:       [28]
   list [implementation = array, element_placement = inplace] of                   [29]
    tuple (                                                                         [30]
     E_Name     [location = secondary (Gesch_Rec), el._pl. = inplace]: fix_string (20), [31]
     Aufteilung [location = primary, element_placement = referenced (Auft_Rec)]:   [32]
       list     [implementation = array, element_placement = inplace] of           [33]
       list     [implementation = array, element_pl. = inplace] of fix_string (2)), [34]

  Weg           [location = secondary (Sec_Rec),                                   [35]
                element_placement = referenced (Weg_Rec)]: var_string)            [36]
```

Abb. A.3: Eine mögliche Speicherungsstruktur für die eNF^2-Tabelle in Abb. A.25

```
segment_cluster    (cluster_name           = Anker_Cluster,
                    segment                 = Demo,
                    member_records          = (Anker_Rec, Prim_Rec))


segment_cluster    (cluster_name           = Mitarbeiter_Cluster,
                    segment                 = Demo,
                    member_records          = (Mit_Rec))


object_cluster_type (cluster_type_name      = Filial_Cluster,
                    segment                 = Demo,
                    identifying_record_type = Prim_Rec,
                    member_records          = (Sec_Rec, Weg_Rec, Etagen_Rec,
                                               Gesch_Rec, Auft_Rec))


object_cluster_type (cluster_type_name      = Abteilungs_Cluster,
                    segment                 = Demo,
                    identifying_record_type = Abt_Rec,
                    member_records          = (Abt_Rec, Data_Rec, Prod_Rec))
```

Abb. A.4: Eine mögliche Clusterungsstruktur für die eNF^2-Tabelle in Abb. A.25

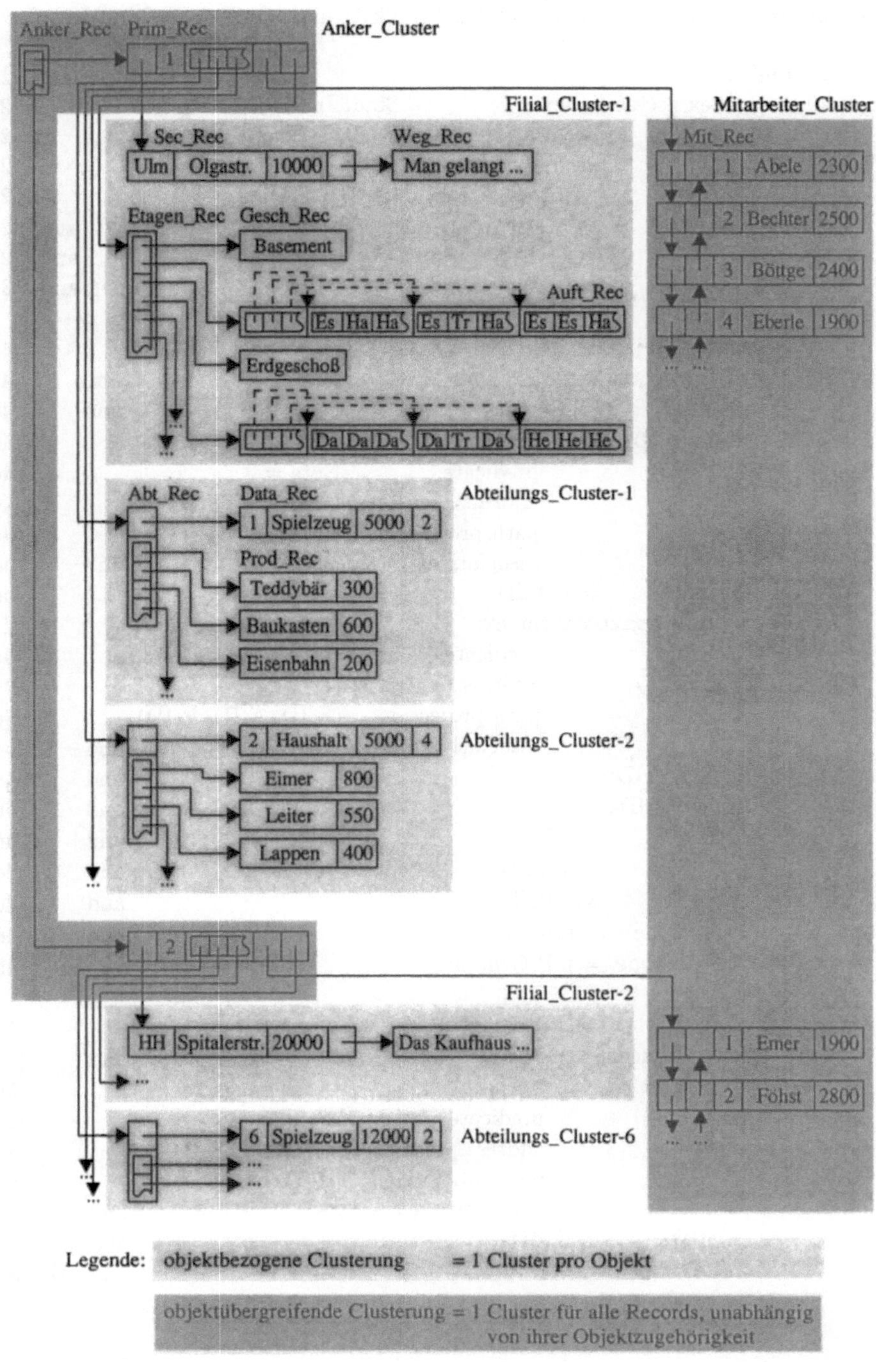

Abb. A.5: Graphische Repräsentation der in den Abbildungen A.3 und A.4 für die eNF^2-Tabelle in Abb. A.25 definierten Speicherungs- und Clusterungsstrukturen

Beispieltransformation A.1: Auswertung aller Prädikate in der Anfrage 4.8 mit Indexen

```
{ x | ∃ f, g: (f in Filialen                                              and  [1 ]
        g in index_access (index:          Stadt_Index,                        [2 ]
                           predicate:       Stadt = Ulm,                        [2 ]
                           address_predicate: (),                              [2 ]
                           path_projection:  (F_ID),                           [2 ]
                           associative_access: no)                       and  [2 ]
        f.F_ID          = g.F_ID                                         and  [2 ]
        x.F_Nr          = f.F_Nr                                         and  [3 ]


        x.Abteilungen   = { y | ∃ h, a, b, c, p, q: (                         [4a]
            a in f.Abteilungen                                       and      [4a]
            p in a.Produktgruppen                                    and      [4b]
            b in index_access (index:          Noten_Index,                   [4c]
                               predicate:       Note = 3,                     [4c]
                               address_predicate: (F_ID = f.F_ID),           [4c]
                               path_projection:  (A_ID),                      [4c]
                               associative_access: no)               and      [4c]
            a.A_ID      = b.A_ID                                     and       [4c]
            h in index_access (index:          Bestands_Index,                [4d]
                               predicate:       Bestand = 300,                [4d]
                               address_predicate: (),                         [4d]
                               path_projection:  (F_ID, A_ID, P_ID),         [4d]
                               associative_access: yes)              and      [4d]
            c in h.A_IDs                                             and       [4d]
            q in c.P_IDs                                             and       [4d]
            h.F_ID      = f.F_ID                                     and       [4d]
            c.A_ID      = a.A_ID                                     and       [4d]
            p.P_ID      = q.P_ID                                     and       [4d]
            y.A_Name    = a.A_Name                                   and       [4e]
            y.P_Gruppe  = p.P_Gruppe )}                                   and  [4f]


        x.Etagen        = [ z | ∃ e, i: (                                     [5a]
            e in f.Etagen                                           and       [5a]
            i in index_access ( index:         Aufteilungs_Index,             [5b]
                               predicate:       Value = Sp,                   [5b]
                               address_predicate: (F_ID = f.F_ID),           [5b]
                               path_projection:  (E_ID),                      [5b]
                               associative_access: yes)             and       [5b]
            e.E_ID      = i.E_ID                                     and       [5d]
            z.E_Name    = e.E_Name) ]                                    )}   [5e]
```

Abb. A.6: Transformation der Beispielanfrage 4.8 in Abschnitt 4.4.7

```
procedure transform_create_set_or_list_knoten (var Knoten: create_object)
```

/* 1. Auswählen und Entfernen eines Prädikats. */
Durchlaufe die op_list in *Knoten*.
Bestimme die simple_preds, für die Indexe existieren.
Wähle ein *simple_pred* aus, hier a_n.A op Konstante.
Entferne *simple_pred* aus dem entsprechenden table_access Knoten.

/* 2. Ermitteln der Bindung der Variablen in *simple_pred*, hier von a_n. */
Bestimme außerhalb von Knoten gesetzte Variablen, hier a_0 bis a_{t-1}.
Bestimme innerhalb von Knoten gesetzte Variablen, hier a_t bis a_n.
Bestimme die Identifier-Attribute der Tabellen, in denen die ermittelten
      Variablen gesetzt werden, hier ID_0 bis ID_n.

/* 3. Erzeugen und Einfügen einer index_access Operation. */
Bestimme für *simple_pred* den anzufragenden Index, hier A_Index.
Erzeuge aus *simple_pred* das Indexprädikat, hier A op Konstante.
Erzeuge Adreßprädikate für die außerhalb gesetzten Variablen,
      hier $ID_0 = a_0.ID_0$ bis $ID_{t-1} = a_{t-1}.ID_{t-1}$.
Bestimme die path_projection für die innerhalb gesetzten Variablen,
      hier ID_t bis ID_n.
Setze associative_access auf no.
Generiere einen Namen für die Indexergebnisrelation, hier index_result.
Füge die index_access Operation in die op_list des Knotens ein.

/* 4. Einfügen der Adreßinformationen in die table_access Operationen. */
Erzeuge für jede innerhalb gesetzte Variable eine Adreßinformation, hier
      $(index\_result, c_t, a_t.ID_t = c_t.ID_t)$ bis $(c_{n-1}.IDs_n, c_n, a_n.ID_n = c_n.ID_n)$.
Füge die Adreßinformationen in die table_access Operationen ein.

/* 5. Substitution der Adreßprädikate, die durch assoziative Suche
      in der Indexergebnisrelation berechnet werden sollen. */
Wähle Adreßprädikate, die substituiert werden sollen, hier
      $ID_{u+1} = a_{u+1}.ID_{u+1}$ bis $ID_{t-1} = a_{t-1}.ID_{t-1}$.
Entferne gewählte Adreßprädikate in index_access aus address_predicate.
Erweitere path_projection um die Identifier-Attribute in den Adreß-
      prädikaten, hier um ID_{u+1} bis ID_{t-1}.
Setze associative_access auf yes.
Erzeuge für jedes entfernte Adreßprädikat eine Adreßinformation, hier
      $(index\_result,\ c_{u+1},\ c_{u+1}.ID_{u+1} = a_{u+1}.ID_{u+1})$ bis
      $(c_{t-2}.IDs_{t-1},\ c_{t-1},\ c_{t-1}.ID_{t-1} = a_{t-1}.ID_{t-1})$.
Generiere zu jeder Adreßinformation eine set_associative Operation.
Füge diese hinter die index_access Operation in die op_list ein.
Korrigiere Adreßinformation in erster table_access Operation, hier von a_t.

Abb. A.7: Prozedur zur Integration von Indexen in eine Teilanfrage

Zugriff auf Records:

get_record (*record_type_name, segment_name_type, record_address, record_buffer*): Die Prozedur liest einen Record aus der Datenbank in den Hauptspeicher ein. In *record_type_name* wird der Typ des zu lesenden Records angegeben. (Dieser Parameter ist nicht unbedingt notwendig. Er wird hier nur zur besseren Lesbarkeit der Low-Level-Pläne verwendet.) *Segment_name_type* nennt das Datenbanksegment, in dem der Record gespeichert ist. In

$$record\_address = record\_identifier \mid record\_field \mid index\_variable.identifier\_attr$$

wird die Adresse des Records spezifiziert. Dies kann entweder durch Angabe eines *record_identifier*, der z. B. dem Katalog entnommen wurde, geschehen. Die zweite Möglichkeit ist, ein *record_field* eines anderen Records anzugeben. Diese Variante wird verwendet, um externe Record-Referenzen zu verfolgen. Als drittes besteht die Möglichkeit, die Adresse dem durch *index_variable.identifier_attr* spezifizierten Indexeintrag zu entnehmen. Im letzten Parameter *record_buffer* wird der Speicherbereich, in den der Record kopiert wird, spezifiziert.

set_variable_status_after_get_record (*variable, record_type_name*): Diese Prozedur testet, ob der letzte Zugriff auf einen Record vom Typ *record_type_name* erfolgreich war. Das Ergebnis vermerkt sie im Status von *variable*. Diese Prozedur wird zum Beispiel verwendet, wenn eine erfolglose *get_record* Operation anzeigt, daß das Ende einer *linked_list* erreicht wurde.

Setzen von Variablen in Konstruktordatenstrukturen:

set_variable_first_in_array (*variable, record_field, element_size*): Diese Prozedur setzt *variable* auf den Beginn des ersten (gültigen) Eintrags eines Arrays. Dieses wird durch Angabe des *record_field*, das die record-interne Referenz auf das Array enthält, spezifiziert. In *element_size* wird die Länge eines Eintrags angegeben.

set_variable_next_in_array (*variable, record_field, element_size*): Diese Prozedur setzt *variable* auf das jeweils nächste (gültige) Element in einem Array. Dazu wird die Variable um *element_size* Bytes verschoben. Das *record_field* bezeichnet weiterhin das Feld mit der record-internen Referenz auf das Array.

set_variable_direct_in_array (*variable, record_field, element_size, index_variable.id_attr*): Die Prozedur setzt *variable* direkt auf einen Eintrag in einen Array. Die "Adresse" dieses Eintrags wird dem Indexeintrag entnommen, der in *index_variable.identifier_attr* (abgekürzt mit *id_attr*) spezifiziert ist (vgl. *direct_pred* in einer Adreßinformation, Abschnitt 5.3.1, Seite 155). Das Array und die Größe der Elemente werden wieder in *record_field* und *element_size* angegeben.

set_variable_first_in_inplace_linked_list (*variable, record_field, offset*): Diese Prozedur setzt *variable* auf das erste Element einer als *linked_list* realisierten und materialisiert ge-

Abb. A.8: Exemplarisch verwendete Low-Level-Operationen, Teil 1

Setzen von Variablen in Konstruktordatenstrukturen (Fortsetzung):

> speicherten Konstruktordatenstruktur. Dazu enthält *record_field* das erste Element dieser Liste. In *offset* wird die Position mit dem Zeiger auf das nächste Element dieser Liste angegeben.

set_variable_next_in_inplace_linked_list (*variable, record_field, offset*): Diese Prozedur setzt *variable* auf das jeweils nächste Element einer materialisiert gespeicherten *linked_list*. Ihre Parameter entsprechen der vorigen Prozedur.

set_variable_direct_in_inplace_linked_list (*variable, record_field, offset, index_variable.id_attr*): Diese Prozedur setzt *variable* direkt auf ein Element einer materialisiert gespeicherten *linked_list*. Die "Adresse" dieses Eintrags wird dem Indexeintrag *index_variable.identifier_attr* (abgekürzt mit *id_attr*) entnommen. Die Parameter *record_field* und *offset* bezeichnen wieder das erste Element der *linked_list* und die Position der Referenzen, die die Elemente verketten.

set_variable_status_after_set_variable (*variable*): Diese Prozedur testet, ob die letzte Positionierung von *variable* erfolgreich war und setzt ihren Status entsprechend. Sie wird verwendet, wenn eine erfolglose *set_variable* Operation anzeigt, daß eine Menge oder Liste leer ist oder daß das letzte Element bereits gelesen wurde.

Erzeugung von Ausgaben:

new_set, end_set, new_list, end_list, new_tuple, end_tuple: Diese Prozeduren kennzeichnen den Beginn bzw. das Ende einer Menge, Liste oder eines Tupels im Ausgabestrom einer Anfrage.

put_attribut_name (*attribut_name* {.*attribut_name*}*): Fügt den Namen eines Attributs in den Ausgabestrom einer Anfrage ein.

put_value (*record_field, object_type*): Diese Prozedur schreibt einen atomaren Wert vom Typ *object_type* in die Ausgabe der Anfrage. In *record_field* wird das Basisfeld des Objektes angegeben. Im Falle eines *var_strings* verfolgt die Prozedur selbständig die record-interne Referenz von dem Basisfeld zu dem String.

Verschiedenes:

eof_table (*variable* | *index_variable*): *boolean*: Diese Funktion testet den Status von *variable* oder *index_variable*.

simple_pred (*record_field$_1$* | *const$_1$*, *object_type$_1$*, *op*, *record_field$_2$* | *const$_2$*, *object_type$_2$*): Die Funktion wertet ein *simple_pred* (s. Abschnitt 5.3.1, Seite 155) aus. Sie liefert ein *boolean* zurück. Die zu vergleichenden Werte können entweder als Konstanten *const* oder durch Angabe des jeweiligen *record_field*, das den Wert enthält, spezifiziert werden. Der Vergleichsoperator wird in *op* angegeben. Die *object_type* Parameter werden zur Bestimmung der korrekten Vergleichsroutine und zur Unterscheidung von *var_string* und *fix_string* verwendet.

Abb. A.9: Exemplarisch verwendete Low-Level-Operationen, Teil 2

```
var Anker_Rec_Buffer, Data_Rec_Buffer: record_buffer;
    m: variable;
begin
new_set;
get_record (Anker_Rec, Demo, 1000, Anker_Rec_Buffer);
set_variable_first (m, (Anker_Rec_Buffer, 0, -), 37);
set_variable_status_after_set_variable (m);
while not eof_table (m) do begin
      get_record (Data_Rec, Demo, (m, 1, - ), Data_Rec_Buffer);
      if simple_pred ((Data_Rec_Buffer, 0, Pers_Nr), integer, = , 77235, integer)
        then begin
        new_tuple;
        put_attribut_name ("Name");
        put_value ((m, 7, Name), fix_string(30));
        put_attribut_name ("Pers_Nr");
        put_value ((Data_Rec_Buffer, 0, Pers_Nr), integer);
        put_attribut_name ("Gehalt");
        put_value ((Data_Rec_Buffer, 4, Gehalt), real);
        put_attribut_name ("Lebenslauf");
        put_value ((Data_Rec_Buffer, 12, Lebenslauf), var_string);
        end_tuple;
        end;
      set_variable_next (m, (Anker_Rec_Buffer, 0, -), 37);
      set_variable_status_after_set_variable (m);
      end;
end_set;
end;
```

Abb. A.10: Low-Level-Plan für den Beispielplan 5.8 (Seite 168) und die Speicherungsstruktur in Abb. 5.5 (Seite 169)

```
var Link_Rec_Buffer, Sec_Rec_Buffer, Lebenslauf_Rec_B: record_buffer;
    m: variable;
begin
new_set;
get_record (Link_Rec, Demo, 1010, Link_Rec_Buffer);
set_variable_status_after_get_record (m);
while not eof_table (m) do begin
      if simple_pred ((Link_Rec_Buffer, 18, Pers_Nr), integer, =, 77235, integer)
         then begin
         new_tuple;
         put_attribut_name ("Name");
         put_value ((Link_Rec_Buffer, 22, Name), fix_string(30));
         put_attribut_name ("Pers_Nr");
         put_value ((Link_Rec_Buffer, 18, Pers_Nr), integer);
         put_attribut_name ("Gehalt");
         get_record (Sec_Rec, Demo, (Link_Rec_Buffer, 12, -), Sec_Rec_Buffer);
         put_value ((Sec_Rec_Buffer, 0, Gehalt), real);
         put_attribut_name ("Lebenslauf");
         get_record (Lebenslauf_Rec, Demo, ((Sec_Rec_Buffer, 8, -)), Lebenslauf_Rec_B);
         put_value ((Lebenslauf_Rec_B, 0, -), var_string);
         end_tuple;
         end;
      get_record(Link_Rec, Demo, ((Link_Rec_Buffer, 0, -)), Link_Rec_Buffer);
      set_variable_status_after_get_record (m);
      end;
end_set;
end;
```

Abb. A.11: Low-Level-Plan für den Beispielplan 5.8 (Seite 168) und die Speicherungsstruktur in Abb. 3.14.b (Seite 75)

procedure dt_field (*db_object,* *variable* | - , *object_type,* *record_field,* *head,* *tail*)

```
/* Fall 1: Das record_field von db_object wurde bereits bestimmt. */
Durchsuche record_field-Tabelle nach db_object.
Liefere object_type und record_field zurück.

/* Fall 2: db_object enthält den Namen eines Datenbankobjektes. */
Bestimme object_type, anchor_record_type und segment aus Katalog.
Generiere neuen Namen für einen record_buffer. insert (head, record_buffer).
Trage db_object, object_type, (record_buffer, 0, -) in record_field-Tabelle ein.
Wenn db_object Menge oder Liste ist, dann fülle Spalte var in Tabelle.
Bestimme identifier des Anker-Records aus Katalog.
insert (head, get_record (anchor_record_type, segment, identifier, record_buffer)).
Liefere object_type, record_field, head und tail zurück.

/* Fall 3: db_object enthält den Namen einer Variablen. Es soll also */
/* das Basisfeld eines Elementes einer Menge / Liste bestimmt werden. */
Durchlaufe var in Tabelle und bestimme zugehörige Menge oder Liste.
Bestimme object_type der Elemente der Menge oder Liste aus Katalog.
Trage db_object (= Name der Variablen), object_type in Tabelle ein.

Unterscheide die folgenden Implementationen der Menge oder Liste:
[implementation = array, element_placement = inplace]
  Ein Element beginnt hinter dem Valid-Byte, deshalb:
  Ergänze in Tabelle record_field = (db_object, 1, -).
[implementation = linked_list, element_placement = inplace]
  Ein Element beginnt hinter den beiden record-internen Referenzen zur
  Verkettung der Elemente, deshalb:
  Ergänze in Tabelle record_field = (db_object, 8, -).
[implementation = array, element_placement = referenced (record_type)]
  Die Elemente werden in referenzierten Records vom Typ
  record_type gespeichert. Diese sind zu laden, deshalb:
  Bestimme segment, in dem record_type gespeichert wird, aus Katalog.
  Generiere neuen Namen für einen record_buffer. insert (head, record_buffer).
  insert (head, get_record (record_type, segment, (m , 1, - ), record_buffer)).
  Ergänze in Tabelle record_field = (record_buffer, 0, -).
[implementation = linked_list, element_placement = referenced (record_type)]
  Die Menge oder Liste ist durch Verkettung von Records realisiert.
  Der erste Record ist zu laden, deshalb:
  Bestimme segment, in dem record_type gespeichert wird, aus Katalog.
  Generiere neuen Namen für einen record_buffer. insert (head, record_buffer).
  Bestimme durch Tabellenzugriff basis_field der Menge oder Liste.
  insert (head, get_record (record_type, segment, basis_field, record_buffer)).
  Ergänze in Tabelle record_field = (record_buffer, 12, -).
Liefere in allen vier Fällen object_type, record_field, head und tail zurück.
```

Abb. A.12: Wesentliche Fälle der Prozedur *dt_field* aus Abschnitt 5.3.4.3, Teil 1

```
/* Fall 4: db_object hat die Form db_object_name.attr₁. ... .attrₙ oder */
/* variable.attr₁. ... .attrₙ. Gesucht ist das Basisfeld eines Attributs. */
```

Bestimme durch rekursiven Aufruf von dt_field mit
  db_object = $variable.attr_1. \ldots .attr_{n-1}$ oder db_object = $variable$ oder
  db_object = $db\_object\_name.attr_1. \ldots .attr_{n-1}$ oder db_object = db_object_name
  das $record\_field$ und den $object\_type$ des zugehörigen Tupels.
Setze $(rec\_buffer\_or\_variable,\ offset,\ attributs)$ = $record\_field$ und $tuple\_type$ = $object\_type$.
Bestimme $object\_type$ des Attributs aus Katalog.
Trage db_object und $object\_type$ des Attributs in die record_field-Tabelle ein.
Bestimme $attribute\_description$ des Attributs aus Typ des Tupels.

Unterscheide die folgenden Implementationen des Attributs:
[location = primary, element_placement = inplace)]
    $attr_n$ ist in Basisfeld des Tupels materialisiert gespeichert, deshalb:
    Bestimme aus Tupeltyp / Katalog den $attr\_offset$ des Attributs im Basisfeld.
    Ergänze $record\_field$ = $(rec\_buffer\_or\_variable,\ offset + attr\_offset,\ attr_1. \ldots .attr_n)$.
[location = primary, element_placement = referenced ($record\_type$)]
    $attr_n$ ist in einem referenzierten Record gespeichert. Dieser ist zu laden:
    Bestimme $segment$, in dem $record\_type$ gespeichert wird, aus Katalog.
    Generiere neuen Namen für einen $record\_buffer$. insert ($head,\ record\_buffer$).
    Bestimme aus Tupeltyp / Katalog den ref_offset der Referenz im Basisfeld.
    Setze ref_field = $(rec\_buffer\_or\_variable,\ offset + attr\_offset,\ -\ )$.
    insert ($head$, get_record ($record\_type,\ segment,\ ref\_field,\ record\_buffer$)).
    Ergänze in Tabelle $record\_field$ = $(record\_buffer,\ 0,\ attr_1. \ldots .attr_n)$.
[location = secondary($record\_type$), element_placement = inplace)]
    $attr_n$ ist in dem Sekundärrecord $record\_type$ materialisiert gespeichert.
    Dieser Record könnte bereits geladen sein, deshalb:
    Teste in Tabelle, ob $db\_object\_name.attr_1. \ldots .attr_{n-1}.record\_type$ bzw.
    $variable.attr_1. \ldots .attr_{n-1}.record\_field$ bereits geladen ist. Wenn nicht:
        Bestimme $segment$, in dem $record\_type$ gespeichert wird, aus Katalog.
        Generiere Namen für einen $record\_buffer$. insert ($head,\ record\_buffer$).
        Bestimme aus Tupeltyp / Katalog den ref_offset der Referenz.
        Setze ref_field = $(rec\_buffer\_or\_variable,\ offset + attr\_offset,\ -\ )$.
        insert ($head$, get_record ($record\_type,\ segment,\ ref\_field,\ record\_buffer$)).
        Erzeuge Tabelleneintrag mit $db\_object\_name.attr_1. \ldots .attr_{n-1}.record\_type$
        bzw. $variable.attr_1. \ldots .attr_{n-1}.record\_field$ und $record\_field$ = $(record\_buffer,\ 0, -)$.
    Bestimme aus Tupeltyp / Katalog den $attr\_offset$ des Attributs im Record.
    Ergänze $record\_field$ = $(record\_buffer,\ attr\_offset,\ attr_1. \ldots .attr_n)$.
[location = secondary($record\_type$), element_placement = referenced ($record\_type_1$)]
    Wie voriger Fall, zusätzlich ist $record\_type_1$ zu laden:
    Bestimme $segment_1$, in dem $record\_type_1$ gespeichert wird, aus Katalog.
    Generiere neuen Namen für einen $record\_buffer_1$. insert ($head,\ record\_buffer_1$).
    Setze ref_field = $(record\_buffer,\ attr\_offset,\ attr_1. \ldots .attr_n)$.
    insert ($head$, get_record ($record\_type_1,\ segment_1,\ ref\_field,\ record\_buffer_1$)).
    Ergänze $record\_field$ = $(record\_buffer_1,\ 0,\ attr_1. \ldots .attr_n)$.
Liefere $object\_type$, $record\_field$, $head$ und $tail$ zurück.

Abb. A.13: Wesentliche Fälle der Prozedur dt_field aus Abschnitt 5.3.4.3, Teil 2

procedure transform_create_object (*create_object, head, tail*)

Wenn *create_object* = *put_db_object* (*db_object*), **dann:**
Bestimme das Basisfeld und den Typ des Objektes:
dt_field (*db_object*, - , *object_type, record_field, head, tail*).
Füge eine put_value Operation in den Low-Level-Plan ein:
insert (*head*, put_value (*record_field, object_type*)).

Wenn *create_object* = *create_set* (*op_list, create_object*$_1$), **dann:**
insert (*head*, new_set). insert (*tail*, end_set).
Transformiere die Operationen in der *op_list*:
Für jede *operation* **in** *op_list*: transform_operation (*operation, head, tail*).
Transformiere durch rekursiven Aufruf den *create_object*$_1$ **Knoten:**
transform_create_object (*create_object*$_1$, *head, tail*).

Wenn *create_object* = *create_list* (*op_list, create_object*$_1$), **dann:** ...

procedure transform_simple_predicate (*simple_pred, head, tail*)

Wenn *simple_pred* = (*db_object op const*), **dann:**
Bestimme das Basisfeld und den Typ des Objektes:
dt_field (*db_object*, - , *object_type, record_field, head, tail*).
Füge if-Bedingung und Low-Level-Prädikat in den Low-Level-Plan ein:
insert (*head*,
  if simple_pred (*record_field, object_type, op, const*, type(*const*)) then begin).
insert (*tail*, end).

Wenn *simple_pred* = (*const op db_object*), **dann:** ...

procedure transform_address_info (*address_info, head, tail*)

Sei *address_info* = (*index_object, index_variable, direct_pred*).
Sei *direct_pred* = (*variable.identifier_attr* = *index_variable.identifier_attr*).
Setze *index_variable* in *index_object* assoziativ:
insert (*head*, set_index_variable_associative
  (*index_variable, index_object, index_variable.identifier_attr*)).
insert (set_index_variable_status_after_set_index_variable (*index_variable*)).
Füge if-Bedingung in den Plan, die Erfolg der Operation testet:
insert (*head*, if not eof_index_object (*index_variable*) then begin).
insert (*tail*, end).

Abb. A.14: Ausgewählte Prozeduren zur Low-Level-Planerzeugung, Teil 1

procedure transform_operation (*operation*, *head*, *tail*)

Wenn *operation* = *table_access*
  (*db_object*, *variable*, *simple_pred_list*, *complex_pred*, *address_list*), **dann:**
Bestimme das Basisfeld der Menge oder Liste:
dt_field (*db_object*, *variable*, *object_type*, *record_field*, *head*, *tail*).
Bestimme aus *object_type* / Katalog *element_size* **der Elemente im Basisfeld.**

/* Fall 1: Menge / Liste als Array implementiert, sequentieller Zugriff. */
Positioniere die Variable an den Anfang des Arrays:
insert (*head*, set_variable_first (*variable*, *record_field*, *element_size*)).
insert (*head*, set_variable_status_after_set_variable (*variable*)).
Erzeuge eine Schleife:
insert (*head*, while not eof_table (*variable*) do begin).
  Werte alle Adreßinformationen in *address_list* **aus:**
  Für jede *address_info*: transform_address_info (*address_info*, *head*, *tail*).
  Transformiere Prädikate in *simple_pred_list* **und** *complex_pred*:
  Für jedes *simple_pred*: transform_simple_pred (*simple_pred*, *head*, *tail*).
  transform_complex_pred (*complex_pred*, *head*, *tail*).
Setze die Variable auf das nächste Element:
insert (*tail*, set_variable_next (*variable*, *record_field*, *element_size*)).
insert (*tail*, set_variable_status_after_set_variable (*variable*)).
insert (*tail*, end).

/* Fall 2: Menge / Liste als Array implementiert, direkter Zugriff. */
Selektiere erste *address_info* **aus** *address_list*.
Sei *address_info* = (*index_object*, *index_variable*, *direct_pred*).
Sei *direct_pred* = (*variable.identifier_attr* = *index_variable.identifier_attr*).
Setze *index_variable* **auf ersten Eintrag in** *index_object*:
insert (*head*, set_index_variable_first (*index_variable*, *index_object*)).
insert (*head*, set_index_variable_status_after_set_variable (*index_variable*)).
Erzeuge Schleife, in der index_object gelesen wird:
insert (*head*, while not eof_table (*index_variable*) do begin).
  Setze *variable* **direkt auf ein Element der Menge / Liste:**
  insert (*head*, set_variable_direct_in_array
    (*variable*, *record_field*, *element_size*, *index_variable.identifier_attribut*)).
  Werte die übrigen Adreßinformationen in *address_list* **aus:**
  Für jede *address_info*: transform_address_info (*address_info*, *head*, *tail*).
  Transformiere Prädikate in *simple_pred_list* **und das** *complex_pred*:
  Für jedes *simple_pred*: transform_simple_pred (*simple_pred*, *head*, *tail*).
  transform_complex_pred (*complex_pred*, *head*, *tail*).
Setze index_variable auf nächstes Element in index_object:
insert (*tail*, set_index_variable_next (*index_variable*, *index_object*)).
insert (*tail*, set_index_variable_status_after_set_variable (*index_variable*)).
insert (*tail*, end).

/* Fall 3: Menge / Liste als Linked-List implementiert, dann ... */

Abb. A.15: Ausgewählte Prozeduren zur Low-Level-Planerzeugung, Teil 2

```
create_set (                                                                    [1 ]
  (table_access (Filialen (nb_of_objects: 2), f, (f.F_Nr = 1 (selectivity: 0.5)), (),())),   [2 ]
   create_tuple (                                                               [3 ]
      ('Fläche',        put_db_object (f.Fläche))                               [4 ]
      ('Abteilungen', create_set (                                              [5 ]
         (index_access (index:              Noten_Index,                        [5a]
                        predicate:          Note = 2,                           [5b]
                        address_predicate:  (F_ID = f.F_ID),                    [5c]
                        path_projection:    (A_ID),                             [5d]
                        associative_access: no,                                 [5e]
                        index_access_result: index_result),                     [5f]
          table_access (f.Abteilungen (nb_of_objects: 1.10), a, (), (),         [6 ]
                                    ((index_result, b, a.A_ID = b.A_ID)))),     [7 ]
          create_tuple (                                                        [8 ]
            ('A_Name',          put_db_object (a.A_Name)),                      [9 ]
            ('Produktgruppen', create_set (                                     [10]
               (table_access (a.Produktgruppen (nb_of_objects: 5), p, (), (), ())),   [11]
               create_tuple ('P_Gruppe', put_db_object (p.P_Gruppe)))))))))))   [12]
```

Abb. A.16.a: Einsatz eines Adreßprädikats in der Indexanfrage

```
create_set (                                                                    [1 ]
  (table_access (Filialen (nb_of_objects: 2), f, (f.F_Nr = 1 (selectivity: 0.5)), (),())),   [2 ]
   create_tuple (                                                               [3 ]
      ('Fläche',        put_db_object (f.Fläche))                               [4 ]
      ('Abteilungen', create_set (                                              [5 ]
         (index_access   (index:              Noten_Index,                      [5a]
                          predicate:          Note = 2,                         [5b]
                          address_predicate:  (),                               [5c]
                          path_projection:    (F_ID, A_ID),                     [5d]
                          associative_access: yes,                              [5e]
                          index_access_result: index_result),                   [5f]
          set_associative ((index_result, g, g.F_ID = f.F_ID)),                 [5g]
          table_access    (f.Abteilungen (nb_of_objects: 1.10), a, (), (),      [6 ]
                                    ((g.A_IDs, b, a.A_ID = b.A_ID)))),          [7 ]
          create_tuple    (                                                     [8 ]
            ('A_Name',          put_db_object (a.A_Name)),                      [9 ]
            ('Produktgruppen', create_set (                                     [10]
               (table_access (a.Produktgruppen (nb_of_objects: 5), p, (), (), ())),   [11]
               create_tuple ('P_Gruppe', put_db_object (p.P_Gruppe)))))))))))   [12]
```

Abb. A.16.b: Assoziativer Zugriff auf die Indexergebnisrelation

Abb. A.16: Indexunterstützte Auswertung der Beispielanfrage 5.2 in Abschnitt 5.4

```
var Anker_Rec_Buffer, Prim_Rec_Buffer, Sec_Rec_Buffer, Abt_Rec_Buffer,
    Data_Rec_Buffer, Prod_Rec_Buffer: record_buffer;
    f, a, p: variable;

begin new_set;
get_record (Anker_Rec, Demo, 3000, Anker_Rec_Buffer);
set_variable_first (f, (Anker_Rec_Buffer, 0, -), 7);
set_variable_status_after_set_variable (f);
while not eof_table (f) do begin
      get_record (Prim_Rec, Demo, (f, 1, -), Prim_Rec_Buffer);
      if simple_pred ((Prim_Rec_Buffer, 6, F_Nr), integer, = , 1, integer) then begin
         new_tuple; put_attribut_name ("Fläche");
         get_record (Sec_Rec, Demo, ((Prim_Rec_Buffer, 0, -), Sec_Rec_Buffer);
         put_value ((Sec_Rec_Buffer, 40, Fläche), integer);
         put_attribut_name ("Abteilungen");
         new_set;
         set_variable_first (a, (Prim_Rec_Buffer, 10, Abteilungen), 7);
         set_variable_status_after_set_variable (a);
         while not eof_table (a) do begin
               get_record (Abt_Rec, Demo, (a, 1, -), Abt_Rec_Buffer);
               get_record (Data_Rec, Demo, (Abt_Rec_Buffer, 0, -), Data_Rec_Buffer);
               if simple_pred ((Data_Rec_Buffer, 28, Note), integer, = , 2, integer)
                  then begin
                  new_tuple; put_attribut_name ("A_Name");
                  put_value ((Data_Rec_Buffer, 4, A_Name), fix_string(20));
                  put_attribut_name ("Produktgruppen");
                  new_set;
                  set_variable_first (p, (Abt_Rec_Buffer, 6, Produktgruppen), 7);
                  set_variable_status_after_set_variable (p);
                  while not eof_table (p) do begin
                        new_tuple; put_attribut_name ("P_Gruppe");
                        get_record (Prod_Rec, Demo, (p, 1, -), Prod_Rec_Buffer);
                        put_value ((Prod_Rec_Buffer, 0, P_Gruppe), fix_string(20));
                        set_variable_next (p, (Abt_Rec_Buffer, 6, Produktgruppen), 7);
                        set_variable_status_after_set_variable (p); end_tuple;
                  end; end_set; end_tuple;
               end;
               set_variable_next (a, (Prim_Rec_Buffer, 10, Abteilungen), 7);
               set_variable_status_after_set_variable (a);
         end; end_set; end_tuple;
      end;
      set_variable_next (f, (Anker_Rec_Buffer, 0, -), 7);
      set_variable_status_after_set_variable (f);
end; end_set; end;
```

Abb. A.17: Low-Level-Plan zum High-Level-Plan in Abb. 5.9, Seite 176

```
var Anker_Rec_Buffer, Prim_Rec_Buffer, Sec_Rec_Buffer, Abt_Rec_Buffer,
    Data_Rec_Buffer, Prod_Rec_Buffer: record_buffer;
    f, a, p: variable; b: index_variable;
begin new_set;
get_record (Anker_Rec, Demo, 3000, Anker_Rec_Buffer);
set_variable_first (f, (Anker_Rec_Buffer, 0, -), 7);
set_variable_status_after_set_variable (f);
while not eof_table (f) do begin
     get_record (Prim_Rec, Demo, (f, 1, -), Prim_Rec_Buffer);
     if simple_pred ((Prim_Rec_Buffer, 6, F_Nr), integer, = , 1, integer) then begin
       new_tuple; put_attribut_name ("Fläche");
       get_record (Sec_Rec, Demo, ((Prim_Rec_Buffer, 0, -), Sec_Rec_Buffer);
       put_value ((Sec_Rec_Buffer, 40, Fläche), integer);
       put_attribut_name ("Abteilungen");
       new_set;
       index_access (index:             Noten_Index,
                     predicate:         Note = 2,
                     address_predicate: (F_ID = f.F_ID),
                     path_projection:   (A_ID),
                     associative_access: no,
                     index_access_result: index_result);

       set_index_variable_first (b, index_result);
       set_index_variable_status_after_set_index_variable (b);
       while not eof_table (b) do begin
             set_variable_direct_in_array
                (a, (Prim_Rec_Buffer, 10, Abteilungen), 7, b.A_ID);
             new_tuple; put_attribut_name ("A_Name");
             get_record (Abt_Rec, Demo, (a, 1, -), Abt_Rec_Buffer);
             get_record (Data_Rec, Demo, (Abt_Rec_Buffer, 0, -), Data_Rec_Buffer);
             put_value ((Data_Rec_Buffer, 4, A_Name), fix_string(20));
             put_attribut_name ("Produktgruppen");
             new_set;
             set_variable_first (p, (Abt_Rec_Buffer, 6, Produktgruppen), 7);
             set_variable_status_after_set_variable (p);
             while not eof_table (p) do begin
                   new_tuple; put_attribut_name ("P_Gruppe");
                   get_record (Prod_Rec, Demo, (p, 1, -), Prod_Rec_Buffer);
                   put_value ((Prod_Rec_Buffer, 0, P_Gruppe), fix_string(20));
                   set_variable_next (p, (Abt_Rec_Buffer, 6, Produktgruppen), 7);
                   set_variable_status_after_set_variable (p); end_tuple;
             end; end_set; end_tuple;
             set_index_variable_next (b, index_result);
             set_index_variable_status_after_set_index_variable (b);
     end; end_set; end_tuple; end;
     set_variable_next (f, (Anker_Rec_Buffer, 0, -), 7);
     set_variable_status_after_set_variable (f);
end; end_set; end;
```

Abb. A.18: Low-Level-Plan zum High-Level-Plan in Abb. A.16.a

```
var Anker_Rec_Buffer, Prim_Rec_Buffer, Sec_Rec_Buffer, Abt_Rec_Buffer,
    Data_Rec_Buffer, Prod_Rec_Buffer: record_buffer;
    f, a, p: variable; g, b: index_variable;
begin new_set;
get_record (Anker_Rec, Demo, 3000, Anker_Rec_Buffer);
set_variable_first (f, (Anker_Rec_Buffer, 0, -), 7);
set_variable_status_after_set_variable (f);
while not eof_table (f) do begin
      get_record (Prim_Rec, Demo, (f, 1, -), Prim_Rec_Buffer);
      if simple_pred ((Prim_Rec_Buffer, 6, F_Nr), integer, = , 1, integer) then begin
        new_tuple; put_attribut_name ("Fläche");
        get_record (Sec_Rec, Demo, ((Prim_Rec_Buffer, 0, -), Sec_Rec_Buffer);
        put_value ((Sec_Rec_Buffer, 40, Fläche), integer);
        put_attribut_name ("Abteilungen");
        new_set;
        index_access (index:            Noten_Index,
                      predicate:        Note = 2,
                      address_predicate: (),
                      path_projection:  (F_ID, A_ID),
                      associative_access: yes,
                      index_access_result: index_result);
      set_index_variable_associative (g, index_result, F_ID, f.F_ID);
      set_index_variable_first (b, g.A_IDs);
      set_index_variable_status_after_set_index_variable (b);
      while not eof_table (b) do begin
            set_variable_direct_in_array
                (a, (Prim_Rec_Buffer, 10, Abteilungen), 7, b.A_ID);
            new_tuple; put_attribut_name ("A_Name");
            get_record (Abt_Rec, Demo, (a, 1, -), Abt_Rec_Buffer);
            get_record (Data_Rec, Demo, (Abt_Rec_Buffer, 0, -), Data_Rec_Buffer);
            put_value ((Data_Rec_Buffer, 4, A_Name), fix_string(20));
            put_attribut_name ("Produktgruppen");
            new_set;
            set_variable_first (p, (Abt_Rec_Buffer, 6, Produktgruppen), 7);
            set_variable_status_after_set_variable (p);
            while not eof_table (p) do begin
                  new_tuple; put_attribut_name ("P_Gruppe");
                  get_record (Prod_Rec, Demo, (p, 1, -), Prod_Rec_Buffer);
                  put_value ((Prod_Rec_Buffer, 0, P_Gruppe), fix_string(20));
                  set_variable_next (p, (Abt_Rec_Buffer, 6, Produktgruppen), 7);
                  set_variable_status_after_set_variable (p); end_tuple;
            end; end_set; end_tuple;
            set_index_variable_next (b, g.A_IDs);
            set_index_variable_status_after_set_index_variable (b);
    end; end_set; end_tuple; end;
    set_variable_next (f, (Anker_Rec_Buffer, 0, -), 7);
    set_variable_status_after_set_variable (f);
end; end_set; end;
```

Abb. A.19: Low-Level-Plan zum High-Level-Plan in Abb. A.16.b

Abteilungen (Teil 1)		
Nr	Note	Umsatz
1	5	4800
2	4	3400
3	2	4400
4	1	2800
5	2	5200
6	3	3200
7	5	4800
8	3	4600
9	4	3000
10	5	4200
11	5	2600
12	1	4200
13	5	2400
14	2	4400
15	2	4000
16	4	2800

Abteilungen (Teil 2)		
Nr	Note	Umsatz
17	1	3400
18	5	2200
19	6	5200
20	6	2400
21	6	3200
22	3	4000
23	1	4800
24	4	2600
25	3	4800
26	6	3800
27	1	5000
28	2	3600
29	2	3000
30	3	2400
31	4	4600
32	4	3000

Abteilungen (Teil 3)		
Nr	Note	Umsatz
33	5	4400
34	4	3800
35	1	2600
36	4	4400
37	3	5200
38	6	3600
39	1	3200
40	5	4600
41	2	2200
42	6	4600
43	3	3400
44	3	2000
45	6	2000
46	2	2600
47	6	3600
48	1	5000

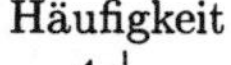
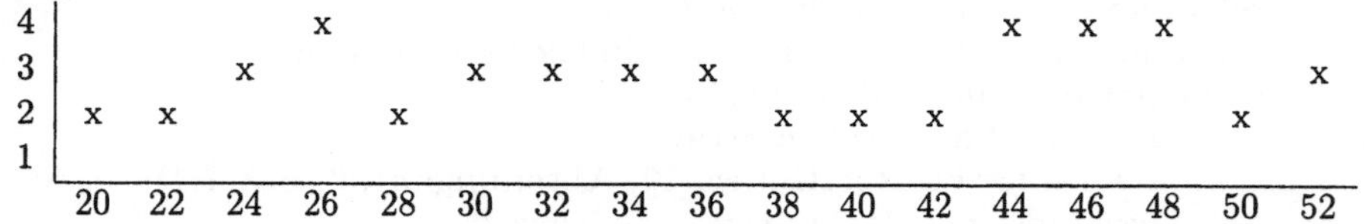

Abb. A.20.a: Beispielrelation *Abteilungen* und Verteilung des Attributs *Umsatz*

Häufigkeit:	2	2	3	4	2	3	3	3	3	2	2	2	4	4	4	2	3
Attributwert:	20	22	24	26	28	30	32	34	36	38	40	42	44	46	48	50	52

Abb. A.20.b: Vollständiges Histogramm des Attributs *Umsatz*

Anzahl Tupel:	−	11	14	6	12	5
Anzahl verschiedener Werte:	−	4	5	3	3	2
Obere Intervallgrenze:	1999	2600	3600	4200	4800	5200
Teilintervall:	0	1	2	3	4	5

Abb. A.20.c: Komprimiertes Histogramm des Attributs *Umsatz*

Abb. A.20: Histogramme zur Beschreibung von Attributwertverteilungen

*** statistics for database kessler
*** **table abteilungen rows: 48** pages: 1 overflow pages: 0
*** **column umsatz** of type integer (length: 4, scale: 0, nullable)
date: 1994_09_30 12:55:33 GMT **unique values: 17.000**
repetition factor: 2.824 unique flag: N complete flag: 0
domain: 0 **histogram cells: 11** null count: 0.0000000

cell:	0	count:	0.0000000	value:	1999
cell:	1	count:	0.0833333	value:	2200
cell:	2	count:	0.1458333	value:	2600
cell:	3	count:	0.1041667	value:	3000
cell:	4	count:	0.0625000	value:	3200
cell:	5	count:	0.1250000	value:	3600
cell:	6	count:	0.0833333	value:	4000
cell:	7	count:	0.1250000	value:	4400
cell:	8	count:	0.0833333	value:	4600
cell:	9	count:	0.0833333	value:	4800
cell:	10	count:	0.1041667	value:	5200

Abb. A.21: Komprimiertes Histogramm in Ingres

Subtabelle

	Abele	Albrecht	Anderson	Bechter	Bloch	Böttge	Denzel	Eberle	Emer	Erben	Fliege	Föhst	Foth	Mahler	Müller	Weindl
F_Nr = 1	x	x		x		x		x			x			x		
F_Nr = 2			x		x		x		x	x		x	x		x	x

Abb. A.22.a: Verteilung des Attributs *M_Name* in den Subrelationen *Mitarbeiter*

Durchschnittliche Anzahl Tupel:	–	1.5	1.5	1.5	1.5	2
Durchschnittliche Anzahl ver. Werte:	–	1.5	1.5	1.5	1.5	2
Obere Intervallgrenze:	Abele	Anderson	Böttge	Emer	Föhst	Weindl
Teilintervall:	0	1	2	3	4	5

Abb. A.22.b: Gemitteltes Histogramm des Attributs *M_Name* der eNF^2-Tabelle *Filialen*

Abb. A.22: Gemittelte Histogramme zur Beschreibung von Attributwertverteilungen

cluster_access_list				Schätzung der Seitenzugriffe		
Zugegriffener Cluster (-Typ)	Anzahl zugegriffener Objekt-Cluster (nb_of_cluster)	Zugegriffene Record-Typen	Anzahl zugegriffener Records (nb_of_records)	Anzahl k der Record-Zugriffe pro Cluster	Seitenzugriffe pro Cluster nach [Yao77]	Gesamtzahl Seitenzugriffe pro Cluster (-Typ)
Anker_Cluster	—	Anker_Rec	1			
		Prim_Rec	2	3	1.00	1.00
Filial_Cluster	1.00	Sec_Rec	1	1	1.00	1.00
Abt_Cluster	3.90	Abt_Rec	1			
		Data_Rec	1	2	1.78	6.94
Abt_Cluster	1.10	Abt_Rec	1			
		Data_Rec	1			
		Prod_Rec	5	7	3.00	3.30
				Summe Seitenzugriffe:		12.24

Abb. A.23: Bestimmung der Seitenzugriffe für eine *cluster_access_list*

Auszuführende Schritte beim Erzeugen und Laden einer eNF^2-Tabelle mit zugehörigen Pfadindexen:

1. Definition des logischen Schemas und der physischen Speicherungsstruktur der eNF^2-Tabelle durch Formulierung eines Prolog-Fakts.

2. Definition der Clusterung der eNF^2-Tabelle durch Formulierung eines Prolog-Fakts für jeden Segment-Cluster und jeden Objekt-Cluster-Typ.

3. Erzeugen einer Datei mit den zu ladenden Daten im Loader-Format.

4. Generieren der Records mit dem Programm *loader*.

5. Laden der Records in die Oracle-Tabellen des Prototyps.

6. Definition der Pfadindexe durch Formulierung eines Prolog-Fakts pro Index.

7. Generieren und Speichern der Pfadindexe mit einem Hilfsprogramm.

8. Generieren der Statistiken zur Kostenschätzung und Speicherung derselben in weiteren Prolog-Fakten.

Schritte zum Formulieren, Optimieren und Ausführen einer Anfrage:

1. Formulieren der Anfrage durch Angabe eines Operatorbaums in einem *query*-Prolog-Fakt.

2. Generieren der alternativen High-Level-Ausführungspläne mit dem Programm *transform_query*.

3. Bewerten der alternativen High-Level-Ausführungspläne mit dem Programm *compute_costs*.

4. Übersetzen eines oder mehrerer High-Level-Pläne in durch C-Programme repräsentierte Low-Level-Pläne mit dem Programm *generate_execution_plan*.

5. Übersetzen und Binden eines oder mehrerer C-Programme mit dem Oracle-Pre-Compiler und einem C-Compiler.

6. Ausführen des übersetzten C-Programms.

Abb. A.24: Schritte zum Erzeugen von eNF^2-Tabellen und Ausführen von Anfragen

F_Nr	Stadt	Straße	Fläche	A_Nr	A_Name	Umsatz	Note	P_Gruppe	Bestand	M_Nr	M_Name	Gehalt	E_Name	<<Aufteilung>>	Weg
		[Adresse]				{Abteilungen}		{Produktgruppen}			{Mitarbeiter}			<Etagen>	
1	Ulm	Olgastr.	10000	1	Spielzeug	5000	2	Teddybär	300	1	Abele	2300	Basement	<<Le, Ha, Ha>,	Man
								Baukasten	600	2	Bechter	2500		<Le, Tr, Ha>,	gelangt
								Eisenbahn	200	3	Böttge	2400		<Le, Le, Ha>>	zur
								Puppe	700	4	Eberle	1900	Erdgeschoß	<<Da, Da, Da>,	Filiale
								Auto	800	5	Fliege	2000		<Da, Tr, Da>,	...
				2	Haushalt	5000	4	Eimer	800	6	Mahler	2300		<He, He, He>>	
								Leiter	550	7	Albrecht	2100	1. Stock	<<Sp, Sp, Sp>,	
								Lappen	400					<Sp, Tr, Sp>,	
								Schaufel	200					<Sp, Sp, Sp>>	
								Besen	600						
				3	Lebensmittel	8000	3	Birnen	700						
								Brot	800						
								Butter	300						
								Honig	400						
								Tee	500						
				4	Damen	4000	1	Hose	700						
								Bluse	600						
								Pullover	400						
								Kleid	500						
								Mantel	200						
				5	Herren	3000	5	Hose	400						
								Hemd	500						
								Pullover	600						
								Sakko	700						
								Mantel	400						

Abb. A.25: Darstellung der Filialdaten als eNF^2-Tabelle, Teil 1

{Filialen}															
F_Nr	[Adresse]		Fläche	{Abteilungen}						{Mitarbeiter}			<Etagen>		Weg
	Stadt	Straße		A_Nr	A_Name	Umsatz	Note	{Produktgruppen}		M_Nr	M_Name	Gehalt	E_Name	<<Aufteilung>>	
								P_Gruppe	Bestand						
2	HH	Spitalerstr.	20000	6	Spielzeug	12000	2	Teddybär	450	1	Emer	1900	Basement	<<Sp, Sp, Sp>,	Das
								Baukasten	300	2	Föhst	2800		<Sp, Tr, Sp>,	Kaufhaus
								Eisenbahn	200	3	Müller	1000		<Da, Da, Da>>	erreicht
								Puppe	300	4	Erben	3000	Erdgeschoß	<<He, He, He>,	man
								Auto	600	5	Foth	2900		<He, Tr, He>,	...
				7	Haushalt	8000	2	Eimer	300	6	Weindl	2700		<Da, Da, Da>>	
								Leiter	600	7	Anderson	2400	1. Stock	<<Le, Le, Le>,	
								Lappen	600	8	Bloch	2700		<Ha, Tr, Le>,	
								Schaufel	100	9	Denzel	2900		<Ha, Ha, Le>>	
								Besen	200						
				8	Lebensmittel	6000	4	Birnen	600						
								Brot	900						
								Butter	100						
								Honig	800						
								Tee	600						
				9	Damen	10000	1	Hose	600						
								Bluse	300						
								Pullover	200						
								Kleid	900						
								Mantel	800						
				10	Herren	4000	3	Hose	300						
								Hemd	700						
								Pullover	600						
								Sakko	800						
								Mantel	200						

Abb. A.25: Darstellung der Filialdaten als eNF^2-Tabelle, Teil 2

Literaturverzeichnis

[AB88]   S. Abiteboul, C. Beeri. *On the Power of Languages for the Manipulation of Complex Objects*. Technical Report 846, Institut National de Recherche en Informatique et en Automatique (INRIA), Domaine de Voluceau Rocquencourt, BP105, Le Chesnay Cedex, France, 1988.

[ABC+76] M. M. Astrahan, M. W. Blasgen, D. D. Chamberlin, K. P. Eswaran, J. N. Gray, P. P. Griffiths, W. F. King, R. A. Lorie, P. R. McJones, J. W. Mehl, G. R. Putzolu, I. L. Traiger, B. W. Wade, V. Waston. *System R: Relational Approach to Database Management*. ACM Transactions on Database Systems, Vol. 1, Nr. 2, Seiten 97 – 137, 1976.

[ABD+89] M. Atkinson, F. Bancilhon, D. DeWitt, K. Dittrich, D. Maier, S. Zdonik. *The Object-Oriented Database System Manifesto*. In Proc. 1st Int. Conf. on Deductive and Object-Oriented Databases, Seiten 40 – 57, 1989.

[ALPS88] F. Andersen, V. Linnemann, P. Pistor, N. Südkamp. *User Manual for the Online Interface of the Heidelberg Data Base Language (HDBL) Prototype Implementation, Release 2.0*. Technical Report 86.01, IBM Scientific Center, Vangerowstr. 18, 69020 Heidelberg, 1988.

[BCD89]   F. Bancilhon, S. Cluet, C. Delobel. *A Query Language for the O_2 Object-Oriented Database System*. In R. Hull, R. Morrison, D. Stemple, Hersg., Proc. 2nd Int. Workshop on Database Programming Languages, Seiten 122 – 138. Morgan Kaufmann Publishers, Inc., 1989.

[BD89]   V. Benzaken, C. Delobel. *Dynamic Clustering Strategies in the O_2 Object-Oriented Database System*. Technical Report, Altaïr, BP105, 78153 Le Chesnay Cedex, France, 1989.

[BD90]   V. Benzaken, C. Delobel. *Clustering Strategies in the O_2 Object-Oriented Database System*. Technical Report, Altaïr, BP105, 78153 Le Chesnay Cedex, France, 1990.

[BK89]   E. Bertino, W. Kim. *Indexing Techniques for Queries on Nested Objects*. IEEE Transactions on Knowledge and Data Engineering, Vol. 1, Nr. 2, Seiten 196 – 214, Juni 1989.

[BKK88]   J. Banerjee, W. Kim, K.-C. Kim. *Queries in Object-Oriented Databases.* In IEEE Proc. 4th Int. Conf. on Data Engineering, Los Angeles, Seiten 31 – 38, 1988.

[BM72]   R. Bayer, E. McCreight. *Organization and Maintenance of Large Ordered Indexes.* Acta Informatica, Vol. 1, Seiten 173 – 189, 1972.

[BMO+89]   R. Bretl, D. Maier, A. Otis, J. Penney, B. Schuchardt, J. Stein, E. H. Williams, M. Williams. *The GemStone Data Management System.* In W. Kim, F. H. Lochovsky, Hersg., Object-Oriented Concepts, Databases and Applications, Seiten 283 – 308. Addison-Wesley Publishing Company, 1989.

[CAK+81]   D. D. Chamberlin, M. M. Astrahan, W. F. King, R. A. Lorie, J. W. Mehl, T. G. Price, M. Schkolnick, P. Griffiths Selinger, D. R. Slutz, B. W. Wade, R. A. Yost. *Support for Repetitive Transactions and Ad Hoc Queries in System R.* ACM Transactions on Database Systems, Vol. 6, Nr. 1, Seiten 70 – 94, März 1981.

[Chr83]   S. Christodoulakis. *Estimating Record Selectivities.* Information Systems, Vol. 8, Nr. 2, Seiten 105 – 115, 1983.

[CP84]   S. Ceri, G. Pelagatti. *Distributed Databases – Principles and Systems.* McGraw-Hill Book Company, 1984.

[Dat86]   C. J. Date. *An Introduction to Database Systems.* Addison-Wesley Publishing Company, Vol. 1, 4. Auflage, 1986.

[Dat89]   C. J. Date. *A Guide to the SQL Standard.* Addison-Wesley Publishing Company, 2. Auflage, 1989.

[DB289]   *IBM Database 2 Version 2 Administration Guide.* International Business Machines Corporation, Vol. 1 - 3, Release 2, 2. Auflage, 1989.

[DD93]   C. J. Date, H. Darwen. *A Guide to the SQL Standard.* Addison-Wesley Publishing Company, 3. Auflage, 1993.

[Deu90]   O. Deux et al. *The Story of O_2.* IEEE Transactions on Knowledge and Data Engineering, Special Issue on Prototype Systems, Vol. 2, Nr. 1, Seiten 91 – 108, März 1990.

[DG87]   A. Deshpande, D. Van Gucht. *A Storage Structure for Unnormalized Relational Databases.* In H.-J. Schek, G. Schlageter, Hersg., Proc. Datenbank-Systeme in Büro, Technik und Wissenschaft, Seiten 481 – 486. GI-Fachtagung, Springer-Verlag, Informatik-Fachberichte, Nr. 136, 1987.

[DG88]   A. Deshpande, D. Van Gucht. *An Implementation for Nested Relational Databases.* In Proc. 14th Int. Conf. on Very Large Data Bases, Los Angeles, USA, Seiten 76 – 87, 1988.

[DG89]   A. Deshpande, D. Van Gucht. *A Storage Structure for Nested Relational Databases.* In S. Abiteboul, P. C. Fischer, H.-J. Schek, Hersg., Nested Relations and Complex Objects in Databases, Seiten 69 – 83. Lecture Notes in Computer Science, Nr. 361, Springer-Verlag, 1989.

[DGW85]   U. Deppisch, J. Günauer, G. Walch. *Speicherungsstrukturen und Adressierungstechniken für komplexe Objekte des NF^2-Relationenmodells.* In A. Blaser, P. Pistor, Hersg., Datenbank-Systeme für Büro, Technik und Wissenschaft, Seiten 441 – 459. GI-Fachtagung, Springer-Verlag, Informatik-Fachberichte, Nr. 94, 1985.

[DKA$^+$86]   P. Dadam, K. Küspert, F. Andersen, H. Blanken, R. Erbe, J. Günauer, V. Lum, P. Pistor, G. Walch. *A DBMS Prototype to Support Extended NF^2 Relations: An Integrated View on Flat Tables and Hierarchies.* In ACM-SIGMOD, Proc. Int. Conf. on Management of Data, Washington, D.C., Seiten 356 – 367, 1986.

[DL89]   P. Dadam, V. Linnemann. *Advanced Information Management (AIM): Advanced Database Technology for Integrated Applications.* IBM Systems Journal, Vol. 28, Nr. 4, Seiten 661–681, 1989.

[DPS86]   U. Deppisch, H.-B. Paul, H.-J. Schek. *A Storage System for Complex Objects.* In K. Dittrich, U. Dayal, Hersg., Int. Workshop on Object-Oriented Database Systems, Seiten 183 – 195. IEEE Computer Society Press, 1986.

[EW87]   R. Erbe, G. Walch. *An Application Program Interface for an NF^2 Data Base Language or How to Transfer Complex Object Data Into an Application Program.* Technical Report TR 87.04.003, IBM Scientific Center, Vangerowstr. 18, 69020 Heidelberg, 1987.

[Fal85]   C. Faloutsos. *Access Methods for Text.* ACM Computing Surveys, Vol. 17, Nr. 1, Seiten 49 – 74, März 1985.

[FG89]   J. C. Freytag, N. Goodman. *On the Translation of Relational Queries into Iterative Programs.* ACM Transactions on Database Systems, Vol. 14, Nr. 1, Seiten 1 – 27, März 1989.

[Fre87]   J. C. Freytag. *A Rule-Based View of Query Optimization.* In ACM-SIGMOD, Proc. Int. Conf. on Management of Data, San Francisco, USA, Seiten 173 – 180, 1987.

[GD87]   G. Graefe, D. J. DeWitt. *The EXODUS Optimizer Generator.* In ACM-SIGMOD, Proc. Int. Conf. on Management of Data, San Francisco, USA, Seiten 160 – 172, 1987.

[GM91]   J. Günauer, W. Manus. *Austausch komplexer Datenbank-Objekte in einer heterogenen Workstation-Server-Umgebung.* In H.-J. Appelrath, Hersg., Proc. Datenbank-Systeme in Büro, Technik und Wissenschaft, Seiten 140 – 160. GI-Fachtagung, Springer-Verlag, Informatik-Fachberichte, Nr. 270, 1991.

[GR89]   A. Goldberg, D. Robson. *Smalltalk-80, The Language.* Addison-Wesley Publishing Company, 1989.

[GR90]   W. Göhler, B. Ralle. *Höhere Mathematik - Formeln und Hinweise.* VEB Deutscher Verlag für Grundstoffindustrie, Leipzig, 12. Auflage, 1990.

[Gut84]   A. Guttman. *R-Trees: A Dynamic Index Structure for Spatial Searching.* In ACM-SIGMOD, Proc. Int. Conf. on Management of Data, Boston, Massachusetts, Seiten 47 – 57, 1984.

[Här78]   T. Härder. *Implementierung von Datenbanksystemen.* Carl Hanser Verlag München Wien, 1978.

[Här88]   T. Härder. *The PRIMA Project: Design and Implementation of a Non-Standard Database System.* Universität Kaiserslautern, Report Nr. 26/88, Erwin-Schrödinger-Str., Kaiserslautern, Germany, 1988.

[Her91]   U. Herrmann. *Mehrbenutzerkontrolle in Nicht-Standard-Datenbanksystemen.* Springer-Verlag, Informatik-Fachberichte, Nr. 265, 1991.

[HHKU91]   M. Hein, H. H. Herrmann, G. Keereman, G. Unbescheid. *Das Oracle Handbuch.* Addison-Wesley Publishing Company, 1991.

[HMMS87]   T. Härder, K. Meyer-Wegener, B. Mitschang, A. Sikeler. *PRIMA - A DBMS Prototype Supporting Engineering Applications.* In Proc. 13th Int. Conf. on Very Large Data Bases, Brighton, England, Seiten 433 – 442, 1987.

[IMS77]   *Information Management System (IMS).* IBM Systems Journal, Vol. 16, Nr. 2, 1977.

[IMS86]   *IMS/VS Version 1 Data Base Administration Guide.* International Business Machines Corporation, Release 3, 1986.

[ING91]   *Ingres Database Administrator's Guide.* Ingres Corporation, Release 6.4, 1991.

[JK84]   M. Jarke, J. Koch. *Query Optimization in Database Systems.* ACM Computing Surveys, Vol. 16, Nr. 2, Seiten 111 – 152, Juni 1984.

[JS82]   G. Jaeschke, H.-J. Schek. *Remarks on the Algebra of Non First Normal Form Relations.* In Proc. ACM SIGACT/SIGMOD Symposium on Principles of Database Systems, Los Angeles, USA. Seiten 124 – 138, 1982.

[KBC+87]   W. Kim, J. Banerjee, H.-T. Chou, J. F. Garza, D. Woelk. *Composite Object Support in an Object-Oriented Database System.* In Proc. Int. Conf. on Object-Oriented Programming Systems, Languages and Applications (OOPSLA), Seiten 118 – 125, 1987.

[KBC+89]   W. Kim, N. Ballou, H.-T. Chou, J.R. Garza, D. Woelk. *Features of the ORION Object-Oriented Database System.* In W. Kim, F.H. Lochovsky, Hersg., Object-Oriented Concepts, Databases, and Applications, Seiten 251 – 282. ACM Press, Frontier Series, 1989.

[KD91]   U. Keßler, P. Dadam. *Auswertung komplexer Anfragen an hierarchisch strukturierte Objekte mittels Pfadindexen.* In H.-J. Appelrath, Hersg., Proc. Datenbanksysteme in Büro, Technik und Wissenschaft, Seiten 218 – 237. GI-Fachtagung, Springer-Verlag, Informatik-Fachberichte, Nr. 270, 1991.

[KD93a]   U. Keßler, P. Dadam. *Benutzergesteuerte, flexible Speicherungsstrukturen für komplexe Objekte.* In W. Stucky, A. Oberweis, Hersg., Proc. Datenbanksysteme in Büro, Technik und Wissenschaft, Seiten 206 – 225. GI-Fachtagung, Springer-Verlag, Informatik aktuell, 1993.

[KD93b]   U. Keßler, P. Dadam. *Towards Customizable, Flexible Storage Structures for Complex Objects.* Informatik-Berichte Nr. 93-07. Universität Ulm, Fakultät für Informatik, Oberer Eselsberg, Ulm/Donau, Germany, 1993.

[KDG87]   K. Küspert, P. Dadam, J. Günauer. *Cooperative Object Buffer Management in the Advanced Information Management Prototype.* In Proc. 13th Int. Conf. on Very Large Data Bases, Brighton, England, Seiten 483 – 492, 1987.

[Kem92]   A. Kemper. *Zuverlässigkeit und Leistungsfähigkeit objekt-orientierter Datenbanksysteme.* Springer-Verlag, Informatik-Fachberichte, Nr. 298, 1992.

[Keß90]   U. Keßler. *Strategien zur Auswertung von Anfragen an NF^2-Relationen mit Indexen.* In U. W. Lipeck, S. Braß, G. Saake, Hersg., Kurzfassungen des 2. Workshops Grundlagen von Datenbanken, Volkse, Seiten 45 – 47. Informatik-Berichte Nr. 90-02, Technische Universität Braunschweig, 1990.

[KFC90]   S. Khoshafian, M. J. Franklin, M. J. Carey. *Storage Management for Persistent Complex Objects.* Information Systems, Vol. 15, Nr. 3, Seiten 303 – 320. 1990.

[Kim81]   W. Kim. *Query Optimization for Relational Database Systems*. Technical Report RJ 3081 (38127), IBM Research Laboratory, San Jose, California, USA, 1981.

[Kim90]   W. Kim. *Introduction to Object-Oriented Databases*. The MIT Press, Computer Systems Series, 1990.

[KKD89]   W. Kim, K.-C. Kim, A. Dale. *Indexing Techniques for Object-Oriented Databases*. In W. Kim, F. H. Lochovsky, Hersg., Object-Oriented Concepts, Databases and Applications, Seiten 371 – 394. Addison-Wesley Publishing Company, 1989.

[KM90a]   A. Kemper, G. Moerkotte. *Access Support in Object Bases*. In ACM-SIGMOD, Proc. Int. Conf. on Management of Data, Atlantic City, USA, Seiten 364 – 374, 1990.

[KM90b]   A. Kemper, G. Moerkotte. *Advanced Query Processing in Object Bases Using Access Support Relations*. In Proc. 16th Int. Conf. on Very Large Data Bases, Brisbane, Australia, Seiten 290 – 301, 1990.

[KMWZ91]   A. Kemper, G. Moerkotte, H.-D. Walter, A. Zachmann. *GOM: A Strongly Typed Persistent Object Model With Polymorphism*. In H.-J. Appelrath, Hersg., Proc. Datenbank-Systeme in Büro, Technik und Wissenschaft, Seiten 198 – 217. GI-Fachtagung, Springer-Verlag, Informatik-Fachberichte, Nr. 270, 1991.

[KR88]   B. W. Kernighan, D. M. Ritchie. *The C Programming Language*. Prentice-Hall International, 2. Auflage, 1988.

[KSW79]   D. Kropp, H.-J. Schek, G. Walch. *Text Field Indexing*. In J. Niedereichholz, Hersg., Proc. on Datenbanktechnologie, German Chapter of the ACM, Bad Nauheim, Germany. Teubner-Verlag, 1979.

[LDE+85]   V. Lum, P. Dadam, R. Erbe, J. Günauer, P. Pistor, G. Walch, H. Werner, J. Woodfill. *Design of an Integrated DBMS to Support Advanced Applications*. In A. Blaser, P. Pistor, Hersg., Datenbank-Systeme für Büro, Technik und Wissenschaft, Seiten 362 – 381. GI-Fachtagung, Springer-Verlag, Informatik-Fachberichte, Nr. 94, 1985.

[LKD+88]   V. Linnemann, K. Küspert, P. Dadam, P. Pistor, R. Erbe, A. Kemper, N. Südkamp, G. Walch, M. Wallrath. *Design and Implementation of an Extensible Database Management System Supporting User Defined Data Types and Functions*. In Proc. 14th Int. Conf. on Very Large Data Bases, Los Angeles, USA, Seiten 294 – 305, 1988.

[LKM+85]   R. Lorie, W. Kim, D. McNabb, W. Plouffe, A. Meier. *Supporting Complex Objects in a Relational System for Engineering Databases*. In W. Kim, D. S. Reiner, D. S. Batory, Hersg., Query Processing in Database Systems, Seiten 145 – 155. Springer-Verlag, 1985.

[LLOW91]   C. Lamb, G. Landis, J. Orenstein, D. Weinreb. *The ObjectStore Database System*. Communications of the ACM, Vol. 34, Nr. 10, Seiten 51 – 63, Oktober 1991.

[Loh88]   G. M. Lohman. *Grammar-like Functional Rules for Representing Query Optimization Alternatives*. In ACM-SIGMOD, Proc. Int. Conf. on Management of Data, Chicago, Illinois, Seiten 18 – 27, 1988.

[LR89]   C. Lécluse, P. Richard. *The O_2 Database Programming Language*. In Proc. 15th Int. Conf. on Very Large Data Bases, Amsterdam, Netherlands, Seiten 411 – 422, 1989.

[LS92]   Y. Ling, W. Sun. *A Supplement to Sampling-Based Methods for Query Size Estimation in a Database System*. ACM-Sigmod Record, Vol. 21, Nr. 4, Seiten 12 – 15, Dezember 1992.

[LS93]   C. Laasch, M. H. Scholl. *A Functional Object Database Language*. In C. Beeri, A. Ohori, D. E. Shasha, Hersg., Proc. 4th Int. Workshop on Database Programming Languages (DBPL-4), New York City, Seiten 136 – 156. Springer-Verlag, Workshops in Computing, 1993.

[ME92]   P. Mishra, M. H. Eich. *Join Processing in Relational Databases*. ACM Computing Surveys, Vol. 24, Nr. 1, Seiten 63 – 113, März 1992.

[Mit88]   B. Mitschang. *Ein Molekül-Atom-Datenmodell für Non-Standard-Anwendungen – Anwendungsanalyse, Datenmodellentwurf und Implementierungskonzepte*. Springer-Verlag, Informatik-Fachberichte, Nr. 185, 1988.

[ML83]   A. Meier, R. Lorie. *Implicit Hierarchical Joins for Complex Objects*. Technical Report RJ 3775 (43402), IBM Research Laboratory, San Jose, California, USA, 1983.

[MS86]   D. Maier, J. Stein. *Indexing in an Object-Oriented DBMS*. In K. Dittrich, U. Dayal, Hersg., Int. Workshop on Object-Oriented Database Systems, Seiten 171 – 182. IEEE Computer Society Press, 1986.

[MSOP86]   D. Maier, J. Stein, A. Otis, A. Purdy. *Development on an Object-Oriented DBMS*. In Proc. Int. Conf. on Object-Oriented Programming Systems, Languages and Applications (OOPSLA), Seiten 472 – 482, 1986.

[NHS84]   J. Nievergelt, H. Hinterberger, K. C. Sevcik. *The Grid File: An Adaptable, Symmetric Multikey File Structure*. ACM Transactions on Database Systems, Vol. 9, Nr. 1, Seiten 38 – 71, 1984.

[Nil82]   N. J. Nilsson. *Principles of Artificial Intelligence*. Springer-Verlag, 1982.

[O2-91a]   *The O_2 Programmer's Manual, Version 3.0*. O_2 Technology, 7 rue du Parc de Clagny, Versailles, France, 1991.

[O2-91b]   *The O_2 User's Guide, Version 3.0*. O_2 Technology, 7 rue du Parc de Clagny, Versailles, France, 1991.

[OBS92a]   *ObjectStore Reference Manual*. Object Design Incorporation, Release 2.0, 1992.

[OBS92b]   *ObjectStore Tutorial*. Object Design Incorporation, Release 2.0, 1992.

[OL88]   K. Ono, G. M. Lohman. *Extensible Enumeration of Feasible Joins for Relational Query Optimization*. Research Report RJ 6625 (63936), IBM Almaden Research Center, San Jose, California 95120, USA, 1988.

[Oll81]   T. W. Olle. *Das Codasyl-Datenmodell*. Springer-Verlag, ins Dt. übers. von H. Münzenberger, 1981.

[ONT92a]   *Ontos DB 2.2 First Time User's Guide*. Ontos Incorporation, Release 2.2, 1992.

[ONT92b]   *Ontos DB 2.2 Reference Manual*. Ontos Incorporation, Release 2.2, 1992.

[ONT92c]   *Ontos Object SQL Guide*. Ontos Incorporation, Release 2.2, 1992.

[ORA92a]   *Oracle7 Server Administrator's Guide*. Oracle Corporation, P. Nr. 6694-70-1292, 1992.

[ORA92b]   *Oracle7 Server Concepts Manual*. Oracle Corporation, P. Nr. 6693-70-1292, 1992.

[PA86]   P. Pistor, F. Andersen. *Designing a Generalized NF^2 Model with an SQL-Type Language Interface*. In Proc. 12th Int. Conf. on Very Large Data Bases, Kyoto, Japan, Seiten 278 – 285, 1986.

[PD89]   P. Pistor, P. Dadam. *The Advanced Information Management Prototype*. In S. Abiteboul, P. C. Fischer, H.-J. Schek, Hersg., Nested Relations and Complex Objects in Databases, Seiten 3 – 26. Lecture Notes in Computer Science, Nr. 361, Springer-Verlag, 1989.

[Pis87]   P. Pistor. *The Advanced Information Management Prototype: Architecture and Language Interface Overview*. Illèmes Journées Bases de Données Avancées, Port-Camargue, France, 1987.

[PSC84]   G. Piatetsky-Shapiro, C. Connell. *Accurate Estimation of the Number of Tuples Satisfying a Condition*. In ACM-SIGMOD, Proc. Int. Conf. on Management of Data, Boston, Massachusetts, Seiten 256 – 276, 1984.

[PSS+87]   H.-B. Paul, H.-J. Schek, M. H. Scholl, G. Weikum, U. Deppisch. *Architecture and Implementation of the Darmstadt Database Kernel System*. In ACM-SIGMOD, Proc. Int. Conf. on Management of Data, San Francisco, USA, Seiten 196 – 207, 1987.

[PSSW87]   H.-B. Paul, A. Söder, H.-J. Schek, G. Weikum. *Unterstützung des Büro-Ablage-Service durch ein Datenbankkernsystem*. In H.-J. Schek, G. Schlageter, Hersg., Proc. Datenbank-Systeme in Büro, Technik und Wissenschaft, Seiten 196 – 211. GI-Fachtagung, Springer-Verlag, Informatik-Fachberichte, Nr. 136, 1987.

[PT86]   P. Pistor, R. Traunmüller. *A Database Language for Sets, Lists and Tables*. Information Systems, Vol. 11, Nr. 4, Seiten 323 – 336, 1986.

[Ric94]   C. Rich. *Optimierung in Objekt-Datenbanksystemen: Zur effizienten Ausführung von Anfragen am Beispiel von COCOON*. Verlag Shaker, Aachen, Berichte aus der Informatik, 1994.

[RKS88]   M. A. Roth, H. F. Korth, A. Silberschatz. *Extended Algebra and Calculus for Nested Relational Databases*. ACM Transactions on Database Systems, Vol. 13, Nr. 4, Seiten 389 – 417, Dezember 1988.

[RR82]   A. Rosenthal, D. Reiner. *An Architecture for Query Optimization*. In ACM-SIGMOD, Proc. Int. Conf. on Management of Data, Orlando, Florida, Seiten 246 – 255, 1982.

[RRS93]   C. Rich, A. Rosenthal, M. H. Scholl. *Reducing Duplicate Work in Relational Join(s): A Unified Approach*. In NL. Sarda, Hersg., Proc. Int. Conf. on Information Systems and Management of Data (CISMOD), New Delhi, Seiten 87 – 102, 1993.

[RS93]   C. Rich, M. H. Scholl. *Query Optimization in an OODBMS*. In W. Stucky, A. Oberweis, Hersg., Proc. Datenbanksysteme in Büro, Technik und Wissenschaft, Seiten 266 – 284. GI-Fachtagung, Springer-Verlag, Informatik aktuell, 1993.

[SAC+79]   P. Griffiths Selinger, M. M. Astrahan, D. D. Chamberlin, R. A. Lorie, T. G. Price. *Access Path Selection in a Relational Database Management System*. In ACM-SIGMOD, Proc. Int. Conf. on Management of Data, Boston, Massachusetts, Seiten 23 – 34, 1979.

[Sch92]   M. H. Scholl. *Physical Database Design for an Object-Oriented Database System*. In J.-C. Freytag, G. Vossen, D.E. Maier, Hersg., Query Processing for Advanced Database Applications. Morgan Kaufmann, 1992.

[SE79]   J. W. M. Stroet, R. Engmann. *Manipulation of Expressions in a Relational Algebra*. Information Systems, Vol. 4, Nr. 3, Seiten 195 – 203, 1979.

[SLR+93]   M. H. Scholl, C. Laasch, C. Rich, H.-J. Schek, M. Tresch. *The COCOON Object Model*. Informatik-Berichte Nr. 93-02, Universität Ulm, Fakultät für Informatik, Oberer Eselsberg, Ulm/Donau, Germany, 1993.

[SO87]   S. T. Shenoy, Z. M. Ozsoyoglu. *A System for Semantic Query Optimization*. In ACM-SIGMOD, Proc. Int. Conf. on Management of Data, San Francisco, USA, Seiten 181 – 195, 1987.

[SP82]   H.-J. Schek, P. Pistor. *Data Structures for an Integrated Data Base Management and Information Retrieval System*. In Proc. 8th Int. Conf. on Very Large Data Bases, Mexico City, Mexico, Seiten 197 – 207, 1982.

[SPS87]   M. H. Scholl, H.-B. Paul, H.-J. Schek. *Supporting Flat Relations by a Nested Relational Kernel*. In Proc. 13th Int. Conf. on Very Large Data Bases, Brighton, England, Seiten 137 – 146, 1987.

[SPSW90]   H.-J. Schek, H.-B. Paul, M. H. Scholl, G. Weikum. *The DASDBS Project: Objectives, Experiences, and Future Prospects*. IEEE Transactions on Knowledge and Data Engineering, Special Issue on Prototype Systems, Vol. 2, Nr. 1, Seiten 25 – 43, März 1990.

[SS83]   H.-J. Schek, M. H. Scholl. *Die NF^2-Relationenalgebra zur einheitlichen Manipulation externer, konzeptueller und interner Datenstrukturen*. In J. W. Schmidt, Hersg., Sprachen für Datenbanken, Seiten 113 – 133. Springer-Verlag, Informatik-Fachberichte, Nr. 72, 1983.

[SS86]   H.-J. Schek, M. H. Scholl. *The Relational Model with Relation-Valued Attributes*. Information Systems, Vol. 11, Nr. 2, 1986.

[SS89]   H. Schöning, A. Sikeler. *Cluster Mechanisms Supporting the Dynamic Construction of Complex Objects*. In W. Litwin, H.-J. Schek, Hersg., Proc. 3rd Int. Conf. on Foundations of Data Organization and Algorithms (FODO), Seiten 31 – 46. Lecture Notes in Computer Science, Nr. 367, Springer-Verlag, 1989.

[SS90]   M. H. Scholl, H.-J. Schek. *A Relational Object Model*. In S. Abiteboul, P. C. Kanellakis, Hersg., Proc. 3rd Int. Conf. on Database Theory (ICDT), Paris, France, Seiten 89 – 105. Lecture Notes in Computer Science, Nr. 470, Springer-Verlag, 1990.

[Str86]   B. Stroustrup. *The C++ Programming Language*. Addison-Wesley Publishing Company, 1986.

[SW87]   H.-J. Schek, G. Weikum. *DASDBS Konzepte und Architektur eines neu-artigen Datenbanksystems*. Informatik Forschung und Entwicklung, Vol. 2, Seiten 105 – 121, 1987.

[TRSB93]   W. B. Teeuw, C. Rich, M. H. Scholl, H. M. Blanken. *An Evaluation of Physical Disk I/Os for Complex Object Processing*. In IEEE Proc. 9th Int. Conf. on Data Engineering, Vienna, Austria, Seiten 363 – 372, 1993.

[Ull82]   J. D. Ullman. *Principles of Database Systems*. Computer Science Press, 2. Auflage, 1982.

[Ull88]   J. D. Ullman. *Principles of Database and Knowledge - Base Systems*. Vol. 1, Computer Science Press, 1988.

[Val87]   P. Valduriez. *Join Indices*. ACM Transactions on Database Systems, Vol. 12, Nr. 2, Seiten 218 – 246, Juni 1987.

[VW90]   G. Vossen, K.-U. Witt. *Das DB2-Handbuch*. Addison-Wesley Publishing Company, 1990.

[Wed74]   H. Wedekind. *On the Selection of Access Paths in a Data Base System*. In J. W. Klimbie, K. L. Koffeman, Hersg., Proc. IFIP Working Conf. on Data Base Management, Seiten 385 – 397. North-Holland Publishing Company, 1974.

[Win84]   P. H. Winston. *Artificial Intelligence*. Addison-Wesley Publishing Company, 2. Auflage, 1984.

[WS89]   W. Waterfeld, H.-J. Schek. *The DASDBS Geokernel - an Extensible Database System for GIS*. In A. K. Turner, Hersg., Proc. NATO Advanced Research Workshop on Three-Dimensional Modelling with Geoscientific Information Systems. Kluver Academic Publisher, 1989.

[Yao77]   S. B. Yao. *Approximating Block Accesses in Database Organizations*. Communications of the ACM, Vol. 20, Nr. 4, Seiten 260 – 261, April 1977.

Stichwortverzeichnis